高等院校信息技术规划教材

数字逻辑基础与 Verilog硬件描述语言
（第2版）

王秀娟 魏坚华 贾熹滨 张佳玥 陈军成 编著

清华大学出版社

北京

内 容 简 介

本书在介绍数字逻辑的基本概念和知识的基础上,系统介绍逻辑电路的分析和设计方法,突出现代数字系统设计技术,结合 Verilog HDL 对逻辑电路进行建模,并给出大量电路分析和设计实例。在第1版的基础上,本版更加强调系统建模,注重与后续"计算机原理"等课程的内容衔接,并增加了 MIPS 七条指令的建模方法。

全书内容分为正文和附录两大部分。正文部分的第1~3章介绍数字逻辑的理论基础,包括数制、码制、逻辑代数基础以及硬件描述语言基础等;第4章介绍组合电路的逻辑分析方法、常用逻辑功能电路的 Verilog HDL 建模方法以及典型功能模块的应用;第5~8章在分析锁存器/触发器工作原理和逻辑特性的基础上,介绍同步时序电路的分析方法,分别讨论典型和一般同步时序电路的 Verilog HDL 建模方法,并介绍典型同步时序模块的应用方法。附录1介绍 Quartus 平台的使用方法,附录2介绍 Logisim 仿真平台的使用方法。

本书可作为计算机科学与技术、物联网、自动控制、电子信息等专业的本科生教材,也可作为从事数字系统设计的相关技术人员学习 Verilog HDL 建模方法的参考书。

图书在版编目(CIP)数据

数字逻辑基础与 Verilog 硬件描述语言/王秀娟等编著. —2版. —北京:清华大学出版社,2020.8
(2023.1 重印)

高等院校信息技术规划教材

ISBN 978-7-302-54671-9

Ⅰ. ①数…　Ⅱ. ①王…　Ⅲ. ①数字逻辑－高等学校－教材 ②硬件描述语言－程序设计－高等学校－教材　Ⅳ. ①TP302.2 ②TP312

中国版本图书馆 CIP 数据核字(2020)第 006388 号

责任编辑:郭　赛
封面设计:常雪影
责任校对:梁　毅
责任印制:宋　林

出版发行:清华大学出版社

网　　　　址:http://www.tup.com.cn,http://www.wqbook.com	
地　　　　址:北京清华大学学研大厦 A 座	邮　　编:100084
社　总　机:010-83470000	邮　　购:010-62786544
投稿与读者服务:010-62776969,c-service@tup.tsinghua.edu.cn	
质　量　反　馈:010-62772015,zhiliang@tup.tsinghua.edu.cn	
课　件　下　载:http://www.tup.com.cn,010-83470236	

印　装　者:三河市龙大印装有限公司
经　　　销:全国新华书店
开　　本:185mm×260mm　　　印　张:19.75　　　字　数:469 千字
版　　次:2012 年 8 月第 1 版　2020 年 8 月第 2 版　　印　次:2023 年 1 月第 5 次印刷
定　　价:59.80 元

产品编号:081918-01

第 2 版前言 *foreword*

　　数字逻辑是信息、电子等学科重要的基础课程。作为一门经典课程,该课程有着坚实的理论和实践基础,同时随着现代数字技术的发展,该课程又增添了许多新的内容。本书旨在介绍经典理论和方法的基础上,介绍面向现代主流的基于硬件描述语言的数字电路设计方法,并选用 Verilog HDL 作为硬件描述语言。作为被 IEEE 采纳的标准语言之一,Verilog HDL 具有简洁、高效、易学、易用的特点,有助于学生将精力放在数字电路的建模方法上,在掌握基于硬件描述语言的设计方法的基础上,学生可进一步学习其他设计语言,并根据工程需要完成数字系统的设计。

　　本书是对第 1 版所做的修订和增改,在第 1 版的基础上进一步加强了基于硬件描述语言进行电路设计的内容,精简了基于特定功能集成电路器件的"搭积木"式的传统设计方法,在内容安排上增加了具有工程意义的实例,特别引入了基于 Verilog 的简单 MIPS 指令建模实例和 Logisim 平台介绍,以进一步培养学生的工程意识和素质,为学生完成计算机硬件工程任务奠定良好的基础,也为学生后续数字系统设计、计算机组成原理、微机原理及嵌入式工程方法等硬件课程的学习打下坚实的基础。

　　本书的内容安排如下。

　　第 1 章介绍数字系统中对信息的表示方法,重点阐述进制与码制、带符号数的表示方法,即原码、反码和补码;介绍几种常用的编码方法。

　　第 2 章介绍数字逻辑的数学基础,以举重裁判的裁决过程为例,阐述逻辑代数与逻辑电路之间的关系,讲述逻辑代数的基本概念、基本定理和规则;介绍逻辑函数的基本表达形式以及逻辑函数的卡诺图化简法等。

　　第 3 章介绍硬件描述语言的基础,以 Verilog HDL 为硬件描述语言,介绍其模块结构、语法特点和三种建模方法等。

　　第 4 章介绍基于逻辑门、典型组合电路的电路分析方法以及典型组合逻辑电路的设计,包括加法器、译码器、编码器、数据选择器、数据分配器、比较器等;重点阐述 Verilog HDL 对组合电路的建模方法;讨论组合电路中的竞争与险象问题。

第 5 章介绍时序电路的双稳态元件——锁存器与触发器。从问题需求的角度出发,引出具有反馈结构的基本 R-S 锁存器,简单介绍以 R-S 锁存器为基础的 D 锁存器/触发器、J-K 锁存器/触发器的内部结构,重点探讨边沿触发器的外部逻辑功能及其 Verilog HDL 模型。

第 6 章在介绍时序逻辑概要的基础上重点讲述同步时序电路的分析;从时序电路的组成结构和特点出发,分析描述时序逻辑的逻辑函数类型,介绍不同的时序逻辑描述方法;给出同步时序电路的分析方法,并对基于触发器的同步时序电路进行实例分析,同时讨论时序电路中的"挂起"现象,说明该现象对电路的影响。

第 7 章介绍计数器、寄存器、移位寄存器、移位型计数器、节拍分配器和序列信号发生器等典型同步时序电路的功能,重点探讨基于状态转移图、行为描述等功能描述基础上的 Verilog HDL 建模方法,探讨以典型功能单位为核心模块的应用。

第 8 章介绍一般同步时序电路的设计方法,重点阐述原始状态图的建立、状态化简以及状态分配,并给出几个完整的设计实例。

每章的最后都有一定数量的习题,以便读者加深对基本知识、基本理论、基本分析方法和基于 Verilog HDL 设计方法的理解。习题数量较大,有些习题具有一定难度,为读者提供了不同层次的训练。附录 1 为读者提供 Quartus 的下载地址,以及基于 Quartus 进行实例分析、设计、仿真的详细说明,供读者参考并鼓励读者利用 Quartus 平台完成相关习题的设计与仿真;附录 2 介绍基于 Logisim 的电路设计和仿真方法,并给出 Logisim 的下载地址。

"数字逻辑"课程近年来得到了北京工业大学各级领导的广泛支持,并在 2009 年入选校级精品课程,推动了教育教学的稳步进行,课程组的诸位教师亲自组织、指导"数字逻辑"课程建设的各个环节,多次修订和完善大纲、优化教学内容、丰富教学课件。本书的第 2、5、6 章由王秀娟修订,第 1、4 章由魏坚华修订,第 7 章由陈军成修订,第 3 章由贾熹滨修订,第 8 章由王秀娟新增编写,附录 2 由张佳玥编写,附录 1 由贾熹滨和张佳玥共同修订和编写。全书由王秀娟主审。本书在编写过程中得到了课程组游周密、彭建朝等教师的大力支持,他们的教学实践经验为作者提供了极大的帮助,在此一并表示衷心的感谢。

限于作者的水平与经验,对书中疏漏之处敬请广大读者批评指正。

作　者

2020 年 1 月于北京工业大学

前言

"数字逻辑"是信息、电子等学科重要的基础课程。作为一门经典课程，该课程有着坚实的理论和实践基础，同时随着现代数字技术的发展，该课程又增添了许多新的内容。本书旨在介绍经典理论和方法基础上介绍面向现代主流的基于硬件描述语言的数字电路设计方法，并选用 Verilog HDL 作为硬件描述语言。作为被 IEEE 采纳的标准语言之一，Verilog HDL 相对 VHDL 语言具有简洁、高效、易学、易用的特点，有助于学生将精力放在数字电路的建模方法上，而不是语言的学习上，在掌握基于硬件描述语言设计方法的基础上，学生可进一步学习其他设计语言，并根据工程需要完成数字系统的设计。

本书在数字逻辑经典方法理论介绍的基础上，进一步强调了基于硬件描述语言的电路设计的部分，精简了基于特定功能集成电路器件的"搭积木"式的传统设计方法，同时配合"数字逻辑"精品课程建设，在内容安排上加大对具有工程意义的实例的介绍，进一步培养学生的工程意识和素质，为学生完成计算机硬件工程任务奠定良好的基础，也为后续数字系统设计、计算机组成原理、微机原理及嵌入式工程方法等硬件课程的学习打下坚实的基础。

本书的内容安排如下。

第 1 章　介绍数字系统中对信息的表示方法，重点阐述进制与码制、带符号数的表示方法，即原码、反码和补码；介绍几种常用的编码方法。

第 2 章　介绍数字逻辑的数学基础，以举重裁判的裁决过程为线索，阐述逻辑代数与逻辑电路之间的关系，逻辑代数的基本概念、基本定理和规则，逻辑函数的基本表达形式以及逻辑函数的卡诺图化简法等。

第 3 章　介绍硬件描述语言的基础，以 Verilog HDL 为硬件描述语言，介绍它的模块结构、语法特点和 3 种建模方法等。

第 4 章　介绍基于逻辑门、典型组合电路的电路分析方法以及典型组合逻辑电路的设计，包括加法器、译码器、编码器、数据选择

器、数据分配器、比较器等;重点阐述 Verilog HDL 对组合电路的建模方法;讨论组合电路中的竞争与险象问题。

第 5 章 介绍时序电路的双稳态元件——锁存器与触发器。从问题需求角度出发,引出具有反馈结构的基本 R-S 锁存器,简单介绍以 R-S 锁存器为基础的 D 锁存器/触发器、J-K 锁存器/触发器的内部结构,重点探讨边沿触发器的外部逻辑功能以及 Verilog HDL 模型、锁存器与触发器的区别。

第 6 章 在时序逻辑概要的基础上重点讲述同步时序电路的分析方法。从时序电路的组成结构和特点出发,分析描述时序逻辑的逻辑函数类型,介绍不同的时序逻辑描述方法,给出同步时序电路的分析方法,并对基于触发器的同步时序电路进行实例分析,同时讨论时序电路中的"挂起"现象,说明该现象对电路的影响。

第 7 章 介绍计数器、寄存器、移位寄存器、移位型计数器、节拍分配器和序列信号发生器等典型同步时序电路的功能,重点探讨基于状态转移图、行为描述等功能描述基础上的 Verilog HDL 建模方法,探讨以典型功能单位为核心模块的应用。

第 8 章 介绍一般同步时序电路的设计方法,重点阐述原始状态图的建立、状态化简以及状态分配,并给出几个完整的设计实例。

每章的最后都有一定数量的习题,以便读者加深对基本知识、基本理论、基本分析方法和基于 Verilog HDL 设计方法的理解,有些习题具有一定难度,为读者提供了不同层次的训练。附录提供了 Quartus 的下载地址,以及基于 Quartus 进行实例分析、设计、仿真的详细说明,供读者参考并鼓励读者利用 Quartus 平台完成相关习题的设计与仿真。

"数字逻辑"课程近年来得到了北京工业大学各级领导的广泛支持,2009 年入选校级精品课程,推动了教育教学的稳步进行,不但为课程组创造了充分的研究、实验条件,而且在实验中心建立了先进的 EDA 实验室,开设了独立的"数字逻辑"课程实验。系统结构系的诸位教师亲自组织、指导"数字逻辑"课程建设的各个环节,多次修订和完善大纲、优化教学内容、丰富教学课件等。

本书的第 2、5、6、7 章由贾熹滨编写,第 1、4、8 章由王秀娟编写,第 3 章和附录由魏坚华编写。全书由彭建朝主审。本书在编写过程中得到了课程组游周密、孙丽君等教师的大力支持,他们的教学实践经验为作者提供了极大的帮助,在此一并表示衷心的感谢。

限于作者的水平与经验,书中疏漏之处敬请广大读者批评指正。

作 者

2012 年 6 月于北京工业大学

目录

contents

第1章

信息表示

【本章内容】 本章首先介绍数值数据在数字系统中的表示,包括现实世界中常用的几种进位记数制及其相互转换,带符号二进制数在数字系统中的定点表示方法(原码、反码和补码),最后介绍数字系统中常用的几种编码方案。

数据信息是计算机加工和处理的对象,它包括两种,一种称为数值数据,用于表示数量的多少,可以带有符号位以表示数值正负;另一种称为字符数据或者非数值数据,包括图像、视频、英文字母、汉字等。在计算机(或数字系统)中实现对数据信息的操作,首先要解决的问题就是如何在计算机(或数字系统)中表示运算的数据。

1.1 数 制

1.1.1 基本概念

数制即计数的规则,指用一组固定的符号和统一的规则表示数值的方法。如在计数过程中采用进位的方法称为进位计数制,简称进位制。在进位计数制中,表示数的符号在不同的位置上所代表的数的值是不同的。首先介绍下面几个概念。

- **数码**:数制中表示基本数值大小的不同数字符号。
- **基数**:数制所使用数码的个数。
- **位权**:数制中某一位上的数所表示数值的大小(所处位置的价值)。

例如,人们日常使用的十进制有 10 个数码:0、1、2、3、4、5、6、7、8、9;基数为 10;位权为 10 的幂。

相应地,任意 R 进制数的基数为 R,有 R 个数码 $0 \sim R-1$,位权为 R 的幂。

数字系统中常用的数制有十进制、二进制、八进制和十六进制,它们的数码如表 1-1 所示。

需要特别说明,因为数字符号只能占用 1 位,因此在十六进制中用 A、B、C、D、E、F 分别表示 $10 \sim 15$。

表 1-1　常用数制的数码

← R →	数码														
R=2	0	1													
R=8	0	1	2	3	4	5	6	7							
R=10	0	1	2	3	4	5	6	7	8	9					
R=16	0	1	2	3	4	5	6	7	8	9	A	B	C	D	E	F

1.1.2　常用数制的表示

1. 常用数制的区分

一般使用 2、8、10、16 作为下标或者使用 B(Binary)、O(Octal)、D(Decimal)、H(Hexdecimal)作为后缀或下标分别表示二进制数、八进制数、十进制数和十六进制数。

例如：

$$(246)_{10} = (246)_{D} = 246D = 246$$

$$(100100)_{2} = (100100)_{B} = 100100B$$

$$(207)_{8} = (207)_{O} = 207O$$

$$(12C)_{16} = (12C)_{H} = 12CH$$

需要说明的是,在表示八进制数时,由于字母 O 极容易和数字 0 混淆,因此一般不推荐数值加后缀 O 的表示方法;如果一个数没有给出表示其进制数的下标或者后缀,则默认为十进制数。

2. 十进制数的表示

十进制数的特点如下：
- 有 10 个数码,即 0~9;
- 有小数点;
- 逢十进一;
- 具有位权 10^i。

例如,十进制数 567.38,它是 5 个 100,6 个 10,7 个 1,3 个 0.1,8 个 0.01 的和,因此可以将其展开表示为

$$(567.38)_{10} = 5 \times 10^2 + 6 \times 10^1 + 7 \times 10^0 + 3 \times 10^{-1} + 8 \times 10^{-2} \tag{1-1}$$

式 1-1 左侧的表示形式称为位置表示法,右侧的表示形式称为按权展开式。

推广开来,可以得到任意一个十进制数 N 的位置表示法式 1-2 和按权展开式式 1-3 如下：

$$(N)_{10} = (K_{n-1} K_{n-2} \cdots K_1 K_0 K_{-1} K_{-2} \cdots K_{-m})_{10} \tag{1-2}$$

$$(N)_{10} = K_{n-1} \cdot 10^{n-1} + K_{n-2} \cdot 10^{n-2} + \cdots + K_1 \cdot 10^1 + K_0 \cdot 10^0$$
$$+ K_{-1} \cdot 10^{-1} + K_{-2} \cdot 10^{-2} + \cdots + K_{-m} \cdot 10^{-m}$$
$$= \sum_{i=-m}^{n-1} K_i \cdot 10^i \tag{1-3}$$

其中,10 是基数,10^i 为位权,权系数 K_i 为正整数且满足 $K_i \in [0,9]$,n 和 m 分别表示整数部分和小数部分的位数。

3. 任意 R 进制数的表示

由十进制数的表示可以推断出任意 R 进制数的特点如下:

* 有 R 个数码,即 $0 \sim R-1$;
* 有小数点;
* 逢 R 进一;
* 具有位权 R^i。

因此,任意一个 R 进制数 N 可以表示为

$$(N)_R = (K_{n-1}K_{n-2}\cdots K_1 K_0 K_{-1} K_{-2} \cdots K_{-m})_R \tag{1-4}$$

$$\begin{aligned}
(N)_R &= K_{n-1} \cdot R^{n-1} + K_{n-2} \cdot R^{n-2} + \cdots + K_1 \cdot R^1 + K_0 \cdot R^0 \\
&\quad + K_{-1} \cdot R^{-1} + K_{-2} \cdot R^{-2} + \cdots + K_{-m} \cdot R^{-m} \\
&= \sum_{i=-m}^{n-1} K_i \cdot R^i
\end{aligned} \tag{1-5}$$

其中,R 是基数,R^i 为位权,权系数 K_i 为正整数且满足 $K_i \in [0, R-1]$,n 和 m 分别表示整数部分和小数部分的位数。

例如,当 R 分别取 2、8、16 时,可以得到对应数制的两种表示法。

$(100100.1)_B = 1 \times 2^5 + 0 \times 2^4 + 0 \times 2^3 + 1 \times 2^2 + 0 \times 2^1 + 0 \times 2^0 + 1 \times 2^{-1}$

$(207.35)_O = 2 \times 8^2 + 0 \times 8^1 + 7 \times 8^0 + 3 \times 8^{-1} + 5 \times 8^{-2}$

$(12C.A8)_H = 1 \times 16^2 + 2 \times 16^1 + C \times 16^0 + A \times 16^{-1} + 8 \times 16^{-2}$

4. 数字系统中的常用数制

数字系统内部数据均采用二进制形式表示,这是因为:

* 二进制形式便于物理元件的实现;
* 二进制数只有 0 和 1 两个数字,恰好可以用物理元件的两种稳定状态表示,例如晶体管的导通和截止,光盘的凸区和凹槽,只要规定其中一个状态为 1,另一个状态为 0,就可以表示二进制数了;
* 二进制运算规则简单,实现运算的电路也会相对简单;
* 二进制的乘法运算规则只有 4 个,即 $0 \times 0 = 0$;$0 \times 1 = 0$;$1 \times 0 = 0$;$1 \times 1 = 1$;
* 二进制数码 0、1 表示真、假逻辑量,便于计算机进行逻辑运算。

但是当二进制数位过长时,就会暴露出书写冗长,阅读和书写不方便的缺点,因此,人们在书写和表达时常用八进制和十六进制作为过渡进制,它们既能克服二进制的缺点,又能与二进制直接转换。

1.2   不同数制间的转换

一个数据在不同数制之间转换时,必然要求转换前后的数值大小不变,即保证转换前后的两个数的整数部分和小数部分分别相等。按照这一要求,可以总结出十进制、二进制、八进制和十六进制数之间相互转换的方法。

1.2.1   其他进制数转换为十进制数

将二进制数、八进制数、十六进制数转换成十进制数的方法是按权展开,对多项式进行算术求和,结果用十进制的位置表示法给出。

下面给出几个二进制、八进制、十六进制数转换成十进制数的例子,结果要求精确到小数点后 4 位。注意:严格意义上需要计算小数点后位数,保证转换精确,具体方法将在后面介绍。

【例 1-1】 $(1101.1001)_B = ($? $)_D$

$$(1101.1001)_B = 1\times 2^3 + 1\times 2^2 + 0\times 2^1 + 1\times 2^0 + 1\times 2^{-1} + 0\times 2^{-2} + 0\times 2^{-3} + 1\times 2^{-4}$$
$$= (8+4+0+1+0.5+0.0625)_D$$
$$= (13.5625)_D$$

【例 1-2】 $(3CF.0D)_H = ($? $)_D$

$$(3CF.0D)_H = 3\times 16^2 + 12\times 16^1 + 15\times 16^0 + 0\times 16^{-1} + 13\times 16^{-2}$$
$$= (768+192+15+0+13/256)_D$$
$$\approx (975.0508)_D$$

【例 1-3】 $(376.25)_O = ($? $)_D$

$$(376.25)_O = (3\times 8^2 + 7\times 8^1 + 6\times 8^0 + 2\times 8^{-1} + 5\times 8^{-2})_D$$
$$= (192+56+6+2/8+5/64)_D$$
$$\approx (254.3281)_D$$

1.2.2   十进制数转换为其他进制数

转换原则:若两数相等,则它们的整数部分和小数部分分别相等。

转换方法:对整数部分和小数部分分别转换,整数部分的转换采用"除基取余"法,小数部分的转换采用"乘基取整"法,具体操作如下。

"除基取余"法:用目标数制的基数(R)去除十进制数,第一次相除所得余数是目的数的最低位(K_0),将所得的商再除以该基数,重复该过程直到商等于 0 为止,然后逆序排列余数。

"乘基取整"法:用目标数制的基数(R)乘十进制小数,第一次相乘结果的整数部分为目的数的最高位(K_{-1}),将其小数部分再乘以该基数,重复该过程,直到乘积的小数部分为 0 或满足要求的精度为止(即根据设备字长限制取有限位的近似值),然后顺序排列每次乘积的整数部分。

下面以十进制数转换成二进制数为例进行说明。

【例 1-4】　$(23.36)_D = (\quad ? \quad)_B$，精确到小数点后 4 位。

整数部分：除以 2 取余

$$
\begin{array}{lllll}
2 & \underline{|\ 23} & \cdots & 1 & \text{低位}\\
2 & \underline{|\ 11} & \cdots & 1 & \\
2 & \underline{|\ \ 5} & \cdots & 1 & \vdots\\
2 & \underline{|\ \ 2} & \cdots & 0 & \\
2 & \underline{|\ \ 1} & \cdots & 1 & \text{高位}\\
& \quad 0 & & &
\end{array}
$$

即

$$(23)_D = (10111)_B$$

小数部分：乘 2 取整

$$
\begin{array}{lll}
0.36 \times 2 = 0.72 & \cdots & \text{取整数 0} \quad \text{高位}\\
0.72 \times 2 = 1.44 & \cdots & 1\\
0.44 \times 2 = 0.88 & \cdots & 0 \quad\quad\quad \vdots\\
0.88 \times 2 = 1.76 & \cdots & 1\\
0.76 \times 2 = 1.52 & \cdots & 1 \quad\quad\quad \text{低位}
\end{array}
$$

即

$$(0.36)_D = (0.01011)_B$$

综上可得

$$(23.36)_D = (10111.01011)_B$$

按照上述方法，可以得到十进制数 0～16 在二、八、十六进制中的转换结果，如表 1-2 所示。

表 1-2　0～16 的不同进制表示

十　进　制	二　进　制	八　进　制	十　六　进　制
0	0	0	0
1	1	1	1
2	10	2	2
3	11	3	3
4	100	4	4
5	101	5	5
6	110	6	6
7	111	7	7
8	1000	10	8
9	1001	11	9
10	1010	12	A
11	1011	13	B

十 进 制	二 进 制	八 进 制	十 六 进 制
12	1100	14	C
13	1101	15	D
14	1110	16	E
15	1111	17	F
16	10000	20	10

由例 1-4 可以看出,小数不一定能够准确转换,即存在一个转换精度的问题。当将一个 R 进制的 i 位纯小数转换成 L 进制的小数时,需要至少保留多少位才能保证原来的精度呢?

假设至少要保留 j 位,则有:

i 位 R 进制小数的精度为 R^{-i},j 位 L 进制小数的精度为 L^{-j},要保证原有精度,应该满足

$$L^{-j} \leqslant R^{-i} \tag{1-6}$$

求解上式可得

$$j \geqslant i \lg R / \lg L \tag{1-7}$$

在例 1-4 中,将 0.36 转换成二进制数时,$R=10$,$L=2$,$i=2$,代入式(1-7)得

$$j \geqslant 2\lg 10 / \lg 2 \approx 6.6$$

所以,若要保证原有精度,转换后的二进制小数至少应保留 $j=7$ 位。

1.2.3　二、八、十六进制数之间的转换

1. 二进制数与八进制数之间的转换

转换方法 1:根据 1.2.1 节和 1.2.2 节中提供的方法,首先将待转换数转换为十进制数,然后将得到的十进制数转换为目标进制数。

【例 1-5】　$(110101.011)_B = (\quad ? \quad)_O$

解:$(110101.011)_B = (53.375)_D = (65.3)_O$

【例 1-6】　$(613.24)_O = (\quad ? \quad)_B$

解:$(613.24)_O = (395.3125)_D = (110001011.0101)_B$

转换方法 2:由表 1-3 可以看到,八进制的 8 个数码 0~7 与 3 位二进制的 8 种组合存在对应关系。

表 1-3　八进制数码与 3 位二进制组合的对应关系

八进制数码	0	1	2	3	4	5	6	7
二进制组合	000	001	010	011	100	101	110	111

可以采用分组对应转换的方法：以小数点为界，将二进制数的整数部分从低位开始，小数部分从高位开始，每 3 位分成一组，最后一组不足 3 位时，分别在整数的最高位前面和小数的最低位后面补 0 凑齐 3 位。然后，将每组的 3 位二进制数转换成对应的八进制数字符号。

仍以例 1-5 和例 1-6 为例说明：

例 1-5 的解法 2：$(110101.011)_B=(\quad ?\quad)_O$

二进制数　<u>110</u>　<u>101</u>　.　<u>011</u>

八进制数　　6　　　5　　.　　3

所以，$(110101.011)_B=(65.3)_O$

将八进制数转换成二进制数的方法是：按位对应转换。将八进制数中的每一位数字符号表示成对应的 3 位二进制数，去掉整数部分首部和小数部分尾部的 0。

例 1-6 的解法 2：$(613.24)_O=(\quad ?\quad)_B$

八进制数　　6　　　1　　　3　　.　　2　　　4

　　　　　　↓　　　↓　　　↓　　　　↓　　　↓

二进制数　110　　001　　011　.　010　　100

所以，$(613.24)_O=(110001011.0101)_B$

2. 二进制数与十六进制数之间的转换

转换方法 1：根据 1.2.1 节和 1.2.2 节提供的方法，首先将待转换数转换为十进制数，然后将得到的十进制数转换为目标进制数。

【**例 1-7**】 $(101110101.101)_B=(\quad ?\quad)_H$

解：$(101110101.101)_B=(373.625)_D=(175.A)_H$

【**例 1-8**】 $(729.B4)_H=(\quad ?\quad)_B$

解：$(729.B4)_H=(1833.703125)_D=(11100101001.101101)_B$

转换方法 2：同样由表 1-2 可以看到，十六进制的 16 个数码 0～F 与 4 位二进制的 16 种组合存在一一对应关系，因此也可以采用分组对应转换的方法，即：

以小数点为界，将二进制数的整数部分从低位开始，小数部分从高位开始，每四位分成一组，最后一组不足 4 位时，分别在整数的最高位前面和小数的最低位后面补 0 凑齐 4 位。然后，将每组的 4 位二进制数转换成对应的十六进制数字符号。

仍以例 1-7 和例 1-8 为例说明。

例 1-7 的解法 2：$(101110101.101)_B=(\quad ?\quad)_H$

解：　　　二进制数　<u>0001</u>　<u>0111</u>　<u>0101</u>　.　<u>1010</u>

　　　　　十六进制数　　1　　　7　　　5　　.　　A

所以，$(101110101.101)_B=(175.A)_H$

将十六进制数转换成二进制数的方法是：按位对应转换。将十六进制数中的每一位数字符号表示成对应的 4 位二进制数，去掉整数部分首部和小数部分尾部的 0。

例 1-8 的解法 2：$(729.B4)_H=(\quad ?\quad)_B$

解：　　　十六进制数　7　　　2　　　9　　.　　B　　　4

　　　　　　　　　　　　↓　　　↓　　　↓　　　　↓　　　↓

二进制数　0111　0010　1001　.　1011　0100

所以,$(729.B4)_H = (11100101001.101101)_B$。

3. 八进制与十六进制数之间的转换

转换方法 1:根据 1.2.1 节和 1.2.2 节提供的方法,首先将待转换数转换为十进制数,然后将得到的十进制数转换为目标进制数。本方法不再举例说明。

转换方法 2:根据前文中提供的方法,借用二进制作为过渡进制,首先将待转换数转换为二进制数,然后将得到的二进制数转换为目标进制数,例如:

$$(729.B4)_H = (11100101001.101101)_B = (3451.55)_O$$

1.3 带符号二进制数的表示

前面讨论的内容已经把现实世界中常用的进制数转换成数字系统所采用的二进制数,需要注意的是,在讨论常用进制及其转换时没有涉及符号,通常将这种略去了符号的二进制数称为无符号数,但在一些实际应用中需要对数据进行算术运算,必然涉及数的符号问题,那么,数字系统中如何表示正数和负数? 换言之,如何将现实世界中包含正负号、小数点的数存放到数字系统中? 怎样处理带符号数的算术运算呢?

1.3.1 真值与机器数

在现实世界中,通常用＋号表示正数,用－号表示负数,在数字系统中,符号和数值一样是用 0 和 1 表示的,一般将数的最高位作为符号位,用 0 表示正,用 1 表示负。

为了区分一般书写表示的带符号二进制数和数字系统中的带符号二进制数,通常将用＋、－表示正、负的二进制数称为符号数的**真值**,而把将符号和数值一起编码表示的二进制数称为**机器数**或机器码。由于设备的原因,机器数有字长的限制。在下面的示例中,均以 1 字节(B)作为字长(1 位符号位,7 位数值位)进行讨论。

【例 1-9】 符号数的真值及机器数示例:

有符号数 x	真 值 X	机 器 数
＋52	＋0110100	00110100
－52	－0110100	10110100
－0.40625	－0.0110100	1.0110100
＋0.40625	＋0.0110100	0.0110100

1.3.2 定点数与浮点数

任何一个实数,不论是用十进制还是二进制,均可以表示为一个纯小数和一个幂的乘积。例如:

$$325.125 = 10^3 \times 0.325125$$
$$-325.125 = 10^3 \times -0.325125$$

$$325125 = 10^6 \times 0.325125$$

$$(1001.001)_2 = 2^4 \times (0.1001001)_2$$

$$(-1001.001)_2 = 2^4 \times (-0.1001001)_2$$

也就是说,任何一个实数,在计算机内部都可以用一个指数(整数)和一个尾数(纯小数)表示。这种表示实数的方法就是"浮点表示法"。在计算机中,实数也称"浮点数",即小数点位置可以变动;而整数和小数则称为"定点数",即小数点位置是约定默认的。通常,小数点一般固定在机器数的最低位或符号位之后,前者称为定点纯整数,后者称为定点纯小数。浮点数表示是以定点数表示为基础的,因此本书只介绍定点数的表示,浮点数的表示方法读者可查阅相关文献。

因此,例 1-9 中几个带符号数在数字系统中的表示如下。

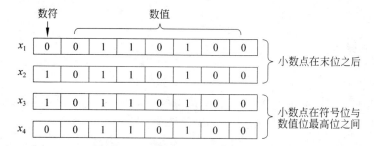

根据数值部分在机器内存放形式的不同,机器数有多种表示形式,主要有原码、反码和补码。数 x 的原码记作 $[x]_原$,反码记作 $[x]_反$,补码记作 $[x]_补$。

1.3.3 原码

原码(True Form)又称符号-数值表示法,其表示方法为符号位用状态 0 表示 $+$,用状态 1 表示 $-$,而数值部分与真值的数值部分相同。

1. 纯小数的原码

(1) 数学定义。

当真值 x 为纯小数时,则 x 的原码的严格定义为

$$[x]_原 = \begin{cases} x, & (0 \leqslant x < 1) \\ 1-x, & (-1 < x \leqslant 0) \end{cases} \tag{1-8}$$

(2) 表示方法。

在字长为 $n+1$ 的系统中,可将 x 记作 $\pm 0.k_{-1}k_{-2}\cdots k_{-n} (-1 < X < 1)$,其中,$k_{-n}$ 表示第 n 位小数位的权值,n 表示小数部分的位数。由数学定义可以得到纯小数的原码表示为

$$[x]_原 = \begin{cases} 0.k_{-1}k_{-2}\cdots k_{-n}, & (0 \leqslant X < 1) \\ 1.k_{-1}k_{-2}\cdots k_{-n}, & (-1 < X \leqslant 0) \end{cases} \tag{1-9}$$

注意:

① 这里的小数点在机器中是不存在的(只是默认位置),只是在书写时为了区别于整数;

② 当真值是不足 n 位的小数时,需要先将其低位填 0 补齐 n 位。

【例 1-10】 $x=+0.1011$ $[x]_原=?$

$y=-0.1001$ $[y]_原=?$

(解法 1) $x=+0.1011=+0.1011000$, $y=-0.1001=-0.1001000$

默认情况下 $n=7$,根据纯小数原码的数学定义,则

$$[x]_原=x=0.1011000$$

$$[y]_原=1-y=1-(-0.1001000)=1.1001000$$

(解法 2) $x=+0.1011=+0.1011000$, $y=-0.1001=-0.1001000$

默认情况下 $n=7$,根据纯小数原码的表示方法,则

$$[x]_原=0.1011000$$

$$[y]_原=1.1001000$$

2. 整数的原码

(1) 数学定义。

在字长为 $n+1$ 的系统中,整数 x 可记作 $\pm k_1 k_{-2} \cdots k_n (-2^n < X < 2^n)$,其中,$k_i$ 表示第 i 位的权值,n 表示真值位数,则 x 的原码严格定义为

$$[x]_原 = \begin{cases} x, & (0 \leqslant x < 2^n) \\ 2^n - x, & (-2^n < x \leqslant 0) \end{cases} \tag{1-10}$$

(2) 表示方法。

由数学定义可以得到整数的原码表示为

$$[x]_原 = \begin{cases} 0k_1 k_2 \cdots k_n, & (0 \leqslant X < 2^n) \\ 1k_1 k_2 \cdots k_n, & (-2^n < X \leqslant 0) \end{cases} \tag{1-11}$$

注意:当真值不足 n 位的整数时,需要先将其高位填 0 补齐 n 位。

【例 1-11】 $x=+1011$ $[x]_原=?$

$y=-1001$ $[y]_原=?$

(解法 1) $x=+1011=+0001011$, $y=-1001=-0001001$

默认情况下 $n=7$,根据整数原码的数学定义,则

$$[x]_原=x=00001011$$

$$[y]_原=2^7-y=(10000000-(-0001001))_2=10001001$$

(解法 2) $x=+1011=+0001011$, $y=-1001=-0001001$

默认情况下 $n=7$,根据整数原码的表示方法,则

$$[x]_原=00001011$$

$$[y]_原=10001001$$

3. 原码性质

(1) 表示范围。

$n+1$ 位原码能够表示的数值的范围为 $-(2^n-1) \sim +(2^n-1)$。

（2）0 的原码不唯一。

由上文可以推出，0 的原码是不唯一的：$[+0]_原 = 00000000$，$[-0]_原 = 10000000$。

（3）原码表示法的优缺点。

原码表示法的优点是简单、直观、容易变换；原码表示法的缺点是进行运算时，必须根据两数的符号及数值大小决定运算结果的符号，带来的"加""减""判断比较"使逻辑电路变得相当复杂。

1.3.4 反码

反码（Negative Number）又称对 1 的补码（One's complement）。反码的符号位部分与原码相同，用状态 0 表示＋，用状态 1 表示－，而数值部分与真值的符号有关：对于正数，数值部分与真值的数值部分相同；对于负数，数值部分为真值的数值部分按位取反。

1. 纯小数的反码

（1）数学定义。

在字长为 $n+1$ 的系统中，纯小数 x 可记作 $\pm 0. k_{-1}k_{-2}\cdots k_{-n}$（$-1 < X < 1$），其中，$k_{-n}$ 表示第 n 位小数位的权值，n 表示小数部分的位数，则 x 的反码严格定义为

$$[x]_反 = \begin{cases} x, & (0 \leqslant x < 1) \\ 2 - 2^{-n} + x, & (-1 < x \leqslant 0) \end{cases} \tag{1-12}$$

（2）表示方法。

由数学定义可以得到纯小数的反码表示为

$$[x]_反 = \begin{cases} 0. k_{-1}k_{-2}\cdots k_{-n}, & (0 \leqslant x < 1) \\ 1. \overline{k_{-1}}\ \overline{k_{-2}}\cdots \overline{k_{-n}}, & (-1 < x \leqslant 0) \end{cases} \tag{1-13}$$

注意：

① 这里的小数点在机器中是不存在的（只是默认位置），只是在书写时为了区别于整数；

② $\overline{k} = 1 - k$ 表示对 k 进行取反操作，即 0 变成 1，1 变成 0；

③ 当真值不足 n 位的小数时，需要先将其低位填 0 补齐 n 位。

【例 1-12】 $x = +0.1011$ $[x]_反 = ?$

$\qquad\qquad\quad y = -0.1001$ $[y]_反 = ?$

（**解法 1**） $x = +0.1011 = +0.1011000$， $y = -0.1001 = -0.1001000$

默认情况下 $n = 7$，根据纯小数反码的数学定义，则

$\quad [x]_反 = x = 0.1011000$

$\quad [y]_反 = 2 - 2^{-7} + y = (10 - 0.0000001 + (-0.1001000))_2 = 1.0110111$

（**解法 2**） $x = +0.1011 = +0.1011000$， $y = -0.1001 = -0.1001000$

默认情况下 $n = 7$，根据纯小数反码的表示方法，则

$$[x]_反 = 0.1011000$$

$$[y]_反 = 1.0110111$$

2. 整数的反码

(1) 数学定义。

在字长为 $n+1$ 的系统中,整数 x 可记作 $\pm k_1 k_{-2} \cdots k_n (-2^n < x < 2^n)$,其中,$k_i$ 表示第 i 位的权值,n 表示真值位数,则 x 的反码的严格定义为

$$[x]_{反} = \begin{cases} x, & (0 \leqslant x < 2^n) \\ 2^{n+1} - 1 + x, & (-2^n < x \leqslant 0) \end{cases} \tag{1-14}$$

(2) 表示方法。

由数学定义可以得到整数的反码表示为

$$[x]_{反} = \begin{cases} 0k_1 k_2 \cdots k_n, & (0 \leqslant x < 2^n) \\ 1\overline{k_1}\, \overline{k_2} \cdots \overline{k_n}, & (-2^n < x \leqslant 0) \end{cases} \tag{1-15}$$

注意:

① $\overline{k} = 1 - k$ 表示对 k 进行取反操作,即 0 变成 1,1 变成 0;

② 当真值不足 n 位的整数时,需要先将其高位填 0 补齐 n 位。

【例 1-13】 $x = +1011$　$[x]_{反} = ?$

$\qquad\qquad\quad y = -1001$　$[y]_{反} = ?$

(解法 1) $x = +1011 = +0001011$,　$y = -1001 = -0001001$

默认情况下 $n=7$,根据整数反码的数学定义,则

$\qquad [x]_{反} = x = 00001011$

$\qquad [y]_{反} = 2^8 - 1 + y = (10000000 - 1 + (-0001001))_2 = 11110110$

(解法 2) $x = +1011 = +0001011$,　$y = -1001 = -0001001$

默认情况下 $n=7$,根据整数反码的表示方法,则

$$[x]_{原} = 00001011$$

$$[y]_{原} = 11110110$$

3. 反码性质

① 表示范围:$n+1$ 位反码能够表示的数值范围为 $-(2^n - 1) \sim +(2^n - 1)$。

② 0 的反码不唯一:由上文可以推出,0 的反码是不唯一的,例如 $[+0]_{反} = 00000000$,$[-0]_{反} = 11111111$。

③ 采用反码进行运算时,两数反码的和等于两数和的反码;符号位也参加运算,当符号位产生进位时,需要循环进位,即把符号位的进位加到和的最低位上去。

1.3.5　补码

在计算机中,可以将乘/除法运算转换为加/减法和移位运算,故加、减、乘、除运算可归结为用加、减、移位三种操作完成。但在计算机中为了节省设备,一般只有加法器而无减法器,这就需要将减法运算转化为加法运算,从而使得算术运算只需要加法和移位两种操作。引进补码(Complement Number)的目的就是为了将减法运算转化为加法运算。

补码又称对 2 的补码(Two's complement)。补码的符号位部分与原码相同,用状态 0 表示＋,用状态 1 表示－,而数值部分与真值的符号有关:对于正数,数值部分与真值的数值部分相同;对于负数,数值部分为真值的数值部分按位取反,末位加 1。

1. 纯小数的补码

(1) 数学定义。

在字长为 $n+1$ 的系统中,纯小数 x 可记作 $\pm 0.k_{-1}k_{-2}\cdots k_{-n}(-1<x<1)$,其中,$k_{-n}$ 表示第 n 位小数位的权值,n 表示小数部分的位数,则 x 的补码的严格定义为

$$[x]_{\text{补}} = \begin{cases} x, & (0 \leqslant x < 1) \\ 2+x, & (-1 \leqslant x \leqslant 0) \end{cases} \tag{1-16}$$

(2) 表示方法。

由数学定义可以得到纯小数的补码表示为

$$[x]_{\text{补}} = \begin{cases} 0.k_{-1}k_{-2}\cdots k_{-n}, & (0 \leqslant x < 1) \\ 1.\overline{k_{-1}}\,\overline{k_{-2}}\cdots \overline{k_{-n}} + 2^{-n}, & (-1 < x \leqslant 0) \end{cases} \tag{1-17}$$

注意:

① 这里的小数点在机器中是不存在的(只是默认位置),只是在书写时为了区别于整数;

② $\overline{k}=1-k$ 表示对 k 进行取反操作,即 0 变成 1,1 变成 0;

③ 当真值是不足 n 位的小数时,需要先将其低位填 0 补齐 n 位。

【例 1-14】 $x=+0.1011$ $[x]_{\text{补}}=?$

$y=-0.1001$ $[y]_{\text{补}}=?$

(解法 1) $x=+0.1011=+0.1011000$, $y=-0.1001=-0.1001000$

默认情况下 $n=7$,根据纯小数补码的数学定义,则

$$[x]_{\text{补}} = x = 0.1011000$$
$$[y]_{\text{补}} = 2+y = (10+(-0.10001000))_2 = 1.0111000$$

(解法 2) $x=+0.1011=+0.1011000$, $y=-0.1001=-0.1001000$

默认情况下 $n=7$,根据纯小数补码的表示方法,则

$$[x]_{\text{补}} = 0.1011000$$
$$[y]_{\text{补}} = [y]_{\text{反}} + 1_{\text{最低位}}$$
$$= 1.0110111 + 1_{\text{最低位}}$$
$$= 1.0111000$$

2. 整数的补码

(1) 数学定义。

在字长为 $n+1$ 的系统中,整数 x 可记作 $\pm k_1 k_{-2}\cdots k_n(-2^n<x<2^n)$,其中,$k_i$ 表示第 i 位的权值,n 表示真值位数,则 x 的补码的严格定义为

$$[x]_{\text{补}} = \begin{cases} x, & (0 \leqslant x < 2^n) \\ 2^{n+1}+x, & (-2^n < x \leqslant 0) \end{cases} \tag{1-18}$$

(2) 表示方法。

由数学定义可以得到整数的补码表示为

$$[x]_{\dot{\imath}\mathrm{h}}=\begin{cases}0k_1k_2\cdots k_n, & (0\leqslant x<2^n)\\ 1\overline{k_1}\,\overline{k_2}\cdots\overline{k_n}+1, & (-2^n\leqslant x\leqslant 0)\end{cases}\tag{1-19}$$

注意:

① $\overline{k}=1-k$ 表示对 k 进行取反操作,即 0 变成 1,1 变成 0;

② 当真值是不足 n 位的整数时,需要先将其高位填 0 补齐 n 位。

【例 1-15】 $x=+1011\quad[x]_{\dot{\imath}\mathrm{h}}=?$

$\qquad\qquad\quad y=-1011\quad[y]_{\dot{\imath}\mathrm{h}}=?$

(解法 1) $x=+1011=+0001011,\quad y=-1001=-0001001$

默认情况下 $n=7$,根据整数补码的数学定义,则

$$[x]_{\dot{\imath}\mathrm{h}}=x=00001011$$

$$[y]_{\dot{\imath}\mathrm{h}}=2^8+y=(100000000+(-0001001))_2=11110111$$

(解法 2) $x=+1011=+0001011,\quad y=-1011=-0001001$

默认情况下 $n=7$,根据整数补码的表示方法,则

$$[x]_{\dot{\imath}\mathrm{h}}=00001011$$

$$[y]_{\dot{\imath}\mathrm{h}}=[y]_{\overline{\text{反}}}+1=11110110+1=11110111$$

3. 补码性质

① 表示范围: $n+1$ 位补码能够表示的数值范围为 $-2^n\sim+(2^n-1)$, -2^n 的补码为 $[x]_{\dot{\imath}\mathrm{h}}=2^{n+1}-2^n=2^n$。当 $n=7$ 时, $x=-10000000$, $[x]_{\dot{\imath}\mathrm{h}}=100000000-10000000=10000000$。此时,符号位的 1 既表示符号又表示数值。但是, -10000000 在字长为 8 位的系统中没有原码,也没有反码。

② 0 的补码唯一:由上文可以推出,0 的补码是唯一的,即 $[+0]_{\dot{\imath}\mathrm{h}}=[-0]_{\dot{\imath}\mathrm{h}}=00000000$。

③ 采用补码后,可以方便地将减法运算转化成加法运算,运算过程得到简化;采用补码进行运算,所得结果仍为补码。这个结论是根据模与同余的概念推导出来的,3.5.4 节中将给出详细说明,即

$$[x_1]_{\dot{\imath}\mathrm{h}}+[x_2]_{\dot{\imath}\mathrm{h}}=[x_1+x_2]_{\dot{\imath}\mathrm{h}}$$

这表明在进行加法运算时,不论两个加数的真值是正还是负,只要先把它们表示成补码形式,然后按二进制规则相加(符号位也参加运算),其结果就是两个数之和的补码,且能获得正确的结果符号。

4. 模与同余

模是指一个计数系统的最大容量,记作 M。例如,钟表的模为 12,8 位二进制数的模为 2^8。大于等于模的数不能表示。

如果设 x,y 为小于等于 M 的正整数,且 $x+y=M$,则称 x 是 y 以 M 为模的补数,或

y 是 x 以 M 为模的补数。

同余的概念：设 a 和 b 为两个整数，若用某个正整数 M 去除这两个数，所得的余数相同，则称 a、b 对模 M 是同余的，且称 a、b 在以 M 为模时是相等的，写作

$$a = b(\mod M)$$

例如，日常生活中的钟表以 12 为模（$M=12$），所以 3 点和 15 点、4 点和 16 点……均是同余的，可写作 $3=15(\mod 12)$，$4=16(\mod 12)$。

又如，某数字系统的字长为 4 位，它所能表示的二进制数为 $0000 \sim 1111$，即它的模为 $16(M=16)$。所以，当计算 $1001+1000$ 时，其结果将为 0001，而不是 10001，即超出字长部分自动丢弃。这就是说，在 4 位字长的系统中，存入 $(17)_{10}$ 和存入 1 是相同的。

显然，由同余的概念可得出

$$X + mK = X(\mod K)$$

式中，K 为模数，m 为任意整数。若设 $m=1$，$K=2^n$，则有

$$X = X + 2^n (\mod 2^n)$$

上式就是补码的定义。将减法变成加法的实质就是在一个模为 M 的系统中运用同余和补数的概念。因此，当机器字长为 $n+1$ 位时，有

$$X = 2^{n+1} + X(\mod 2^{n+1})$$

根据定义，$[X]_{补} = 2^{n+1} + X(\mod 2^{n+1})$，因此

$$[X \pm Y]_{补} = 2^{n+1} + (X \pm Y)(\mod 2^{n+1})$$
$$= (2^{n+1} + X) + (2^{n+1} \pm Y)(\mod 2^{n+1})$$
$$= [X]_{补} + [\pm Y]_{补}$$

即

$$[X+Y]_{补} = [X]_{补} + [Y]_{补}; [X-Y]_{补} = [X]_{补} + [-Y]_{补}$$

其中 X、Y 为正负数均可，符号位参与运算。

【例 1-16】 已知真值 $x_1 = +1110$、$x_2 = -0110$，字长 8 位，求 $x_1 + x_2$。

$$[x_1]_{补} = 00001110$$
$$+ \quad [x_2]_{补} = 11111010$$
$$\overline{[x_1]_{补} + [x_2]_{补} = 100001000}$$

$100001000 = 00001000 \mod(2^8)$

即 $[x_1 + x_2]_{补} = 00001000$，所以，$x_1 + x_2 = (+0001000)_2$

1.3.6　真值、原码、反码、补码之间的关系

由前述内容可以完成数值数据的真值、原码、反码、补码四种表示形式之间的相互转换，四者之间的转换关系可以由图 1-1 说明。

【例 1-17】 试求 $x = (+38)_{10}$ 和 $y = (-44)_{10}$ 的 8 位二进制原码、反码、补码。

解：字长是 8 位，1 位符号位，7 位数值位。

因为 x 的真值是 $+0100110$，所以

$$[x]_{原} = [x]_{反} = [x]_{补} = 00100110$$

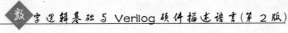

因为 y 的真值 $=-0101100$，所以

$$[x]_原=10101100$$
$$[x]_反=11010011$$
$$[x]_补=11010100$$

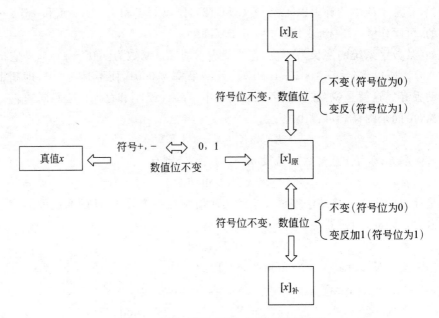

图 1-1　真值、原码、反码、补码之间的转换

【例 1-18】　已知 $[x]_补=1000$，字长 $n=4$，则

$$x=[x]_补-2^n=1000-10000=-1000$$

反过来，已知 $x=-1000$，求 $[x]_补$ 时，则与字长 n 有关：

当 $n=4$，$[x]_补=2^4+x=1000$；

当 $n=5$，$[x]_补=2^5+x=11000$。

表 1-4 列举了当字长 $n=4$ 时真值与 3 种机器数之间的对照。

表 1-4　真值与原码、反码、补码的对照

十 进 制 数	真　　值	原　　码	反　　码	补　　码
7	$+111$	0111	0111	0111
6	$+110$	0110	0110	0110
5	$+101$	0101	0101	0101
4	$+100$	0100	0100	0100
3	$+011$	0011	0011	0011
2	$+010$	0010	0010	0010
1	$+001$	0001	0001	0001
0	$+000$	0000	0000	0000
-0	-000	1000	1111	
-1	-001	1001	1110	1111

续表

十 进 制 数	真　　值	原　　码	反　　码	补　　码
−2	−010	1010	1101	1110
−3	−011	1011	1100	1101
−4	−100	1100	1011	1100
−5	−101	1101	1010	1011
−6	−110	1110	1001	1010
−7	−111	1111	1000	1001
−8	−1000			1000

由表 1-4 可以看出,当真值 x 为正数时,其机器数 $[x]_原 = [x]_反 = [x]_补$,即数值部分与真值 x 的数值部分相同,符号位为 0。当真值 x 为负数时,$[x]_原$ 的数值部分不变,符号位为 1;$[x]_反$ 的数值部分是 x 按位变反,符号位为 1;$[x]_补$ 的数值部分 x 按位变反后,末位算术加 1,符号位为 1。当真值为 0 时,原码和反码有正零和负零两种表示形式,而补码仅有一种表示形式。另外,补码的定义域与原码和反码有所不同。

1.4　编　　码

在数字系统中,由 1、0 状态组成的二进制代码不仅可以表示数值大小,而且还可以用来表示特定信息,这是由于计算机加工处理的数据信息除了数值信息外,还包括非数值信息,比如人们从键盘上敲入的各种命令和数据。然而,计算机只能存储二进制数,这就需要对数据进行编码,并由机器自动转换为二进制形式存入计算机。下面介绍几种在计算机应用中经常使用的编码。

1.4.1　数值数据编码

1. 自然二进制代码

自然二进制代码是按自然数顺序排列的二进制代码。表 1-5 列出了 4 位自然二进制码,各位的权值依次为 2^3、2^2、2^1、2^0,其表示的十进制数为 0~15。由此可得,n 位自然二进制码能表示的十进制数为 $0\sim(2^n-1)$。

表 1-5　4 位自然二进制码

十 进 制 数	4 位自然二进制码	十 进 制 数	4 位自然二进制码
0	0000	8	1000
1	0001	9	1001
2	0010	10	1010
3	0011	11	1011
4	0100	12	1100
5	0101	13	1101
6	0110	14	1110
7	0111	15	1111

2. 十进制数字符号的常用代码

数字系统中涉及的信息应该表示成二进制形式,比如在数字系统内使用二进制数,而人们平常使用的数字是十进制。要是想不需要进行复杂的进制转换运算,直接实现二进制形式表示十进制数,那么 BCD 码(Binary Coded Decimal)是一种解决方案。BCD 码使用时看起来很像十进制,符合人们的习惯,通常使用 4 位二进制代码对十进制的数字符号进行编码,它具有二进制的形式和十进制的特点。采用 BCD 码可以方便地将位置表示法的十进制数映射到数字系统中,即

$$\text{十进制数}\qquad 1\qquad\qquad 5\qquad\qquad 7$$
$$\downarrow\qquad\quad\downarrow\qquad\quad\downarrow$$
$$\text{数字系统}\quad \text{BCD 码}\quad \text{BCD 码}\quad \text{BCD 码}$$

十进制中有 0~9 共 10 个数字符号,需要用 4 位二进制才能表示,而 4 位二进制具有 16 种状态组合。显然,从 16 种状态中取 10 种状态表示数字符号 0~9 的编码方案很多,且每种方案中都有 6 种状态不允许出现。

常用的 BCD 码有 8421 码、2421 码(B)和余 3 码,见表 1-6。

表 1-6　常用的 BCD 码编码表

十进制数字符号	8421 码	2421 码(B)	余 3 码
0	0000	0000	0011
1	0001	0001	0100
2	0010	0010	0101
3	0011	0011	0110
4	0100	0100	0111
5	0101	1011	1000
6	0110	1100	1001
7	0111	1101	1010
8	1000	1110	1011
9	1001	1111	1100

(1) 8421 码。

这是一种最常用的二-十进制编码,它取 4 位二进制 16 种状态组合的前 10 种,依次对十进制数字符号进行编码,且不允许出现 1010~1111 这 6 种状态组合,如表 1-6 所示。

8421 码是一种有权码,各位的权值依次为 2^3、2^2、2^1、2^0,即 8、4、2、1。若设 8421 码的 4 位二进制数字符号为 $A_3A_2A_1A_0$,则它所代表的十进制数字符号 N 为

$$N = 8A_3 + 4A_2 + 2A_1 + A_0$$

例如:当 $A_3A_2A_1A_0$ 为 0110 时,对应的十进制数字符号是 6。

采用 8421 码进行计算时,当计算结果大于 1001 或产生进位时,应进行加 6 修正。

例如,采用 8421 码计算 $(5)_{10} + (6)_{10}$。

$$(0101)_{8421}$$
$$+\ \ (0110)_{8421}$$
$$\overline{\qquad 1011 \qquad}\quad\text{（结果超出 8421 码范围）}$$
$$+\quad 0110 \qquad\quad\text{（加 6 修正）}$$
$$\overline{\qquad 10001 \qquad}\quad\text{（结果为}(11)_{10}\text{）}$$

再如,采用 8421 码计算$(9)_{10}+(8)_{10}$。

$$(1001)_{8421}$$
$$+\ \ (1000)_{8421}$$
$$\overline{\qquad 10001 \qquad}\quad\text{（结果产生进位）}$$
$$+\quad 0110 \qquad\quad\text{（加 6 修正）}$$
$$\overline{\qquad 10111 \qquad}\quad\text{（结果为}(17)_{10}\text{）}$$

8421 码和十进制数之间的转换是一种简单的直接按位(按组)转换。

【例 1-19】　将$(138)_{10}$转换为对应的 8421 码。

将十进制数的每一位数字符号用对应的8421码表示

【例 1-20】　将$(010010010101)_{8421}$转换成对应的十进制数。

将每一组8421码转换成对应的十进制数的数字符号

(2) 2421 码。

2421 码取 4 位二进制 16 种状态组合的前 5 种和后 5 种,依次对十进制数字符号进行编码,且不允许出现 0101~1010 这 6 种状态组合,如表 1-6 所示。

2421 码也是一种有权码,各位的权值依次为 2^1、2^2、2^1、2^0,即 2、4、2、1。设 2421 码的 4 位二进制数字符号为 $A_3A_2A_1A_0$,则它所代表的十进制数字符号 N 为

$$N=2A_3+4A_2+2A_1+A_0$$

例如: $A_3A_2A_1A_0$ 为 1110 时,对应的十进制数字符号是 8。

需要指出的是,2421 码的编码方案不止一种,表 1-6 给出了其中一种方案,它具有自补特性,即按位取反,可获得对 9 的 2421 补码。例如,$(0100)_{2421}$对应的数字符号是 4,将其按位取反,得到$(1011)_{2421}$,它对应的数字符号是 5,而 5 恰好是 4 对 9 的补数。利用这一特性,有助于在数字系统中实现十进制的运算。

2421 码和十进制数之间的转换也是一种直接按位(按组)转换。

(3) 余 3 码。

余 3 码取 4 位二进制 16 种状态组合的中间 10 种,依次对十进制数字符号进行编码,不允许出现 0000~0010 和 1101~ 1111 这 6 种状态组合,如表 1-6 所示。

余 3 码是由 8421 码加 0011 得到一种无权码,即它的编码比相应的 8421 码多 3,所

以称为余 3 码。余 3 码和十进制数之间的转换同样是一种直接按位(按组)转换。

若设余 3 码的 4 位二进制数字符号为 $A_3A_2A_1A_0$,则它所代表的十进制数字符号 N 为

$$N = 8A_3 + 4A_2 + 2A_1 + A_0 - 3$$

余 3 码也具有自补特性,即按位取反,可获得对 9 之补码的余 3 码。

采用余 3 码进行运算时,也存在修正问题。两个余 3 码相加所产生的进位对应于十进制数的进位,但所产生的和要进行修正才是正确的余 3 码。修正的方法是:如果没有进位,则和减 3;若产生进位,则和加 3。例如:

十进制数	余 3 码	十进制数	余 3 码
2	0101	9	1100
+ 3	+ 0110	+ 1	+ 0100
5	1011	10	10000
	− 11		+ 11
	1000		10011

除了上述 3 种常用的十进制数字符号的二-十进制编码外,还有 5421 码、4421 码、4221 码等 4 位编码以及移位计数器码(步进码)等 5 位编码,这里不再逐一介绍。

3. 可靠性代码

代码在形成或传输过程中难免会发生错误,为了减少这种错误的发生,可以采用可靠性编码的方法,它令代码本身具有一种特征或能力,使得代码在形成中不易出错,或者这种代码出错时容易被发现,甚至能查出出错的位置并予以纠正。目前,常用的可靠性代码有格雷码、奇偶校验码和汉明码等。下面介绍前两种,关于汉明码的编码方法及应用,读者可查阅相关资料。

(1) 格雷码。

格雷码(Gray Code)又称间隔位编码、循环码,它有许多种编码形式,但它们都有一个共同的特点,即从一个代码变为相邻的另一个代码时,只有 1 位二进制状态发生变化。表 1-7 给出了一种典型的格雷码。

表 1-7　典型格雷码及格雷 BCD 码

十进制数	二进制代码	典型格雷码	格雷 BCD 码
0	0000	0000	0000
1	0001	0001	0001
2	0010	0011	0011
3	0011	0010	0010
4	0100	0110	0110
5	0101	0111	0111
6	0110	0101	0101
7	0111	0100	0100
8	1000	1100	1100

续表

十进制数	二进制代码	典型格雷码	格雷 BCD 码
9	1001	1101	1000
10	1010	1111	
11	1011	1110	
12	1100	1010	
13	1101	1011	
14	1110	1001	
15	1111	1000	

观察表 1-7 可以看出,十进制数从 7→8,对应的二进制码从 0111→1000,4 位均发生了变化,而对应的格雷码从 0100→1100,只有 1 位发生变化。这一特点的意义何在?当采用二进制码进行加 1 计数时,例如从 0111→1000,4 位都要发生变化,而实现计数的物理设备的状态是不会同时改变的,于是就有可能出现下列情况。

$$0111 \rightarrow 0101 \rightarrow 0100 \rightarrow 1100 \rightarrow 1000$$
（中间状态）

虽然最终的结果从 0111 变到了 1000,但中间出现了瞬间的错误状态。如果该计数器的输出控制着后续设备,则有可能使后续设备产生误动作。格雷码从编码形式上杜绝了出现这种错误的可能性。

格雷码也是一种无权码,因此很难从某个代码识别出它所代表的数值。但是,格雷码与二进制码之间具有简单的转换关系。

设二进制码为

$$B = B_n B_{n-1} \cdots B_1 B_0$$

并设对应的格雷码为

$$G = G_n G_{n-1} \cdots G_1 G_0$$

则有

$$\begin{cases} G_n = B_n \\ G_i = B_{i+1} \oplus B_i \quad (i < n) \end{cases} \tag{1-20}$$

式(1-20)中,$i = 0, 1, \cdots, n-1$;符号 $\oplus$ 表示异或运算(也称模 2 加运算,将在逻辑代数中详细讨论),其运算规则是

$$0 \oplus 0 = 0, \quad 0 \oplus 1 = 1, \quad 1 \oplus 0 = 1, \quad 1 \oplus 1 = 0$$

例如,将二进制码 1100 转换成格雷码。

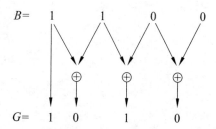

反过来,若已知格雷码,可以用式(1-21)求出对应的二进制码。

$$\begin{cases} B_n = G_n \\ B_i = B_{i+1} \oplus G_i \quad (i < n) \end{cases} \tag{1-21}$$

例如,将格雷码 1010 转换成二进制码。

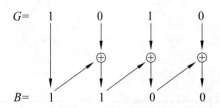

可以用 4 位格雷码对十进制的数字符号进行编码,称为格雷 BCD 码。从 4 位格雷码的 16 个代码中选出 10 个对十进制数字符号进行编码的方案也很多,表 1-7 只列出其中之一,它取 4 位格雷码的前 9 个代码依次对 0~8 编码,取最后一个(1000)对 9 编码,以保证十进制数字符号头尾两个符号(0 和 9)的格雷 BCD 码也只有 1 位不同,构成一个"循环"。在格雷 BCD 码中同样有 6 种状态不允许出现。

(2) 奇偶校验码。

二进制信息在发送、接收或存储过程中可能会发生错误,即有时 1 可能错成 0,有时 0 可能错成 1。奇偶校验码(Parity Code)具有发现这种错误的能力,因此它是数字系统中常用的一种可靠性代码。

奇偶校验码由信息码和校验位两部分组成。信息码就是要传送的信息本身,可以是位数不限的二进制代码,例如并行传送 8421 码,信息码就是 4 位;校验位是传送时附加的冗余位,这里仅用 1 位。

在信息的发送端,应对校验位进行编码,并随信息码一起发送,其编码方法有两种:一种是校验位的取值(0 或 1)使整个代码(信息码＋校验位)中 1 的个数为奇数,称为奇校验;另一种是校验位的取值(0 或 1)使整个代码(信息码＋校验位)中 1 的个数为偶数,称为偶校验。表 1-8 给出了以 8421 码为信息码所构成的奇校验码和偶校验码。

表 1-8   8421 码的奇偶校验码

十进制数字符号	8421 奇校验码		8421 偶校验码	
	8421 码	校验位	8421 码	校验位
0	0000	1	0000	0
1	0001	0	0001	1
2	0010	0	0010	1
3	0011	1	0011	0
4	0100	0	0100	1
5	0101	1	0101	0
6	0110	1	0110	0
7	0111	0	0111	1
8	1000	0	1000	1
9	1001	1	1001	0

　　一般来说,对于任何 n 位二进制信息码,只要增加一个校验位,便可构成 $n+1$ 位的奇校验码或偶校验码。设奇偶校验码为

信息码　　　　校验位

$$C_1\quad C_2\quad C_3\quad \cdots\quad C_n\qquad P$$

则校验位 P 可以表示成

$$P=C_1\oplus C_2\oplus C_3\oplus\cdots\oplus C_n\qquad(偶校验)$$

$$P=C_1\oplus C_2\oplus C_3\oplus\cdots\oplus C_n\oplus 1\qquad(奇校验)$$

　　在信息接收端要按照约定对接收到的奇偶校验码进行校验,其校验方程为

$$S=C_1\oplus C_2\oplus C_3\oplus\cdots\oplus C_n\oplus P$$

　　若约定为奇校验时,则 $S=1$ 正确,$S=0$ 错误;若约定为偶校验时,则 $S=0$ 正确,$S=1$ 错误。

　　可以看出,奇偶校验码能发现代码中 1 位(或奇数位)出错,但不能发现两位(或偶数位)同时出错,且不能确定出错位置并纠正错误。由于两位出错的概率远小于 1 位出错的概率,因此用奇偶校验码检测代码传输过程中的错误还是很有效的。

1.4.2　非数值数据编码

1. 字符代码

　　数字系统中处理的数据除了数值、数字符号之外,还有字母、运算符号、标点符号以及其他特殊符号统称为字符。所有字符在数字系统中必须用二进制表示,称为字符代码。最常用的是被国际组织采用的美国信息交换标准码——ASCII 码（American Standard Code for Information Interchange）。

　　ASCII 码是一种七单位字符代码,用 7 位二进制表示 128 种不同的字符,其中包括 26 个大写的英文字母、26 个小写的英文字母、10 个十进制数字符号、34 个专用符号共 96 个符号,称之为图形字符;此外还有 32 个控制字符。具体编码见表 1-9。

表 1-9　7 位 ASCII 码编码表

高位 低位	000	001	010	011	100	101	110	111
0000	NUL	DLE	SP	0	@	P	`	p
0001	SOH	DC1	!	1	A	Q	a	q
0010	STX	DC2	"	2	B	R	b	r
0011	ETX	DC3	#	3	C	S	c	s
0100	EOT	DC4	$	4	D	T	d	t
0101	ENQ	NAK	%	5	E	U	e	u
0110	ACK	SYN	&	6	F	V	f	v
0111	BEL	ETB	'	7	G	W	g	w
1000	BS	CAN	(	8	H	X	h	x
1001	HT	EM	)	9	I	Y	i	y

续表

高位 低位	000	001	010	011	100	101	110	111
1010	LF	SUB	*	:	J	Z	j	z
1011	VT	ESC	+	;	K	[	k	{
1100	FF	FS	—	<	L	\	l	|
1101	CR	GS	,	=	M	]	m	}
1110	SO	RE	.	>	N	^	n	~
1111	SI	US	/	?	O	_	o	DEL

我国用于信息交换的国家标准码为 GB 1988—1980。为了与国际标准具有互换性，国家标准基本上采用了 ASCII 码的编码方案。除少数图形字符有区别(如 $ 改成 ¥)外，两者基本上是一致的。

此外，还有采用 8 位二进制进行编码的 EBCDIC 码，称为扩充的二-十进制交换码或扩展 ASCII 码，需要时读者可查阅有关资料。

2. 汉字编码

为了方便数字系统之间汉字信息通信交换的需要，1981 年，国家颁布了编号为 GB 2312—1980 的标准《信息交换用汉字编码及字符集》，这个字符集是我国中文信息处理技术的发展基础，也是目前国内所有汉字系统的统一标准，这种汉字交换用的代码又称区位码。区位码是一个 4 位的十进制数，每个区位码都对应着一个唯一的汉字或符号，它的前两位称为区码，后两位称为位码。在计算机中采用 2 字节存储区位码，第 1 个字节存储区码，第 2 个字节存储位码。

例如：查表 1-10 可知，"啊"字的区位码为 1601。

表 1-10　汉字区位码示例

区\位	01	02	...	93	94
01					
02					
⋮					
16	啊	阿			
17		雹		饼	
⋮					
94					

3. 多媒体信息编码

多媒体信息编码是指如何用二进制数码表示声音、图像和视频等信息，也称多媒体信息的数字化。

现实生活中的声音、图像和视频等信息都是连续变化的物理量，通过传感器(如话筒)将它们转换成电流或电压等模拟量的变化形式；然后经过"模数转换"过程再把它们转换为数字量。计算机要想处理模拟量,首先要将它们数字化,将它们变成一系列二进制数据。

声音数字化处理过程如下。

① 采样。按照一定频率,即每隔一段时间测得模拟信号的模拟量值,如 CD 采用的采样频率为 44.1kHz。

② 量化。将采样测得的模拟电压值进行分级量化。按照整个电压变化的最大幅度划分成几个区段,把落在某个区段的、采样到的样本值归成一类,并给出相应的量化值。

图形数字化处理是把一幅图像看成由许多彩色和各种级别灰度的点组成,把这种点称为像素。像素越多,排列越紧密,图像就越清晰。每个像素的颜色都被量化成一定数值。

例如,画面为 600×800 像素的黑白两色的图像包含 $800\times600=480\,000$ 个像素;每个像素用 1b 空间存储颜色信息,则存储本幅图像所需的空间为 $480\,000$ 像素 $\times 1\text{b/}$像素$=480\,000\text{b}\approx58.6\text{KB}$。

视频编码:视频是由连续的图像帧组成的。我国使用的 PAL 制式每秒显示 25 帧。除了 PAL 制式外,常见的还有 NTSC 制式、SECAM 制式。不同的制式,每秒钟显示的帧数不一样。声音、图像、视频经过数字化后产生的数据量很大,为了提高存储、处理和传输的效率,很多关于图像、声音、视频的压缩标准就制订出来了。如 JPG 是静态图像常用的压缩格式,MP3 是声音常用的压缩格式,VCD 和 DVD 分别使用 MPEG-1 和 MPEG-2 的压缩格式。

本 章 小 结

本章介绍了与数字系统相关的基础知识,主要包括以下三个方面。

① 进位计数制。在理解和掌握现实世界中数的表示方法以及不同进位制之间的转换方法的基础上,能熟练进行十进制、二进制、八进制、十六进制之间的转换。

② 带符号二进制数在数字系统中的表示方法。在建立真值、机器数、模、同余、补数等基本概念的基础上,介绍了带符号二进制数在计算机中的原码、反码和补码的表示方法。

③ 常用的编码方法及特点。BCD 码采用 4 位二进制状态对十进制数字符号进行编码,进而实现十进制数位置表示法在数字系统中的映射,常用的 BCD 码有 8421 码、余 3 码、2421 码和格雷码等。格雷码和奇偶校验码是常见的两种可靠性编码,应熟练掌握格雷码和二进制码之间的关系以及 2 位、3 位、4 位格雷码的编码规律,还应掌握奇偶校验码的编码方法和校验方法,并了解字符代码。

思 考 题 1

1. 总结十进制数转换成二进制数的方法。

2. 已知 $(88.25)_{10}$,你能直接写出对应的二进制数吗?

3. 总结二进制、八进制、十六进制之间的转换方法。

4. 为什么说采用补码进行数的运算时所需的设备资源较少？

5. 真值、原码、反码、补码之间的转换关系是什么？

6. 已知某数的反码表示，如何求其补码？

7. 由 $[x]_{\text{补}}=10000000$，你能想到什么？

8. 8421 码、余 3 码、2421 码和格雷 BCD 码是对什么的编码？各有什么特点？

9. 由 $(138)_{10}$ 可得 $(100111000)_{8421}$，对吗？

10. 奇偶校验码由哪两部分构成？

11. 校验位是在发送端形成还是在接收端形成？校验位的形成规则是什么？

12. 接收端如何进行奇偶校验？

13. 如何由 3 位格雷码直接写出 4 位格雷码？

习　题　1

1.1　写出下列各数的按权展开式。

$$(1024.5)_{10} \quad (10110)_2 \quad (237)_8 \quad (A01D)_{16}$$

1.2　完成下列数制转换。

(1) $(255)_{10}=(\quad)_2=(\quad)_8=(\quad)_{16}$

(2) $(52.125)_{10}=(\quad)_2=(\quad)_8=(\quad)_{16}$

(3) $(110011)_2=(\quad)_{10}=(\quad)_8=(\quad)_{16}$

(4) $(400)_8=(\quad)_2=(\quad)_{10}=(\quad)_{16}$

(5) $(3FF)_{16}=(\quad)_{10}=(\quad)_2=(\quad)_8$

(6) $(1A.5)_H=(\quad)_B=(\quad)_D=(\quad)_8$

(7) $(376)_8=(\quad)_{16}$

(8) $(44.375)_{10}=(\quad)_8$

1.3　如何判断一个 7 位二进制正整数 $A=a_1a_2a_3a_4a_5a_6a_7$ 是否为 $(4)_{10}$ 的倍数？

1.4　完成下列运算。

(1) $(110101)_2+(101001)_2=(\quad)_2$

(2) $(1001101)_2-(110011)_2=(\quad)_2$

(3) $(A378)_{16}+(4631)_{16}=(\quad)_{16}$

(4) $(1B34)_{16}-(CA5)_{16}=(\quad)_{16}$

1.5　写出下列各真值所对应的 1 字节长（1 位符号，7 位数值）的原码、反码、补码。

$+0.00101 \qquad -0.1101 \qquad -0.1 \qquad +11001$

$-1000 \qquad -10000000 \qquad -11111 \qquad +11111$

1.6　先写出下列十进制数 x 的真值，再写出所对应的 1 字节长（1 位符号，7 位数值）的原码、反码、补码。

$x=0 \qquad x=-0 \qquad x=126 \qquad x=-126$

$x=127 \qquad x=-127 \qquad x=128 \qquad x=-128$

1.7　已知$[x]_补$，求$[x]_原$、$[x]_反$及真值x。

$[x]_补 = 10111010$　　　　$[x]_补 = 1.1111111$

$[x]_补 = 0.0101010$　　　　$[x]_补 = 10000000$

1.8　已知$[x]_反$，求$[x]_补$及真值x。

$[x]_反 = 10110101$　　　　$[x]_反 = 1.0110010$

1.9　已知$[x]_原$，求$[x]_补$。

$[x]_原 = 1.0011010$　　　　$[x]_原 = 10111101$　　　　$[x]_原 = 0.0011000$

1.10　先写出十进制数的真值，再写出所对应的 1 字节长（1 位符号，7 位数值）的补码。

$$\frac{13}{64} \quad -\frac{13}{128} \quad \frac{15}{32} \quad -\frac{11}{64}$$

1.11　已知$(178)_{10}$，如何用 8421 码、余 3 码、2421 码和格雷 BCD 码表示？

1.12　完成下列转换。

$(0011\ 0100\ 1000)_{8421} \rightarrow (\qquad)_{余3码} \rightarrow (\qquad)_{10}$

$(1001\ 0010\ 0101)_{8421} \rightarrow (\qquad)_{2421} \rightarrow (\qquad)_{10}$

$(469)_{10} \rightarrow (\qquad)_{8421} \rightarrow (\qquad)_{余3码} \rightarrow (\qquad)_{格雷BCD}$

$(0011\ 1100\ 1110)_{2421} \rightarrow (\qquad)_{余3码} \rightarrow (\qquad)_{8421}$

1.13　求$(0100\ 1001\ 0110)_{8421}$关于模为$(1000)_{10}$的补数的 8421 码表示。

1.14　求$(0100\ 0011\ 1100)_{余3码}$关于模为$(1000)_{10}$的补数的余 3 码表示。

1.15　分别写出关于 8421 码、余 3 码、2421 码的 6 个伪码。

1.16　写出与 4 位自然二进制码对应的 4 位格雷码。

1.17　分别确定下列二进制信息码的奇校验位和偶校验位的值。

$$1010011 \quad 1100111 \quad 0011101 \quad 1111100$$

第 2 章

逻辑代数基础

【本章内容】 本章从应用的角度介绍逻辑代数的一些基本概念、基本定理、逻辑函数的基本形式以及逻辑函数的化简方法,使读者掌握分析和设计数字逻辑电路所需的数学工具。

2.1 概　述

19 世纪中叶,英国数学家乔治·布尔(George Boole)提出了将人的逻辑思维规律和推理过程归结为一种数学运算的代数系统——布尔代数。1938 年,贝尔实验室研究员克劳德·香农(Claude E. Shannon)将布尔代数应用于电话继电器电路的分析与描述,形成二值布尔代数,即开关代数,又称逻辑代数。至今,逻辑代数仍是分析和设计逻辑电路的基本工具和理论基础。

为了帮助读者理解逻辑代数应用于数字逻辑电路分析和设计的理由和方法,下面给出示例分析。

【例 2-1】 在举重比赛中,对运动员试举的裁决规则如下。举重比赛有 3 名裁判,每名裁判控制一盏红灯和一盏白灯——红灯表示试举失败,白灯表示试举成功。裁判的判决根据少数服从多数的原则形成最终判决,其计分系统示意图如图 2-1 所示。

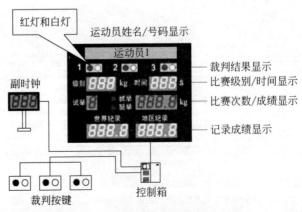

图 2-1　举重比赛计时计分系统示意图

这里仅探讨一次试举判决过程。

从思维推理角度，当任意 2 个裁判按下白灯按键时，则判试举成功，推理过程表述如下。

假设 F 表示试举成功与否（$F=1$ 表示成功，$F=0$ 表示不成功）；A、B、C 分别表示 3 名裁判员的裁判结果（$A=0$ 表示按下红灯，$A=1$ 表示按下白灯；B、C 相同），则

$$F=(A \text{ and } B) \text{ or } (A \text{ and } C) \text{ or } (B \text{ and } C) \text{ or } (A \text{ and } B \text{ and } C)$$

可以看出，这里应用逻辑与和逻辑或将输入条件和输出结果之间的关系用数学函数加以描述，将思维过程公式化，继而应用逻辑代数的公理定理加以推导，可以实现推理过程的数学运算。

从裁决过程硬件电路自动处理角度分析如下。

如图 2-2 所示，裁判通过按键输入各自的裁判结果，输入按键电路输出高/低电平表示其裁决，如裁判 A 按下白灯按钮，则输入为高电平，对应的逻辑为 $A=1$，按下红灯则相反。裁判电路读入每个裁判的输入，给出试举结果，控制计分系统显示当前成绩。裁判电路待实现的功能如下：

- 如果 $A=1$，$B=1$，则 $F=1$，输出高电平，控制新成绩读取显示；
- 如果 $A=1$，$C=1$，则 $F=1$，输出高电平，控制新成绩读取显示；
- 如果 $B=1$，$C=1$，则 $F=1$，输出高电平，控制新成绩读取显示；
- 如果 $A=1$，$B=1$，$C=1$，则 $F=1$，输出高电平，控制新成绩读取显示；
- 如果出现其余情况，则 $F=0$，输出低电平，不读取新成绩数据，显示前次成绩。

虽然在学习具体电路知识之前还不了解具体电路，但从思维逻辑与物理状态（如试举成败与否和电路输出电平的高低）两者之间的对应关系以及裁判电路的工作逻辑与思维的判断逻辑的一致性，可以推断裁判电路的实现依据逻辑函数表达式，将输入与输出关系转换为对应的电路形式，实现裁决过程的自动处理。

图 2-2　裁判电路框图

事实上，从开关电路到现在以半导体材料为核心的数字电路，再到具有实现对应逻辑运算的门电路，正如前面例子所看到的，将一个实际问题抽象归纳为逻辑变量之间的函数关系，就对应着以基本逻辑单元为基础，根据函数运算关系组合功能单元的电路，从而实现具体问题的自动处理。

由这个例子可以看出逻辑代数和数字电路之间的关系，逻辑代数实现了数字逻辑电路的数学运算，数字逻辑电路则是逻辑函数的物理实现。也就是说，逻辑代数将思维规律抽象为函数表述，并成为数字逻辑电路设计的基础；反之，数字逻辑电路转换为对应的逻辑函数表达式后，可以分析出其推理规律，即数字电路所要完成的自动处理功能。

本章围绕逻辑电路分析和设计介绍相关的逻辑代数基础知识。

2.2 逻辑代数中的基本概念

逻辑代数与普通代数的体系一样,都描述了变量之间的因果关系,并对输入变量进行运算赋予输出函数。所不同的是,逻辑代数体系变量是逻辑变量,定义域为$\{0,1\}$,运算为逻辑运算,即逻辑与、逻辑或、逻辑非。

其具体定义如下:逻辑代数是一个由逻辑变量集 K、逻辑常量 0 和 1、与运算符、或运算符、非运算符所构成的代数系统,记为

$$L=\{K,0,1,\cdot,+,-\}$$

其中,$\cdot$是与运算符,$+$是或运算符,$-$是非运算符。

定义中引入了这样一些概念:逻辑变量、逻辑常量和逻辑运算。为了更好地理解这些数学概念与实际事物的联系,在给出概念的定义之前,先介绍逻辑命题和逻辑状态的概念,随后介绍与逻辑电路相关联的逻辑电平与逻辑约定的概念,最后介绍重要的逻辑函数及相关知识。

1. 逻辑命题

逻辑命题是指一段描述事物某种特征的,具有意义且能判断真假的文字。以例 2-1 为例,其中"试举成功"就是一个命题,该命题描述了裁判结果,具备非真即假的特点。例 2-1 中还有其他命题,请读者思考。

2. 逻辑状态

在一定条件下,事物的某种性质只表现为两种互不相容的状态,这种状态称为逻辑状态。例如,信号的有与无、开关的通与断、事件的真与假、电平的高与低、晶体管的导通与截止等。在某一时刻,这两种状态必出现且仅出现一种,一种状态是另一种状态的反状态。

在例 2-1 中,"试举成功"这一命题的可能状态只有两个,即真和假,在某一个时刻只能呈现一种状态。

3. 逻辑常量

逻辑状态用符号 0 和 1 分别表示,称为逻辑常量。这里的 0 和 1 不是数的概念,不表示数的大小,而是代表状态的符号。0 状态(0-state)一般表示逻辑条件的假或无效;1 状态(1-state)一般表示逻辑条件的真或有效。

如例 2-1 中,"试举不成功"这一裁决状态用 0 状态表示;反之用 1 状态表示。

这里请读者思考一个问题:试举成功用 0 状态表示,不成功用 1 状态表示,这样做是否正确?

4. 逻辑变量

由于条件的变化,表示事物状态的逻辑状态也会随之变化,这种未给予确定的逻辑

状态称为逻辑变量。和普通代数一样,在逻辑代数中也用字母表示逻辑变量;和普通代数不同的是,逻辑变量只能取值 0 或 1。

在例 2-1 中,"试举成功"这一命题用逻辑代数加以描述,这就是一个逻辑变量,例中用字母 F 表示,并假设 $F=1$ 代表试举成功,$F=0$ 代表试举失败。

5. 逻辑电平

在二值逻辑电路中,把描述输入和输出的物理量离散成两种电平(相对于参考地的电压值),即高电平(H)和低电平(L)。这种抽象化的逻辑电平不是某一个具体的值,而是代表着一定的范围。如图 2-3 中由 CMOS 工艺构成的逻辑电路示意图中,低电平为 $0\sim0.8\mathrm{V}$,用逻辑 0 表示;高电平为 $2\sim5\mathrm{V}$,用逻辑 1 表示。

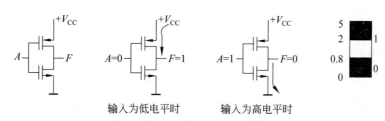

输入为低电平时　　　输入为高电平时

图 2-3　CMOS 工艺构成的逻辑电路及逻辑电平示意图

不同工艺的逻辑器件所定义的逻辑电平有所不同,见表 2-1。从表 2-1 可以看出,逻辑高、低电平之间存在一个逻辑不确定的区间,称为噪声区。如果逻辑器件的输入和输出电平处于噪声区,则称为逻辑模糊,在逻辑电路中会引发错误。

表 2-1　不同工艺器件定义的逻辑电平(电源电压为 5V)

工　艺	逻辑电平/V	
	L	H
TTL	$0\sim0.40$	$3.0\sim5.0$
CMOS	$0\sim0.80$	$2.0\sim5.0$

逻辑电平除了表示已定义的物理电压范围之外,还可以表示其他物理含义。例如,用 H 电平表示在规定时间内一定幅度的正脉冲的出现;用 L 电平表示在规定时间内没有脉冲或有负脉冲出现。因此,可以说逻辑电平是表示逻辑状态的物理特性。

6. 正负逻辑规定(约定)

实际上,逻辑器件的输入和输出都用物理量表示,通常用逻辑电平表示,而器件的逻辑功能又是用逻辑状态描述的,因此必须规定逻辑电平和逻辑状态之间的关系。这一规定的过程称为逻辑化过程。该过程有两种规定方法,即正逻辑规定(约定)和负逻辑规定(约定),如图 2-4 所示。

确定了逻辑规定(约定)之后,各种物理量都转化为逻辑状态,可以用逻辑变量表示,进而可以用各种数学或逻辑方法对电路进行分析或表达。也就是说,一旦完成了逻辑化的工作,则不再考虑逻辑电路输入和输出端的实际电平,而是假设电路直接按照逻辑信号的 0 和 1 进行操作。在实际工作中,通常采用正逻辑规定。

逻辑电平	逻辑状态
L	0
H	1

逻辑电平	逻辑状态
L	1
H	0

(a) 正逻辑规定　　　　　　　　　　　(b) 负逻辑规定

图 2-4　正负逻辑的规定

7. 逻辑函数

设某一逻辑网络的输入逻辑变量为 $A_1, A_2, \cdots, A_n$,输出逻辑变量为 F,如图 2-5 所示。当 $A_1, A_2, \cdots, A_n$ 的取值确定后,F 的值就唯一地被确定下来,称 F 是 $A_1, A_2, \cdots, A_n$ 的逻辑函数,记为

$$F = f(A_1, A_2, \cdots, A_n)$$

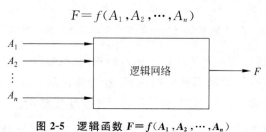

图 2-5　逻辑函数 $F = f(A_1, A_2, \cdots, A_n)$

每个逻辑变量的取值为 0 或 1,n 变量的输入共有 2^n 种组合,F 具有与之对应的值,这种能够罗列的映射关系可以采用真值表加以描述。

真值表是由逻辑变量的所有可能取值组合及其对应的逻辑函数值所构成的表格。若有 n 个变量,则有 2^n 种组合,真值表就有 2^n 行,列在左边,一般采用二进制编码顺序给出。每种组合对应的逻辑函数值列在右边。

例 2-1 的举重裁判器的输出函数真值表如表 2-2 所示。输入变量 A、B 和 C 代表 3 个裁判的判断,表 2-2 中列出了它们的 8 种组合及对应的函数值 F,该真值表表示了如下函数关系:只有当 A、B 和 C 的取值两个及两个以上是 1 时,函数 F 的取值才为 1;其他取值组合时,F 的取值均为 0。

表 2-2　函数的真值表

A	B	C	F	A	B	C	F
0	0	0	0	1	0	0	0
0	0	1	0	1	0	1	1
0	1	0	0	1	1	0	1
0	1	1	1	1	1	1	1

真值表和逻辑函数表达式可以相互转换,根据真值表可以写出逻辑函数表达式,具体

方法将在 2.3 节介绍;反之,将输入的每一种组合的取值代入函数表达式运算可以获得真值表。

用逻辑符号表示逻辑函数的运算关系可以得到函数的电路实现,即逻辑原理图。如例 2-1 所分析的逻辑关系,应用逻辑代数的符号,逻辑与即 and 运算用逻辑符号 ·,逻辑或即 or 运算用逻辑符号 +,其函数表达式如下。

$$F = A \cdot B + A \cdot C + B \cdot C + A \cdot B \cdot C$$

对应的逻辑图如图 2-6 所示。

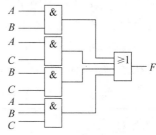

可以看到,逻辑函数可以用真值表、表达式以及逻辑图分别加以描述,并且几种表示方法可以相互转换。

逻辑函数反映了逻辑网络中输出变量与输入变量之间的因果关系,真值表、逻辑表达式、逻辑图用不同方法描述了该关系,反映了逻辑网络的逻辑功能等主要特性。除此之外,卡诺图、波形图以及硬件描述语言等也可实现对逻辑函数的表述,后续相关章节将加以介绍。

图 2-6　逻辑原理示例

需要注意的是,逻辑函数不能反映事物的全部特性,例如逻辑网络的电特性、时间特性等,本书主要从功能描述加以讨论,其他内容本书不再赘述,读者可参考其他书籍。

8. 逻辑函数的相等

在逻辑代数中,两个逻辑函数相等的定义如下。

设有两个逻辑函数

$$F = f(A_1, A_2, \cdots, A_n) \tag{2-1}$$
$$G = g(A_1, A_2, \cdots, A_n)$$

F、G 都是某 n 个逻辑变量的逻辑函数,在这 n 个变量的 2^n 种组合中的任意一组取值,F、G 的值都相同,则称逻辑函数 F 和 G 相等,记为 $F = G$。

由逻辑函数相等的概念可以看出,不同形式的逻辑网络可以实现相同的逻辑功能。逻辑代数中运用公理和定律等实现对逻辑函数的运算,从而构造不同的数字电路,根据用户需要采用不同形式实现实际问题的自动处理。

2.3　逻辑代数的基本运算

逻辑代数中有 3 种基本逻辑运算:与运算、或运算和非运算。根据这 3 种基本运算规则可以推导出逻辑代数运算的基本定理和规则。由这 3 种基本逻辑运算可以组成任何复杂的逻辑网络。

2.3.1　与运算

与运算又称逻辑乘(Logic Multiplication),其运算结果称为逻辑积(Logic Product)。
与运算的定义为:在逻辑问题中,如果决定某一事件的多个条件必须同时具备事件才能发生,则这种因果关系称为"与"逻辑关系。

图 2-7 所示的串联开关电路是与逻辑的典型实例。A、B 为两个串联开关,控制一个电灯 F,如果将"条件"和"结果"的各种可能性列成表格,则可得到与逻辑关系表。由表 2-3 可见,只有开关 A、B 都闭合,灯 F 才会亮;只要有一个开关不闭合,灯 F 就不会亮。

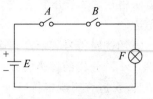

图 2-7　与逻辑示意图

若设开关闭合状态为 1,断开状态为 0;灯亮状态为 1,灯灭状态为 0,则可得到对应的"与"逻辑状态关系表,即真值表,如表 2-4 所示。

表 2-3　与逻辑关系表

开关 A	开关 B	灯 F
断开	断开	灭
断开	闭合	灭
闭合	断开	灭
闭合	闭合	亮

表 2-4　与逻辑真值表

A	B	F
0	0	0
0	1	0
1	0	0
1	1	1

上述这种"与"逻辑关系,可用逻辑表达式记为

$$F = A \times B = A \cdot B = AB$$

其中,$\times$ 和 $\cdot$ 是与运算符,一般可以省略。

显然,若上述开关电路中有 4 个开关 A、B、C、D 串联,则有

$$F = ABCD$$

由表 2-4 可得到"与"运算的运算规则为

$$0 \cdot 0 = 0, \quad 0 \cdot 1 = 0, \quad 1 \cdot 0 = 0, \quad 1 \cdot 1 = 1$$

在数字电路中,实现"与"运算逻辑功能的电路称为"与门"(AND Gate),其逻辑符号如图 2-8 所示(方框中的 & 是与门的定性符)。

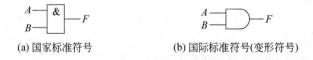

(a) 国家标准符号　　　　　　　　(b) 国际标准符号(变形符号)

图 2-8　二输入与门逻辑符号

2.3.2　或运算

或运算又称逻辑加(Logic Addition),其运算结果称为逻辑和(Logic Sum)。

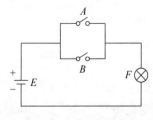

图 2-9　或逻辑示意图

或运算的定义为:在逻辑问题中,如果决定某一事件的多个条件中只要有一个或一个以上条件具备,事件就发生,这种因果关系称为"或"逻辑。

并联开关电路是"或"逻辑的典型实例。在图 2-9 中,A、B 为两个并联开关,控制一个电灯 F,如果将两个开关的 4 种组合与灯的亮、灭之间的关系列成表格,则可得到"或"逻辑关系表。从表 2-5 可知,只要开关 A、B 有一个闭合,灯

F 就亮;只有开关都断开,灯 F 才不亮。

若设开关闭合状态为 1,断开状态为 0;灯亮状态为 1,灯灭状态为 0,则可得到对应的"或"逻辑状态关系表,即真值表,见表 2-6。

<table>
<tr><td colspan="3" align="center">表 2-5　或逻辑关系表</td><td colspan="3" align="center">表 2-6　或逻辑真值表</td></tr>
<tr><td>开关 A</td><td>开关 B</td><td>灯 F</td><td>A</td><td>B</td><td>F</td></tr>
<tr><td>断开</td><td>断开</td><td>灭</td><td>0</td><td>0</td><td>0</td></tr>
<tr><td>断开</td><td>闭合</td><td>亮</td><td>0</td><td>1</td><td>1</td></tr>
<tr><td>闭合</td><td>断开</td><td>亮</td><td>1</td><td>0</td><td>1</td></tr>
<tr><td>闭合</td><td>闭合</td><td>亮</td><td>1</td><td>1</td><td>1</td></tr>
</table>

上述这种"或"逻辑关系,可用逻辑表达式记为

$$F=A+B$$

其中,$+$ 是或运算符;A 和 B 为输入逻辑变量;F 为输出逻辑变量。

同理,若上述开关电路中有 4 个开关 A、B、C、D 并联,则有

$$F=A+B+C+D$$

同样,由表 2-6 可得到"或"运算的运算规则为

$$0+0=0, \quad 0+1=1, \quad 1+0=1, \quad 1+1=1$$

在数字电路中,实现"或"运算逻辑功能的电路称为"或门"(OR Gate),其逻辑符号如图 2-10 所示(方框中的 $\geqslant 1$ 是或门的定性符)。

(a) 国家标准符号　　　　　　　(b) 国际标准符号(变形符号)

图 2-10　二输入或门逻辑符号

2.3.3　非运算

非运算又称逻辑非(Logic Negation)或逻辑否定。

非运算的定义为:在逻辑问题中,如果决定某一事件的条件满足时事件不发生,反之事件发生,则这种因果关系称为"非"逻辑。

图 2-11 所示的开关和灯并联电路是非逻辑的实例。只要开关 A 闭合,灯 F 就不亮;只有开关 A 断开,灯 F 才会亮。表 2-7 是"非"逻辑关系表,表 2-8 是其真值表。

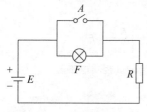

图 2-11　非逻辑示意图

<table>
<tr><td colspan="2" align="center">表 2-7　非逻辑关系表</td><td colspan="2" align="center">表 2-8　非逻辑真值表</td></tr>
<tr><td>开关 A</td><td>灯 F</td><td>A</td><td>F</td></tr>
<tr><td>断开</td><td>亮</td><td>0</td><td>1</td></tr>
<tr><td>闭合</td><td>灭</td><td>1</td><td>0</td></tr>
</table>

上述这种"非"逻辑关系,可用逻辑表达式记为

$$F=\overline{A}$$

其中,是非运算符;A 为输入逻辑变量;F 为输出逻辑变量。

若将 A 称为原变量,则 $\overline{A}$ 为其反变量,读作"A 非"。

同样,由表 2-9 可得到"非"运算的运算规则为

$$\overline{0}=1, \quad \overline{1}=0$$

在数字电路中,实现"非"逻辑功能的电路称为"非门"(NOT Gate),或称"反相器",其逻辑符号如图 2-12 所示(方框中的 1 是非门的定性符)。

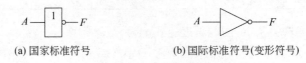

(a)国家标准符号　　　　　　(b)国际标准符号(变形符号)

图 2-12　非门逻辑符号

【例 2-2】　根据基本逻辑运算,计算逻辑函数 $F=\overline{A}\cdot B\cdot C+A\cdot\overline{B}\cdot C+A\cdot B\cdot\overline{C}+A\cdot B\cdot C$ 在输入组合为 011 时 F 的值,试分析哪些组合使函数的值为 1。

解:$F=\overline{0}\cdot1\cdot1+0\cdot\overline{1}\cdot1+0\cdot1\cdot\overline{1}+0\cdot1\cdot1=1+0+0+0=1$

遍历 A、B、C 所有可能的取值可得,组合 011、101、110、111 使函数 F 的值为 1。

【例 2-3】　用与门实现日常生活中汽车安全带系好报警显示电路。汽车中有安全带是否系上警告灯显示电路,当汽车钥匙插入、安全带未系时,未系安全带警告指示灯亮,否则指示灯灭。

解:分析该报警电路,有如下逻辑命题。

① 钥匙插入,用逻辑变量 X 表示,$X=1$ 表示已插入,否则未插入;

② 安全带未系,用逻辑变量 Y 表示,$Y=1$ 表示未系,否则已系好;

③ 警告指示灯亮,用逻辑变量 F 表示,$F=1$ 表示警告指示灯亮,否则灯不亮。

F 和 X、Y 之间存在函数关系,用真值表表示,如表 2-9 所示。

其逻辑函数表达式为

$$F=X\cdot Y$$

逻辑图如图 2-13 所示。

表 2-9　真值表

X	Y	F
0	0	0
0	1	0
1	0	0
1	1	1

图 2-13　例 2-3 逻辑电路图

2.4　逻辑代数的基本定理及规则

2.4.1　逻辑代数的基本公理

表 2-10 列出了逻辑代数的基本公理,它们是客观存在的抽象,无需证明,但可以用真值表进行检验。

表 2-10　逻辑代数的基本公理

名　称	公理(Ⅰ)	公理(Ⅱ)
0-1 律	$A \cdot 0 = 0$	$A + 1 = 1$
自等律	$A \cdot 1 = A$	$A + 0 = A$
互补律	$A \cdot \overline{A} = 0$	$A + \overline{A} = 1$
交换律	$A \cdot B = B \cdot A$	$A + B = B + A$
结合律	$(A \cdot B) \cdot C = A \cdot (B \cdot C)$	$(A + B) + C = A + (B + C)$
重叠律	$A \cdot A = A$	$A + A = A$
还原律	$\overline{\overline{A}} = A$	
分配律	$A \cdot (B + C) = A \cdot B + A \cdot C$	$A + (B \cdot C) = (A + B) \cdot (A + C)$

例如,可用真值表检验分配律 $A + (B \cdot C) = (A + B) \cdot (A + C)$,列真值表如表 2-11 所示。

表 2-11　验证分配律的真值表

A	B	C	$A + (B \cdot C)$	$(A + B) \cdot (A + C)$
0	0	0	0	0
0	0	1	0	0
0	1	0	0	0
0	1	1	1	1
1	0	0	1	1
1	0	1	1	1
1	1	0	1	1
1	1	1	1	1

若进一步设 $F = A + (B \cdot C)$ 和 $G = (A + B) \cdot (A + C)$,由表 2-11 的真值表,根据逻辑函数相等的定义,有 $F = G$。实现 F 和 G 逻辑功能的逻辑原理图如图 2-14 所示。

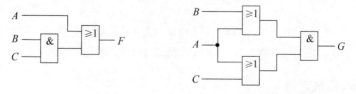

图 2-14　函数 F 和 G 的逻辑原理图

因此不难看出,一个逻辑函数可以用不同的逻辑表达式和逻辑原理图描述,但它的真值表是唯一的。

2.4.2　逻辑代数的基本定理

根据基本公理可以推导出如下常用定理。

1. 吸收律

$$A + A \cdot B = A \tag{2-2a}$$
$$A \cdot (A + B) = A \tag{2-2b}$$

式(2-2a)的证明：

$$
\begin{aligned}
A + A \cdot B &= A(1 + B) \quad &\text{（分配律）}\\
&= A \quad &\text{（0-1 律）}
\end{aligned}
$$

该式说明，在一个"与或"表达式中，如果一个乘积项是另一个乘积项的因子，则这另一个乘积项是多余的。

2. 消因律

$$A + \overline{A} \cdot B = A + B \tag{2-3a}$$
$$A \cdot (\overline{A} + B) = A \cdot B \tag{2-3b}$$

式(2-3a)的证明：

$$
\begin{aligned}
A + B &= (A + B) \cdot 1 \quad &\text{（自等律）}\\
&= (A + B) \cdot (A + \overline{A}) \quad &\text{（互补律）}\\
&= A + AB + A\overline{A} + \overline{A}B \quad &\text{（分配律）}\\
&= A + \overline{A}B \quad &\text{（分配律、互补律）}
\end{aligned}
$$

该式说明，在一个"与或"表达式中，如果一个乘积项的反是另一个乘积项的因子，则这个因子是多余的。

3. 邻接律（合并律）

$$A \cdot B + A \cdot \overline{B} = A \tag{2-4a}$$
$$(A + B) \cdot (A + \overline{B}) = A \tag{2-4b}$$

式(2-4a)的证明：

$$
\begin{aligned}
A \cdot B + A \cdot \overline{B} &= A(B + \overline{B}) \quad &\text{（分配律）}\\
&= A \quad &\text{（互补律）}
\end{aligned}
$$

该式说明，若两个乘积项中分别包含某变量的原变量和反变量，且其他因子都相同，则可将这两项合并成一项，消去该变量。邻接律是基于卡诺图化简逻辑函数的理论基础。

4. 反演律（摩根定理）

$$\overline{A + B} = \overline{A} \cdot \overline{B} \tag{2-5a}$$
$$\overline{A \cdot B} = \overline{A} + \overline{B} \tag{2-5b}$$

根据逻辑函数相等的定义,可用真值表证明反演律的成立,见表 2-12。

表 2-12 证明反演律的真值表

A	B	$\overline{A+B}$	$\overline{A} \cdot \overline{B}$	$\overline{A \cdot B}$	$\overline{A} + \overline{B}$
0	0	1	1	1	1
0	1	0	0	1	1
1	0	0	0	1	1
1	1	0	0	0	0

反演律是一个十分重要的定理,它说明了变量进行"与"和"或"运算时的互补效应,常用于逻辑函数的化简及逻辑变换。

式(2-5a)提供了将原变量或运算的非改成反变量与运算的简便方法;式(2-5b)提供了将原变量与运算的非改成反变量或运算的简便方法。

5. 包含律(多余项定理)

$$AB + \overline{A}C + BC = AB + \overline{A}C \tag{2-6a}$$
$$(A+B)(\overline{A}+C)(B+C) = (A+B)(\overline{A}+C) \tag{2-6b}$$

式(2-6a)的证明:

$$\begin{aligned}
AB + \overline{A}C + BC &= AB + \overline{A}C + (A+\overline{A})BC \\
&= AB + ABC + \overline{A}C + \overline{A}BC \\
&= AB(1+C) + \overline{A}C(1+B) \\
&= AB + \overline{A}C
\end{aligned}$$

包含律说明:如果与或表达式中两个与项分别包含同一因子的原变量和反变量,而两个与项的剩余因子包含在第三个与项中,则第三个与项是多余的。因此,进一步可证明下面的等式成立。

$$AB + \overline{A}C + BCDE = AB + \overline{A}C$$

2.4.3 逻辑代数的 3 个基本规则

1. 代入规则

任何一个含有变量 x 的逻辑等式如果将所有出现 x 的地方都代之以一个逻辑函数 H,则此等式仍然成立。

因为函数 H 与逻辑变量一样,只有 0 和 1 两种取值,而且当 H 取 0 或 1 时等式成立,所以代入规则是正确的。

利用代入规则证明摩根定理

$$\overline{A+B} = \overline{A} \cdot \overline{B}$$

证明:令 $X = A+B$,$Y = \overline{A} \cdot \overline{B}$,则

$$X+Y=A+B+\overline{A}\cdot\overline{B} \qquad (代入规则)$$
$$=(A+B+\overline{A})\cdot(A+B+\overline{B}) \quad (分配律)$$
$$=(1+B)\cdot(1+A) \qquad (结合律、互补律)$$
$$=1 \qquad (0\text{-}1\ 律)$$

而

$$X\cdot Y=(A+B)\cdot\overline{A}\cdot\overline{B} \qquad (代入规则)$$
$$=A\cdot\overline{A}\cdot\overline{B}+B\cdot\overline{A}\cdot\overline{B} \quad (分配律)$$
$$=0 \qquad (互补律、0\text{-}1\ 律)$$

因为 $X+Y=1$,且 $X\cdot Y=0$,则

$$\overline{X}=Y \quad (互补律)$$

即

$$\overline{A+B}=\overline{A}\cdot\overline{B} \quad (代入规则)$$

运用代入规则可以扩展基本定理的应用范围,因为将某一个已知等式中的变量用任意一个函数代替后,就可以得到一个新的等式。例如:

已知 $\overline{A\cdot X}=\overline{A}+\overline{X}$,若令 $X=BC$ 并代入,则有

$$\overline{A\cdot BC}=\overline{A}+\overline{BC}=\overline{A}+\overline{B}+\overline{C}$$

反复使用代入规则,可将摩根定理扩展到 n 个变量,即

① $\overline{A_1+A_2+\cdots+A_n}=\overline{A_1}\cdot\overline{A_2}\cdots\overline{A_n}$

② $\overline{A_1\cdot A_2\cdots A_n}=\overline{A_1}+\overline{A_2}+\cdots+\overline{A_n}$

从实际应用角度看,运用代入规则可将较复杂逻辑函数中的某一部分或公共部分代之以变量,达到"简化"、便于分析研究的目的。

2. 反演规则(香农定理)

从原函数求反函数的过程称为反演。反演规则是由已知逻辑函数求其反函数的一种简便方法。

对于任何一个逻辑函数 F,若将该函数的所有原变量换成反变量,反变量换成原变量,并将函数中的 0 变成 1、1 变成 0,且将运算符＋变成·、·变成＋,得到的结果就是其反函数 $\overline{F}$,这个规则称为反演规则。

利用反演规则得到的反函数通常称为反演式。

在使用反演规则时,应注意以下 3 点:

① 原函数不得变形;

② 必须保持原有变量的运算次序,必要时添加各种括号;

③ 不属于单个变量上的非号保留,而非号下面的函数式按反演规则变换。

【例 2-4】 已知 $F=A(\overline{B}+C\overline{D}+\overline{E}G)$,求反演式 $\overline{F}$。

解:利用反演规则可得

$$\overline{F}=\overline{A}+B\cdot(\overline{C}+D)\cdot(E+\overline{G})$$

(添加括号,保证运算顺序不变)

也可利用反演律求得

$$\overline{F} = \overline{A(\overline{B} + C\overline{D} + \overline{E}G)}$$
$$= \overline{A} + \overline{\overline{B} + C\overline{D} + \overline{E}G}$$
$$= \overline{A} + B \cdot \overline{C\overline{D} + \overline{E}G}$$
$$= \overline{A} + B \cdot \overline{C\overline{D}} \cdot \overline{\overline{E}G}$$
$$= \overline{A} + B \cdot (\overline{C} + D) \cdot (E + \overline{G})$$

由例 2-4 可以看出,反演律是逻辑运算中使用的定律公式,可以获得反函数的多种表达形式,反演式只是其中之一;而反演规则是求反演式的一种简便方法。

【例 2-5】　已知 $F = A\overline{B} + \overline{(A+C)B} + \overline{A}B\overline{C}$,求其反演式。

解:利用反演规则,其反演式为

$$\overline{F} = (\overline{A} + B) \cdot \overline{\overline{A}\overline{C} + \overline{B}} \cdot (A + \overline{B} + C)$$

(注意添加括号,不属于单个变量上的非号保留)

【例 2-6】　在火车上,每节车厢一端有 4 个卫生间,为了方便旅客了解是否有可利用的卫生间,车厢门顶部设置了一个指示灯,每个门锁有一个传感器,当 4 个门都上锁不可用时,指示灯红灯亮,否则绿灯亮。请设计该指示灯的控制电路。

解:分析该问题,4 个卫生间分别为 4 个逻辑变量,用 X、Y、Z、W 表示,指示灯为输出逻辑变量,用 F 表示。卫生间可用变量 F 和每个门上锁变量 X、Y、Z、W 之间的关系为

$$F = \mathrm{not}(X) \ \mathrm{or} \ \mathrm{not}(Y) \ \mathrm{or} \ \mathrm{not}(Z) \ \mathrm{or} \ \mathrm{not}(W)$$

用逻辑函数表达式表示为

$$F = \overline{X} + \overline{Y} + \overline{Z} + \overline{W}$$

对应的逻辑电路图如图 2-15 所示。

应用反演规则对其进行变换,则有式 $\overline{F} = X \cdot Y \cdot Z \cdot W$,对应电路图转换为图 2-16。应用反演规则对函数表达式进行变换,可实现电路的等效变换,用不同门电路实现同一逻辑功能。

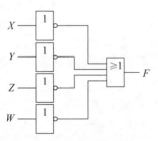

图 2-15　例 2-6 逻辑电路图

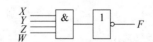

图 2-16　例 2-6 等效逻辑电路图

3. 对偶规则

对偶函数的定义:对于任何逻辑函数 F,将该函数中的所有变量保持不变,并将函数中的 0 变成 1、1 变成 0,且运算符 + 变成 ·、· 变成 +,得到的新函数称为原函数的对偶函数(对偶式),记为 F'。

求某个函数的对偶函数时,也应注意适当地添加括号,以保持原函数中的运算顺序

不变。

【例 2-7】 已知 $F=(A+B)(\overline{A}+C)(C+DE)$，求其对偶式。

解：根据对偶函数的定义

$$F'=AB+\overline{A}C+C(D+E)$$

有些逻辑函数的对偶函数就是原函数本身，即 $F'=F$。此时，称函数 F 为自对偶函数。

例如：$F=A$，则 $F'=A$。

一般情况下，$\overline{F}\ne F'$，但下例中的 $\overline{F}=F'$。

$$F=A\overline{B}+\overline{A}B$$
$$\overline{F}=(\overline{A}+B)(A+\overline{B})$$
$$F'=(A+\overline{B})(\overline{A}+B)$$

对偶规则指：如果函数 F' 是函数 F 的对偶函数，那么 F 也是 F' 的对偶函数。如果函数 F、G 相等，那么它们的对偶函数 F'、G' 也相等，即若 $F=G$，则 $F'=G'$。

观察逻辑代数的基本公理和基本定理，不难看出公理Ⅱ可由公理Ⅰ根据对偶规则求出，反之亦然；基本定理式(2-2b)～式(2-6b)可由基本定理式(2-2a)～式(2-6a)根据对偶规则推出，反之亦然。

利用对偶规则，使需要证明和记忆的公式减少一半，且为函数的形式变换和简化带来方便。

【例 2-8】 证明 $(A+B)(\overline{A}+C)(B+C)=(A+B)(\overline{A}+C)$。

证明：因为 $AB+\overline{A}C+BC=AB+\overline{A}C$（基本定理式(2-6a)），两边同取对偶，有

$$(A+B)(\overline{A}+C)(B+C)=(A+B)(\overline{A}+C)$$

根据对偶规则，得证。

【例 2-9】 现在用对偶规则对上例卫生间可用指示灯控制函数进行变换，分析规律。

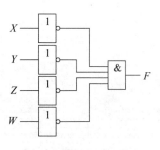

图 2-17　例 2-9 电路图

解：$F=\overline{X}+\overline{Y}+\overline{Z}+\overline{W}$ 的对偶式为 $F'=\overline{X}\cdot\overline{Y}\cdot\overline{Z}\cdot\overline{W}$，如果用负逻辑约定的思维方式考虑对偶式，即逻辑真为 0，逻辑假为 1。以卫生间 X 为例，没有占用为真，则 $\overline{X}=0$，其余变量含义相同；由于 0 和任何数相与都为 0，所以与运算实现了负逻辑约定中的或逻辑，因此对偶式实现了逻辑控制：卫生间 X 或 Y 或 Z 或 W 门没锁，则卫生间指示灯绿灯亮，表示卫生间可用。对应电路如图 2-17 所示。

需要注意的是，变量 X、Y、Z、W 和 F 为负逻辑约定。利用对偶规则可以实现正负逻辑约定电路的转换。

2.5　逻辑函数的性质

在实际工程设计中，特别是基于逻辑器件的传统设计技术，通常要求采用最少的逻辑门电路、最少的逻辑门的输入端数和最少的逻辑器件类型完成预定的逻辑功能。获得

描述逻辑关系的最佳逻辑函数(逻辑表达式),进而满足 3 个"最少"的要求,实际上是要解决逻辑函数的最简化问题。在讨论逻辑函数化简之前,有必要对逻辑函数的一些重要特性进行讨论,包括复合逻辑、逻辑表达式的多种形式、逻辑表达式的标准形式等。

2.5.1　复合逻辑

逻辑代数中的与、或、非 3 种基本逻辑运算可以组合起来描述任何逻辑函数,与其相对应的与门、或门、非门可以组合起来构造具有任何逻辑功能的逻辑网络(电路)。但是,仅采用与门、或门、非门构造逻辑电路往往使实现复杂逻辑函数功能的逻辑网络中的门数、输入端数和门的串联级数非常多,不能满足工程设计的基本要求。所以,在实际应用的基本逻辑器件中,除了与门、或门和非门,还有与非门、或非门、与或非门、异或门等,称为复合逻辑门。

1. 与非逻辑

与非逻辑(NAND)是"与"和"非"的复合逻辑,见图 2-18,它的逻辑表达式为

$$F = \overline{A \cdot B \cdot C}$$

图 2-18　与非逻辑的构成

与非逻辑描述的逻辑功能:只要有一个变量取值为 0,F 就为 1;只有所有变量均取值为 1,F 才为 0。表 2-13 是三变量与非逻辑的真值表。实现与非逻辑功能的逻辑器件称为"与非门",图 2-19 是其逻辑符号。在实际应用中,可根据需要选用具有不同输入端数的与非门逻辑器件。

表 2-13　与非逻辑真值表

A	B	C	F	A	B	C	F
0	0	0	1	1	0	0	1
0	0	1	1	1	0	1	1
0	1	0	1	1	1	0	1
0	1	1	1	1	1	1	0

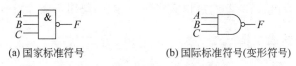

(a) 国家标准符号　　　　　　　(b) 国际标准符号(变形符号)

图 2-19　三输入与非门逻辑符号

2. 或非逻辑

或非逻辑(NOR)是"或"和"非"的复合逻辑,见图 2-20,其逻辑表达式为

$$F = \overline{A + B + C}$$

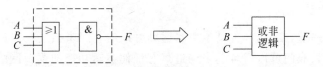

图 2-20　或非逻辑的构成

或非逻辑实现的逻辑功能是:只要有一个变量取值为 1,F 就为 0;只有所有变量均取值为 0,F 才为 1。表 2-14 是 3 变量或非逻辑的真值表。实现或非逻辑功能的逻辑器件称为"或非门",图 2-21 是它的逻辑符号。在实际应用中,有不同输入端数的或非门逻辑器件可供选择。

表 2-14　或非逻辑真值表

A	B	C	F	A	B	C	F
0	0	0	1	1	0	0	0
0	0	1	0	1	0	1	0
0	1	0	0	1	1	0	0
0	1	1	0	1	1	1	0

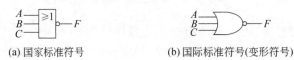

(a) 国家标准符号　　　　(b) 国际标准符号(变形符号)

图 2-21　三输入或非门逻辑符号

3. 与或非逻辑

与或非逻辑(AOI)是"与""或"和"非"的复合逻辑,其逻辑表达式为

$$Y = \overline{AB + CD + EF}$$

与或非逻辑实现的逻辑功能是:仅当每个"与项"均为 0,Y 才为 1;否则 Y 为 0。显然,用单一的与或非门可以实现与、或、非 3 种基本逻辑运算,但有时很不经济。

实现与或非逻辑功能的逻辑器件称为"与或非门",图 2-22 是它的逻辑符号。

从图 2-22 可以看出,与或非门可以有多组与输入,每组与输入可有多个输入端。

4. 异或逻辑和同或逻辑

异或逻辑(XOR)的定义:对于两个输入变量问题,若输入变量取值相异时,则输出为 1;输入变量取值相同时,输出为 0,则这种输出与输入的逻辑关系称为"异或"逻辑关系。

异或逻辑的真值表如表 2-15 所示。两个输入变量的异或逻辑表达式为

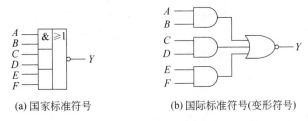

(a) 国家标准符号　　　　　　(b) 国际标准符号(变形符号)

图 2-22　与或非门逻辑符号

$$F = A\bar{B} + \bar{A}B = A \oplus B$$

其中,⊕是异或运算符。实现异或逻辑的逻辑器件称为"异或门",其逻辑符号见图 2-23。

表 2-15　异或逻辑真值表

A	B	F	A	B	F
0	0	0	1	0	1
0	1	1	1	1	0

分析表 2-15 可知,"异或"运算规则符合二进制的运算规则,所以"异或"逻辑又称"模 2 加"。异或逻辑是数字系统中实现加法运算的基础。异或逻辑也可用来判断两个输入端的非一致性,当两个输入的状态不一致时,输出为 1;否则输出为 0。

由异或逻辑可推出下列等式:

$$A \oplus A = 0, \quad A \oplus \bar{A} = 1, \quad A \oplus 0 = A, \quad A \oplus 1 = \bar{A}$$

利用代入规则可得到 3 个变量的异或逻辑表达式:

$$F = A \oplus B \oplus C = A\bar{B}\bar{C} + \bar{A}\bar{B}C + \bar{A}B\bar{C} + ABC$$

其真值表见表 2-16。由于物理上只有两输入异或门器件,所以三变量异或逻辑的实现如图 2-24 所示。

表 2-16　三变量异或逻辑真值表

A	B	C	F	A	B	C	F
0	0	0	0	1	0	0	1
0	0	1	1	1	0	1	0
0	1	0	1	1	1	0	0
0	1	1	0	1	1	1	1

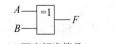　　　　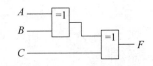

(a) 国家标准符号　　(b) 国际标准符号(变形符号)

图 2-23　异或门的逻辑符号　　　　**图 2-24　三变量异或电路的实现**

通过三变量异或逻辑的真值表可以得到一个异或逻辑的重要特性:当输入变量为 1 的个数是奇数时,输出为 1;偶数时输出为 0,该特性可推广到 n 个变量的异或逻辑中,常用于奇偶校验逻辑电路中。

异或逻辑的反函数称为同或逻辑(也称符合逻辑)。

同或逻辑(XNOR)的定义:对于两个输入变量问题,若输入变量取值相同,则输出为 1;输入变量取值相异,输出为 0,则这种输出与输入的逻辑关系称为"同或"逻辑关系。

2 个变量、3 个变量"同或"逻辑的真值表如表 2-17 和表 2-18 所示。2 个输入变量的异或逻辑表达式为

$$F=\overline{A\oplus B}=AB+\overline{A}\,\overline{B}=A\odot B$$

其中,⊙是同或运算符,其逻辑符号见图 2-25。

表 2-17　两变量同或逻辑真值表

A	B	F
0	0	1
0	1	0
1	0	0
1	1	1

表 2-18　三变量同或逻辑真值表

A	B	C	F
0	0	0	0
0	0	1	1
0	1	0	1
0	1	1	0
1	0	0	1
1	0	1	0
1	1	0	0
1	1	1	1

(a) 国家标准符号　　　　(b) 国际标准符号(变形符号)

图 2-25　"同或"逻辑符号

在数字系统中,常用"同或"逻辑构造比较电路,即判断两个输入状态是否一致。"同或"逻辑也可用于奇偶校验。

观察 2 个变量的异或逻辑、同或逻辑真值表,可得

$$A\oplus B=\overline{A\odot B}\quad A\odot B=\overline{A\oplus B}$$

同样,观察 3 个变量的异或逻辑、同或逻辑真值表,可得

$$A\oplus B\oplus C=A\odot B\odot C$$

对于多输入变量,用代入法可证明:偶数个变量的异或逻辑和同或逻辑之间具有互补关系,即

$$A_1\oplus A_2\oplus\cdots\oplus A_n=\overline{A_1\odot A_2\odot\cdots\odot A_n}\quad (n\ 为偶数)$$

对于多输入变量,用代入法可证明:奇数个变量的异或逻辑和同或逻辑之间具有相等关系,即

$$A_1\oplus A_2\oplus\cdots\oplus A_n=A_1\odot A_2\odot\cdots\odot A_n\quad (n\ 为奇数)$$

异或逻辑和同或逻辑是一对互补的逻辑运算,具有特殊的性质,在数字系统中有着广泛的应用。表 2-19 给出了关于异或运算、同或运算的基本代数性质。

表 2-19　异或运算、同或运算的基本代数性质

0-1 律	(a) $A \oplus 0 = A$，　$A \oplus 1 = \overline{A}$ (b) $A \odot 1 = A$，　$A \odot 0 = \overline{A}$
交换律	(a) $A \oplus B = B \oplus A$ (b) $A \odot B = B \odot A$
分配律	(a) $A(B \oplus C) = AB \oplus AC$ (b) $A + (B \odot C) = (A + B) \odot (A + C)$
结合律	(a) $A \oplus (B \oplus C) = (A \oplus B) \oplus C$ (b) $A \odot (B \odot C) = (A \odot B) \odot C$
调换律	(a) 如 $A \oplus B = C$，则 $A \oplus C = B, C \oplus B = A$ (b) 如 $A \odot B = C$，则 $A \odot C = B, C \odot B = A$

在 0-1 律、交换律、分配律、结合律中，式(a)与式(b)互为对偶。这里需要说明的是，若在一个函数的逻辑表达式中包含 $\oplus$ 和 $\odot$ 运算符，则在求其反演式和对偶函数时，除了按照前述规则执行外，还应将 $\oplus$ 换成 $\odot$，$\odot$ 换成 $\oplus$。例如：

$$F = A + BC \oplus D$$
$$\overline{F} = \overline{A} \cdot ((\overline{B} + \overline{C}) \odot \overline{D})$$
$$F' = A \cdot ((B + C) \odot D)$$

调换律是异或运算和同或运算所特有的性质，表明若用 $\oplus$ 和 $\odot$ 表示的等式成立，则等号两边的变量互换后，新的等式仍然成立，此特性常用于逻辑函数的化简。

2.5.2　逻辑函数的基本表达式

一个给定的逻辑函数，其真值表是唯一的，但其逻辑表达式具有多种形式。常见的逻辑表达式形式有 5 种：与或式、或与式、与非式、或非式以及与或非式。例如：

$$
\begin{aligned}
F &= A\overline{B} + \overline{A}B & \text{（与或式）}\\
&= (A + B)(\overline{A} + \overline{B}) & \text{（或与式）}\\
&= \overline{\overline{A\overline{B}} \cdot \overline{\overline{A}B}} & \text{（与非式）}\\
&= \overline{\overline{A + B} + \overline{\overline{A} + \overline{B}}} & \text{（或非式）}\\
&= \overline{\overline{AB} + \overline{\overline{A}\,\overline{B}}} & \text{（与或非式）}\\
&= \cdots
\end{aligned}
$$

与或式、或与式是逻辑表达式中最基本的两种形式，其他形式的表达式都可以运用逻辑代数的公理、定理和基本规则转换成这两种形式。

一般与或表达式（也称"积之和"表达式）是用逻辑加的形式将若干与项（乘积项）相连在一起的表达式，也可表述为若干"与项"进行"或"运算构成的表达式。

例如，$F(A, B) = AB + \overline{A}B$ 是一个关于两个变量的与或表达式，含有两个与项。再例如，$G(x_1, x_2, x_3) = x_1\overline{x_2}x_3 + x_2\overline{x_3} + \overline{x_1}x_3 + x_1$ 是关于 3 个变量的与或表达式，含有 4 个与项。

一般或与表达式（也称"和之积"表达式）是由逻辑与的形式将若干或项相连在一起

的表达式,也可表述为若干"或"项进行"与"运算构成的表达式。

例如,表达式 $G(x_1,x_2,x_3)=(x_1+\bar{x}_2+x_3)(x_2+\bar{x}_3)(\bar{x}_1+x_3)$ 就是一个关于 3 个变量的或与表达式,包括 3 个或项。

在对逻辑函数进行理论分析时,经常使用与或式、或与式,而与或式的使用更为普遍。

2.5.3　逻辑函数的标准表达式

从上面列举的与或表达式和或与表达式中可以看出,有些"与项"和"或项"只是某几个变量的组合,即没有反映出所有变量的组合,所以称它们为一般与或表达式和一般或与表达式。

给定逻辑函数可以用真值表、逻辑表达式、卡诺图、逻辑图、波形图、硬件描述语言等多种方式表示或描述,而其真值表具有唯一性。由真值表导出的逻辑函数表达式是一种标准的形式,可以表示成最小项之和表达式(标准与或式)与最大项之积表达式(标准或与式)。下面用例题加以说明,并引入两个重要的概念——最小项和最大项。

【例 2-10】　楼梯廊灯声控电路,如果有行人上楼的声音,同时光传感器检测此时楼梯光线黑暗,则控制廊灯打开,否则关闭。

解:有 3 个逻辑变量 A(有行人)、B(黑暗)和 F(廊灯打开),采用正逻辑约定,其真值表如表 2-20 所示。

使廊灯打开($F=1$)对应的输入组合为 11,即 $A=1$ 同时 $B=1$,其对应的函数表达式为

$$F=AB$$

该表达式称为最小项表达式,式中 AB 称为最小项。

也可以这样理解,使 $F=0$ 对应的组合为 00,即 $A=0,B=0$;01,即 $A=0,B=1$;10,即 $A=1,B=0$;那么

$$F=(A+B)(\bar{A}+B)(A+\bar{B})$$

该表达式称为最大项表达式,式中 $A+B$、$\bar{A}+B$、$A+\bar{B}$ 为最大项。

<table>
<tr><td colspan="3">表 2-20　例 2-10 真值表</td><td colspan="3">表 2-21　例 2-11 真值表</td></tr>
<tr><td>A</td><td>B</td><td>F</td><td>A</td><td>B</td><td>F</td></tr>
<tr><td>0</td><td>0</td><td>0</td><td>0</td><td>0</td><td>1</td></tr>
<tr><td>0</td><td>1</td><td>0</td><td>0</td><td>1</td><td>0</td></tr>
<tr><td>1</td><td>0</td><td>0</td><td>1</td><td>0</td><td>0</td></tr>
<tr><td>1</td><td>1</td><td>1</td><td>1</td><td>1</td><td>1</td></tr>
</table>

【例 2-11】　两个变量输入相同的判断电路,如果输入相同,则输出为 1,否则为 0。

解:输入变量为 A、B,输出为 F,采用正逻辑约定,其真值表如表 2-21 所示。

使 $F=1$ 对应的输入组合为 00、11,即 $A=0$ 同时 $B=0$ 或者 $A=1$ 同时 $B=1$,函数为 1,则对应的函数表达式为

$$F=\bar{A}\bar{B}+AB$$

该表达式称为最小项表达式,式中 $\overline{A}\overline{B}$、AB 为最小项。

使 $F=0$ 对应的组合为 01、10,即 $A=0$ 同时 $B=1$ 或 $A=1$ 同时 $B=0$,函数为 0,那么

$$F=(\overline{A}+B)(A+\overline{B})$$

该表达式称为最大项表达式,式中 $\overline{A}+B$、$A+\overline{B}$ 为最大项。

分析上例中所提到的最小项的特点如下:

① 表达式是两变量的原变量或反变量相与构成的与项;

② 构成的函数是两变量函数;

③ 与项中每个变量以原变量或反变量的形式出现且仅出现一次。

再分析上例中的最大项的特点如下:

① 表达式是两变量的原变量或反变量相或构成的或项;

② 构成的函数是两变量函数;

③ 或项中每个变量以原变量或反变量的形式出现且仅出现一次。

任意函数分别对应并唯一对应一个最小项表达式或最大项表达式,其表达式根据真值表直接获得。

将上例中所获得的概念推广为任意 n 变量函数。下面介绍最小项和最大项这两个重要的概念,并在此基础上给出逻辑函数的两种标准形式——最小项标准式和最大项标准式。

1. 最小项

n 个变量的最小项(minterm)定义:设有 n 个逻辑变量,它们所组成的具有 n 个变量的与项中,每个变量以原变量或反变量的形式出现且仅出现一次,此与项称为 n 个变量的最小项。

对于 n 个变量,可以构成 2^n 个最小项。例如,4 个变量的顺序为 A、B、C、D,可构成 16 个最小项: $\overline{A}\overline{B}\overline{C}\overline{D},\overline{A}\overline{B}\overline{C}D,\overline{A}\overline{B}C\overline{D},\cdots,ABCD$。为了书写方便和便于记忆,常用符号 m_i 表示最小项。下标 i 的取值规则如下:当变量顺序确定后,用 1 代替原变量,用 0 代替反变量,得到一个二进制数,该二进制数对应的十进制数即为下标 i 的取值。例如,最小项 $ABCD \rightarrow (1111)_2$,即 $(15)_{10}$。所以可写成 $ABCD=m_{15}$。

对于 3 个变量 A、B、C,按照 A、B、C 的顺序排列,构成的 8 个最小项可写成:

$$\overline{A}\overline{B}\overline{C}=m_0$$
$$\overline{A}\overline{B}C=m_1$$
$$\overline{A}B\overline{C}=m_2$$
$$\overline{A}BC=m_3$$
$$A\overline{B}\overline{C}=m_4$$
$$A\overline{B}C=m_5$$
$$AB\overline{C}=m_6$$
$$ABC=m_7$$

特别需要指出的是,最小项与变量个数及其排列顺序有关。

从表 2-22 中列出的三变量 A、B、C 全部最小项的真值表可以看出最小项具有如下性质。

性质 1：对于任意一个最小项，只有一组变量的取值使其值为 1(即只有最小项下标对应的一组变量的取值使其为 1)。

性质 2：对于任一组变量的取值，任意两个最小项之积为 0，即

$$m_i \cdot m_j = 0, \quad i \neq j$$

性质 3：n 变量的全部最小项之和为 1，即

$$\sum_{i=0}^{2^n-1} m_i = 1$$

性质 4：n 个变量的任一最小项都有 n 个相邻最小项。

相邻最小项是指：若两个最小项中只有一个变量互为相反，其余均相同，则这两个最小项具有相邻性。

例如，3 个变量组成的 8 个最小项中，与 m_0 相邻的最小项是 m_1、m_2 和 m_4。

表 2-22　三变量 A、B、C 全部最小项的真值表

A	B	C	m_0 $\overline{A}\,\overline{B}\,\overline{C}$	m_1 $\overline{A}\,\overline{B}C$	m_2 $\overline{A}B\overline{C}$	m_3 $\overline{A}BC$	m_4 $A\overline{B}\,\overline{C}$	m_5 $A\overline{B}C$	m_6 $AB\overline{C}$	m_7 ABC
0	0	0	1	0	0	0	0	0	0	0
0	0	1	0	1	0	0	0	0	0	0
0	1	0	0	0	1	0	0	0	0	0
0	1	1	0	0	0	1	0	0	0	0
1	0	0	0	0	0	0	1	0	0	0
1	0	1	0	0	0	0	0	1	0	0
1	1	0	0	0	0	0	0	0	1	0
1	1	1	0	0	0	0	0	0	0	1

2. 逻辑函数的最小项标准式

如果逻辑函数的与或表达式中每一个与项均为最小项，则称为最小项标准式，也称标准与或式。

由 n 变量组成的任何逻辑函数均可以表示成最小项标准式，且这种表示是唯一的，例如

$$F(A,B,C) = ABC + A\overline{B}C + \overline{A}BC + \overline{A}B\overline{C}$$

是一个最小项标准式，为了便于书写与表达，可记为

$$F(A,B,C) = m_7 + m_5 + m_3 + m_2 = \sum m(2,3,5,7)$$

或

$$F = \sum m^3(2,3,5,7)$$

但需要注意的是，最小项表达式中必须标明变量个数。

如果给定函数用真值表表示，则真值表每一行变量取值的组合对应一个最小项，即

每种组合使对应最小项为 1。若某组合使函数的输出为 1,则函数的最小项表达式中就应包含该组合对应的最小项;若某组合使函数的输出为 0,则函数的最小项表达式中就不应包含该组合对应的最小项。

例如,某函数 $F = f(A,B,C)$ 的真值表如表 2-23 所示。

表 2-23　$F = f(A,B,C)$ 的真值表

A	B	C	F	m_i	M_i
0	0	0	0	$m_0 = \overline{A}\,\overline{B}\,\overline{C}$	$M_0 = A + B + C$
0	0	1	0	$m_1 = \overline{A}\,\overline{B}C$	$M_1 = A + B + \overline{C}$
0	1	0	0	$m_2 = \overline{A}B\overline{C}$	$M_2 = A + \overline{B} + C$
0	1	1	0	$m_3 = \overline{A}BC$	$M_3 = A + \overline{B} + \overline{C}$
1	0	0	1	$m_4 = A\overline{B}\,\overline{C}$	$M_4 = \overline{A} + B + C$
1	0	1	1	$m_5 = A\overline{B}C$	$M_5 = \overline{A} + B + \overline{C}$
1	1	0	1	$m_6 = AB\overline{C}$	$M_6 = \overline{A} + \overline{B} + C$
1	1	1	0	$m_7 = ABC$	$M_7 = \overline{A} + \overline{B} + \overline{C}$

函数值为 1 对应的最小项相“或”就构成了原函数的最小项标准式(或的叠加性),即

$$F(A,B,C) = \sum m(4,5,6)$$

或

$$F = \sum m^3(4,5,6)$$

显然,函数值为 0 对应的最小项相“或”就构成了反函数的最小项标准式,即

$$\overline{F}(A,B,C) = \sum m(0,1,2,3,7)$$

或

$$\overline{F} = \sum m^3(0,1,2,3,7)$$

由此可以看出,3 个变量组成的最小项不是包含在原函数 $F(A,B,C)$ 中,就一定包含在反函数 $\overline{F}(A,B,C)$ 中。推广到一般情况,有如下结论。

对于 n 个变量的逻辑函数 F,共有 2^n 个最小项,这些最小项不是包含在 F 的最小项表达式中,就包含在 $\overline{F}$ 的最小项表达式中。

例如,若

$$F = \sum m^4(0,2,4,7,13)$$

则

$$\overline{F} = \sum m^4(1,3,5,6,8,9,10,11,12,14,15)$$

在逻辑函数的最小项表达式中,显性地给出了使函数值为 1 的变量组合,隐性地给出了使函数值为 0 的变量组合。

如果给定的函数为一般与或表达式,则可反复使用公式 $X = X(Y + \overline{Y})$ 转换成最小项之和的形式,例如

$$F(A,B,C) = AC + A\overline{B} + BC$$
$$= AC(B + \overline{B}) + A\overline{B}(C + \overline{C}) + BC(A + \overline{A})$$

$$= ABC + A\bar{B}C + \bar{A}BC + A\bar{B}\bar{C} + ABC + \bar{A}BC$$
$$= ABC + A\bar{B}C + A\bar{B}\bar{C} + \bar{A}BC$$
$$= \sum m(3,4,5,7)$$

3. 最大项

最大项(maxterm)的定义如下：设有 n 个逻辑变量，它们所组成的具有 n 个变量的或项中每个变量以原变量或反变量的形式出现且仅出现一次，此或项称为 n 个变量的最大项。

对于 n 个变量，可以构成 2^n 个最大项。例如，两个变量可构成 4 个最大项为

$$A+B, \quad A+\bar{B}, \quad \bar{A}+B, \quad \bar{A}+\bar{B}$$

常用符号 M_i 表示最大项。下标 i 的取值规则为：当变量顺序确定后，用 0 代替原变量，用 1 代替反变量，得到一个二进制数，该二进制数对应的十进制数即为下标 i 的取值。

同样，最大项与变量个数及其排列顺序有关。

例如，3 个变量 A、B、C 构成的 8 个最大项记为

$$A+B+C = M_0$$
$$A+B+\bar{C} = M_1$$
$$A+\bar{B}+C = M_2$$
$$A+\bar{B}+\bar{C} = M_3$$
$$\bar{A}+B+C = M_4$$
$$\bar{A}+B+\bar{C} = M_5$$
$$\bar{A}+\bar{B}+C = M_6$$
$$\bar{A}+\bar{B}+\bar{C} = M_7$$

从表 2-24 列出的三变量 A、B、C 全部最大项的真值表可得出最大项具有如下性质。

表 2-24　三变量 A、B、C 全部最大项的真值表

A	B	C	M_0	M_1	M_2	M_3	M_4	M_5	M_6	M_7
			$A+B+C$	$A+B+\bar{C}$	$A+\bar{B}+C$	$A+\bar{B}+\bar{C}$	$\bar{A}+B+C$	$\bar{A}+B+\bar{C}$	$\bar{A}+\bar{B}+C$	$\bar{A}+\bar{B}+\bar{C}$
0	0	0	0	1	1	1	1	1	1	1
0	0	1	1	0	1	1	1	1	1	1
0	1	0	1	1	0	1	1	1	1	1
0	1	1	1	1	1	0	1	1	1	1
1	0	0	1	1	1	1	0	1	1	1
1	0	1	1	1	1	1	1	0	1	1
1	1	0	1	1	1	1	1	1	0	1
1	1	1	1	1	1	1	1	1	1	0

性质 1：对于任意一个最大项，只有一组变量的取值使其值为 0(即只有最大项下标对应的一组变量的取值使其为 0)。

性质 2：对于任一组变量的取值，任意两个最大项之和为 1，即

$$M_i + M_j = 1, \quad i \neq j$$

性质 3：n 变量的全部最大项之积为 0，即

$$\prod_{i=0}^{2^n-1} M_i = 0$$

性质 4：n 个变量的任一最大项，都有 n 个相邻最大项。

相邻最大项是指：若两个最大项中只有一个变量互为相反，其余均相同，则这两个最大项具有相邻性。

例如，3 个变量组成的 8 个最小项中，与 M_1 相邻的最大项是 M_0、M_3 和 M_5。

当变量个数相同、变量顺序相同时，下标相同的最小项和最大项之间具有互补特性，即

$$\bar{m}_i = M_i, \quad \bar{M}_i = m_i$$

例如

$$\bar{m}_5 = \overline{A\bar{B}C} = \bar{A} + B + \bar{C} = M_5$$

$$\bar{M}_7 = \overline{\bar{A} + \bar{B} + \bar{C}} = ABC = m_7$$

4. 逻辑函数的最大项标准式

如果逻辑函数的或与表达式中每一个或项均为最大项，则称为最大项标准式，也称标准或与式。

由 n 变量组成的任何逻辑函数均可以表示成最大项标准式，且这种表示是唯一的。

例如

$$F(A,B,C) = (A + B + C)(A + \bar{B} + C)(\bar{A} + B + \bar{C})$$

是一个最大项标准式，为了便于书写与表达，可记为

$$F(A,B,C) = M_0 \cdot M_2 \cdot M_5 = \prod M(0,2,5)$$

或

$$F = \prod M^3(0,2,5)$$

同样，最大项表达式中也必须标明变量个数。

如果给定函数用真值表表示，则真值表每一行变量取值的组合对应一个最大项，即每种组合使对应最大项为 0。若某组合使函数的输出为 0，则函数的最大项表达式中就应包含该组合对应的最大项；若某组合使函数的输出为 1，则函数的最大项表达式中就不应包含该组合对应的最大项。

由表 2-23 给出的 $F = f(A,B,C)$ 的真值表，将函数值为 0 对应的最大项相"与"就构成了原函数的最大项标准式（与的公共性）

$$F(A,B,C) = M_0 \cdot M_1 \cdot M_2 \cdot M_3 \cdot M_7 = \prod M(0,1,2,3,7)$$

或

$$F = \prod M^3(0,1,2,3,7)$$

显然，将函数值为 1 对应的最大项相"与"就构成了反函数的最大项标准式

$$\overline{F}(A,B,C) = M_4 \cdot M_5 \cdot M_6 = \prod M(4,5,6)$$

或

$$\overline{F} = \prod M^3(4,5,6)$$

由此可以看出，3 个变量组成的最大项不是包含在原函数 $F(A,B,C)$ 中，就一定包含在反函数 $\overline{F}(A,B,C)$ 中。推广到一般情况，有如下结论。

对于 n 个变量的逻辑函数 F，共有 2^n 个最大项，这些最大项不是包含在 F 的最大项表达式中，就包含在 $\overline{F}$ 的最大项表达式中。

例如，若

$$F = \prod M^4(1,3,4,7,11,15)$$

则

$$\overline{F} = \prod M^4(0,2,5,6,8,9,10,12,13,14)$$

在逻辑函数的最大项表达式中，显性地给出了使函数值为 0 的变量组合，隐性地给出了使函数值为 1 的变量组合。

如果给定的函数为一般或与表达式，则可反复使用公式 $X = X + Y \cdot \overline{Y} = (X+Y)(X+\overline{Y})$ 转换成最大项之积的形式。例如

$$\begin{aligned}
F(A,B,C) &= (A+C)(\overline{A}+B) \\
&= ((A+C)+B \cdot \overline{B})((\overline{A}+B)+C \cdot \overline{C}) \\
&= (A+B+C)(A+\overline{B}+C)(\overline{A}+B+C)(\overline{A}+B+\overline{C}) \\
&= M_0 \cdot M_2 \cdot M_4 \cdot M_5 \\
&= \prod M(0,2,4,5)
\end{aligned}$$

5. 同一函数的最小项标准式与其最大项标准式之间的关系

同一个逻辑函数既可以用最小项表达式表示，也可以用最大项表达式表示。那么，同一函数的最小项标准式与其最大项标准式之间有什么关系呢？可以从以下两个例子入手寻找答案。

【例 2-12】 写出例 2-10 的楼梯内廊灯控制函数的最小项表达式和最大项表达式。

解：参考例 2-10 的分析，函数 F 可以分别表示为

$$F = AB$$
$$F = (A+B)(\overline{A}+B)(A+\overline{B})$$

显然

$$F = AB = (A+B)(\overline{A}+B)(A+\overline{B})$$

即

$$F = \sum m^2(3) = \prod M^2(0,1,2)$$

【例 2-13】 若设 $F = \sum m^3(0,2,3)$，求 F 的最大项表达式。

解：根据真值表，F 的反函数为

$$\overline{F} = \sum m^3(1,4,5,6,7)$$

对 $\overline{F}$ 求反,并用摩根定理,有

$$F = \overline{\overline{F}} = \overline{m_1 + m_4 + m_5 + m_6 + m_7}$$

$$= \overline{m_1} \cdot \overline{m_4} \cdot \overline{m_5} \cdot \overline{m_6} \cdot \overline{m_7}$$

根据最小项和最大项的关系,有

$$F = \overline{m_1} \cdot \overline{m_4} \cdot \overline{m_5} \cdot \overline{m_6} \cdot \overline{m_7}$$

$$= M_1 \cdot M_4 \cdot M_5 \cdot M_6 \cdot M_7$$

$$= \prod M^3(1,4,5,6,7)$$

由此可得到该函数的最小项标准式与其最大项标准式之间的关系为

$$F = \sum m^3(0,2,3) = \prod M^3(1,4,5,6,7)$$

推广到一般情况,当同一逻辑函数的一种标准式(原式)变换成另一种标准式时,互换 $\sum m^n$ 和 $\prod M^n$ 符号,并在符号后列出原式中缺少的那些数字。例如

$$F = \sum m^4(0,2,3,9,10)$$

$$= \prod M^4(1,4,5,6,7,8,11,12,13,14,15)$$

综上所述,逻辑函数的最小项标准式和最大项标准式与该函数的真值表有着密切的关系。给定一个逻辑函数,它的真值表具有唯一性,它的最小项表达式和最大项表达式也具有唯一性。讨论最小项、最大项以及逻辑函数标准表达式的目的是为了对逻辑函数进行化简和组合逻辑网络的设计。

2.6 逻辑函数的化简

同一逻辑函数可以用不同形式的逻辑表达式表示,而每一个表达式对应着一定的电路结构。不同形式的逻辑表达式对应的逻辑电路结构也有所不同;即使同一类型的表达式,也有繁有简。

【例 2-14】 分析举重裁决电路,内容见例 2-1,在最小项表达式基础上,应用相关定理对其进行变换,画出对应的逻辑电路图。

解:根据例 2-1 中的真值表,最小项表达式为

$$F = \overline{A}BC + A\overline{B}C + AB\overline{C} + ABC$$

其逻辑电路图如图 2-26(a)所示,应用逻辑代数的有关定理进行如下变换。

应用重叠律: $F = \overline{A}BC + A\overline{B}C + AB\overline{C} + ABC + ABC + ABC$

应用交换律: $F = \overline{A}BC + ABC + A\overline{B}C + ABC + AB\overline{C} + ABC$

应用结合律: $F = (\overline{A}BC + ABC) + (A\overline{B}C + ABC) + (AB\overline{C} + ABC)$

应用邻接律: $F = BC + AC + AB$

应用还原律: $F = \overline{\overline{BC + AC + AB}}$

应用摩根定律: $F = \overline{\overline{BC} \cdot \overline{AC} \cdot \overline{AB}}$

变换后的逻辑函数所对应的逻辑电路图如图 2-26(b)所示。

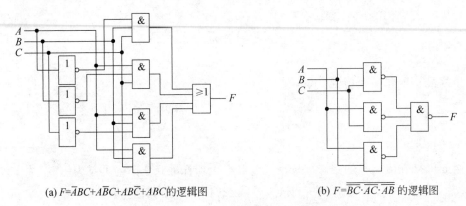

(a) $F=\overline{A}BC+A\overline{B}C+AB\overline{C}+ABC$的逻辑图　　　　(b) $F=\overline{\overline{BC}\cdot\overline{AC}\cdot\overline{AB}}$ 的逻辑图

图 2-26　函数 F 不同表达式对应的逻辑原理图

显然,采用图 2-26(b)更为合理,用更少的逻辑门实现相同的逻辑功能。

由此可以看出,逻辑电路的复杂性与描述该功能的逻辑表达式的复杂性直接相关。求最简逻辑函数表达式的过程称为逻辑函数的化简(或称为逻辑函数的最小化)。

逻辑电路设计者的希望是在满足技术指标的前提下选用最简的逻辑电路,以降低成本、减小复杂度、提高可靠性。那么,最简的标准是什么呢?

最简逻辑电路:逻辑门的数量最少、输入端数最少、级数最少。

最简与或式:与项的数目最少、每个与项的变量数最少。

最简或与式:或项的数目最少、每个或项的变量数最少。

这里仅讨论逻辑函数的代数化简法和卡诺图化简法。

2.6.1　逻辑函数的代数化简法

代数化简法是指利用逻辑代数的公理、定理和规则对逻辑函数表达式进行化简。在此主要研究与或式、或与式的化简。

1. 与或式的化简

对逻辑函数的与或表达式进行化简,经常用到如下定理。

$$A+\overline{A}=1$$
$$A+AB=A$$
$$AB+A\overline{B}=A$$
$$A+\overline{A}B=A+B$$
$$AB+\overline{A}C+BC=AB+\overline{A}C$$

(1) 并项法。

利用 $AB+A\overline{B}=A$,将两项合并为一项,且消去一个变量。

【例 2-15】　用代数法化简 $F=A\overline{B}\overline{C}+A\overline{B}C+AB\overline{C}+ABC$。

解: $F=A\overline{B}\overline{C}+A\overline{B}C+AB\overline{C}+ABC$

$$=A(\overline{B}\overline{C}+BC)+A(\overline{B}C+B\overline{C})$$
$$=A\overline{B\oplus C}+A(B\oplus C)$$
$$=A$$

（2）消项法。

利用 $A+AB=A$，消去多余的项。

【例 2-16】 用代数法化简 $F=\overline{A}\overline{B}+\overline{A}C+\overline{B}D$。

解：$F=\overline{A}\overline{B}+\overline{A}C+\overline{B}D$

$$=\overline{A}+\overline{B}+\overline{A}C+\overline{B}D$$
$$=\overline{A}+\overline{B}$$

利用 $AB+\overline{A}C+BC=AB+\overline{A}C$，消去多余的项。

【例 2-17】 用代数法化简 $F=\overline{A}B+AC+\overline{B}\overline{C}+A\overline{B}+\overline{A}\overline{C}+BC$。

解：$F=\overline{A}B+AC+\overline{B}\overline{C}+A\overline{B}+\overline{A}\overline{C}+BC$

$$=\overline{A}B+AC+\overline{B}\overline{C}+A\overline{B}+\overline{A}\overline{C}$$
$$=\overline{A}B+AC+\overline{B}\overline{C}+A\overline{B}$$
$$=\overline{A}B+AC+\overline{B}\overline{C}$$

（3）消元法。

利用 $A+\overline{A}B=A+B$，消去多余变量。

【例 2-18】 用代数法化简 $F=AB+\overline{A}C+\overline{B}C$。

解：$F=AB+\overline{A}C+\overline{B}C$

$$=AB+(\overline{A}+\overline{B})C$$
$$=AB+\overline{AB}C$$
$$=AB+C$$

【例 2-19】 用代数法化简 $G=ABCD+\overline{A}+\overline{C}$。

解：$G=ABCD+\overline{A}+\overline{C}$

$$=BCD+\overline{A}+\overline{C}$$
$$=BD+\overline{A}+\overline{C}$$

（4）配项法。

利用 $AB+\overline{A}C+BC=AB+\overline{A}C$ 和互补律、重叠律，先增加一些项，再利用增加项消去多余项。

【例 2-20】 用代数法化简 $F=A\overline{B}+B\overline{C}+\overline{B}C+\overline{A}B$。

解法 1：$F=A\overline{B}+B\overline{C}+\overline{B}C+\overline{A}B$

$$=A\overline{B}+B\overline{C}+\overline{B}C(A+\overline{A})+\overline{A}B(C+\overline{C})$$
$$=(A\overline{B}+A\overline{B}C)+(B\overline{C}+\overline{A}B\overline{C})+(\overline{A}BC+\overline{A}BC)$$
$$=A\overline{B}+B\overline{C}+\overline{A}C$$

解法 2：$F=A\overline{B}+B\overline{C}+\overline{B}C+\overline{A}B$　　　添加 $\overline{A}C$

$$=A\overline{B}+B\overline{C}+\overline{B}C+\overline{A}B+\overline{A}C\qquad 消去\ \overline{B}C$$
$$=A\overline{B}+B\overline{C}+\overline{A}B+\overline{A}C\qquad 消去\ \overline{A}B$$
$$=A\overline{B}+B\overline{C}+\overline{A}C$$

（5）综合法。

综合应用前面的几种方法进行化简。

【例 2-21】 用代数法化简 $Y = AD + A\overline{D} + AB + \overline{A}C + BD + ACEF + \overline{B}E + DEF$。

解：$Y = AD + A\overline{D} + AB + \overline{A}C + BD + ACEF + \overline{B}E + DEF$

$= A + AB + \overline{A}C + BD + ACEF + \overline{B}E + DEF$

$= A + \overline{A}C + BD + \overline{B}E + DEF$

$= A + C + BD + \overline{B}E + DEF$

$= A + C + BD + \overline{B}E$

2. 或与式的化简

对逻辑函数的或与表达式进行化简，经常用到如下定理。

$$A \cdot \overline{A} = 0$$

$$A(A+B) = A$$

$$(A+B)(A+\overline{B}) = A$$

$$A(\overline{A}+B) = AB$$

$$(A+B)(\overline{A}+C)(B+C) = (A+B)(\overline{A}+C)$$

显然，直接利用公式对逻辑函数的或与表达式进行化简的难度较大，下面介绍一种简便的方法——二次对偶法，如图 2-27 所示。

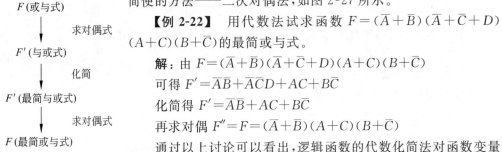

图 2-27 或与式化简的二次对偶法

【例 2-22】 用代数法试求函数 $F = (\overline{A}+\overline{B})(\overline{A}+\overline{C}+D)(A+C)(B+\overline{C})$ 的最简或与式。

解：由 $F = (\overline{A}+\overline{B})(\overline{A}+\overline{C}+D)(A+C)(B+\overline{C})$

可得 $F' = \overline{A}\overline{B} + \overline{A}\overline{C}D + AC + B\overline{C}$

化简得 $F' = \overline{A}\overline{B} + AC + B\overline{C}$

再求对偶 $F'' = F = (\overline{A}+\overline{B})(A+C)(B+\overline{C})$

通过以上讨论可以看出，逻辑函数的代数化简法对函数变量的数目没有限制，方法灵活，技巧性强，无严格的步骤可循，能否得到满意的结果主要取决于设计者对公式的熟练程度、综合应用能力和实践经验。

2.6.2 逻辑函数的卡诺图化简法

逻辑函数的代数化简法给人们带来的最大困惑是很难确定最后的结果是否最简。而卡诺图化简法是一种将逻辑函数用图解的方式进行化简的方法，利用卡诺图可以按步骤、有规律地化简逻辑函数表达式，并能直观地写出逻辑函数的最简表达式。

1. 卡诺图的构成

卡诺图(Karnaugh Map)是逻辑函数真值表的一种图形表示，它用小方格表示最小项，显然，n 个变量就应有 2^n 个小方格，将这 2^n 个小方格按照一定的规则组成能够反映最小项相邻关系的方格矩阵，就是卡诺图。

图 2-28 给出了一个两变量逻辑函数的真值表及其卡诺图的形成过程。

A	B	F	m_i
0	0	0	m_0
0	1	1	m_1
1	0	1	m_2
1	1	0	m_3

(a) 真值表　　　　(b) 最小项之和　　　　(c) 用变量 A 划分　　　　(d) 用变量 B 划分

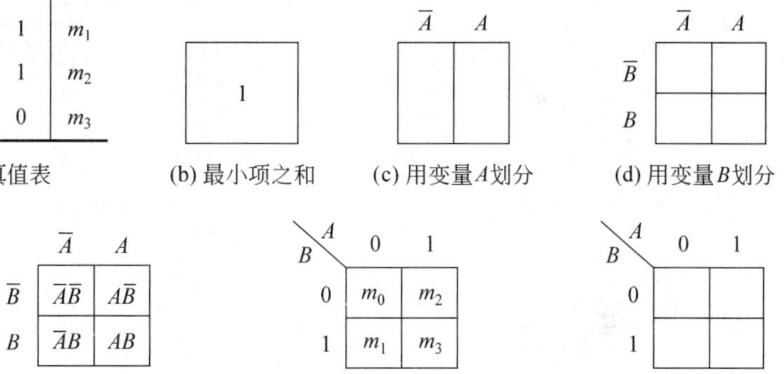

(e) 小方格对应的变量组合　　　　(f) 状态表示变量　　　　(g) 两变量卡诺图

图 2-28　两变量逻辑函数的真值表、最小项、卡诺图

图 2-28(a) 是一个关于变量 A、B 的逻辑函数的真值表及最小项。首先,用一个大方块表示一个逻辑函数的全部最小项之和为 1,如图 2-28(b) 所示。然后,用变量 A 将大方块分成左右两部分,左边称为变量 A 的反变量区;右边称为变量 A 的原变量区,如图 2-28(c) 所示。接下来,再用变量 B 将大方块分成上下两部分,上边称为变量 B 的反变量区;下边称为变量 B 的原变量区,如图 2-28(d) 所示。至此,大方块被分成 4 个小方格,左上角的小方格是变量 A、B 反变量区的公共部分,可表示为 $\overline{A}\,\overline{B}$,即最小项 m_0;同理,左下角的小方格可表示为 $\overline{A}B$,即 m_1;右上角的小方格可表示为 $A\overline{B}$,即 m_2;右下角的小方格可表示为 AB,即 m_3,如图 2-28(e) 所示。如果用 0 表示反变量,用 1 表示原变量,并将变量名在大方块的左上方标注,且用 m_i 表示最小项,则可得到图 2-28(f)。由此可看出,每一个小方格代表一个最小项,m_i 的下标 i 与变量的顺序和取值组合形成对应关系。图 2-28(g) 是使用两变量卡诺图时的一般形式。

图 2-29 给出了三变量、四变量和五变量的卡诺图。

其中,五变量的卡诺图由两幅方格阵列图组成(小方格内仅标注 m_i 的下标)。从图 2-29 中可以看到,函数中的高位变量作为卡诺图的列坐标,其变量组合采用循环码(格雷码)进行编码;函数中的低位变量作为卡诺图的行坐标,其变量组合也采用循环码(格雷码)进行编码。采用循环码编码可使最小项的相邻关系在卡诺图上清晰地反映出来。

卡诺图的构成特点如下。

- 将函数的输入变量分成列、行两组(通常,高位变量为列,低位变量为行),每组变量的顺序确定后,其取值组合按循环码规律排列。
- n 个变量的卡诺图含有 2^n 个小方格,每个小方格对应一个最小项,小方格列、行取值组合对应的十进制数就是该最小项的下标值。
- 若干个小方格对应一个逻辑函数;反之,一个逻辑函数可以图示于卡诺图上。
- 整个卡诺图总是被每个变量分成两半,原变量、反变量各占一半。任意变量的原

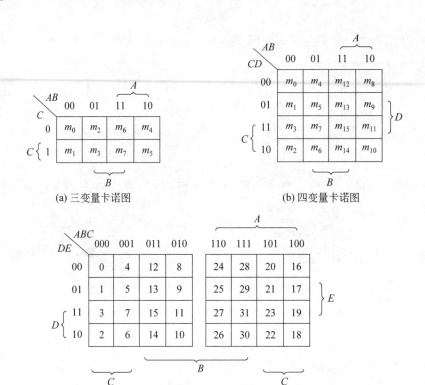

图 2-29　三变量、四变量和五变量的卡诺图

变量和反变量所占的区域又被其他变量分成两半。

- 从图上可直观、方便地找到每个最小项的 n 个相邻最小项。
- 除掉某个小方格以外的卡诺图区域,对应一个最大项,该最大项的下标值就是应被除掉的小方格列、行取值组合对应的十进制数。

由最小项的性质可知,n 个变量构成的每个最小项都有 n 个相邻最小项。此性质可推广到相邻与项,即如果在两个最小项(与项)的诸变量中仅有一个变量互为反变量,其余变量相同,则称这两个最小项(与项)为相邻最小项(相邻与项)。

由于卡诺图中行、列变量的取值组合均采用循环码编码,可将卡诺图的上下、左右封闭起来看作一个"球体",进而能清晰地反映出最小项的相邻关系。下面以图 2-29(c)所示的五变量的卡诺图为例,说明卡诺图上最小项的几种相邻关系。

边界相邻:有一条公共边的两个小方格相邻。例如,m_0 和 m_4;m_0 和 m_1;m_{13} 和 m_9;m_{31} 和 m_{23}……

首尾相邻:同一幅卡诺图中,分别处于行(列)两端的小方格是相邻的。例如,m_2 和 m_{10};m_{24} 和 m_{16};m_{16} 和 m_{18}……

对折相邻:在相邻的两幅卡诺图中,以"邻边"为轴对折,则左右(上下)相对的小方格是相邻的。例如,m_{15} 和 m_{31};m_1 和 m_{17}……

在图 2-29(c)所示的五变量的卡诺图中,每个最小项(小方格)应有 5 个相邻最小项(相邻小方格)。例如,对于 m_3,与 m_1、m_2、m_7 边界相邻;与 m_{11} 首尾相邻;与 m_{19} 对折相邻。

同一逻辑函数中,下标相同的最大项和最小项之间具有互补的关系,即

$$\overline{m_i}=M_i \qquad \overline{M_i}=m_i$$

那么,这在卡诺图上是如何体现的呢? 在卡诺图中,每个最小项对应一个小方格,每个最大项对应其下标所指小方格之外的所有小方格,见图 2-30。

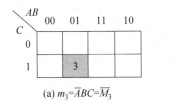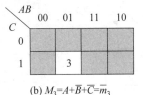

(a) $m_3=\overline{A}\overline{B}C=\overline{M_3}$ (b) $M_3=A+\overline{B}+\overline{C}=\overline{m_3}$

图 2-30 最大项和最小项的关系

从图 2-30 中可得到最大项、最小项、逻辑运算的几何含义如下:

- 下标相同的最大项和最小项之间具有互补的关系;
- 只有一组变量的取值组合使 m_i 为 1,使 M_i 为 0;
- 两个逻辑函数相"与",表示两个函数在卡诺图上所占区域的公共区域;
- 两个逻辑函数相"或",表示两个函数在卡诺图上所覆盖的全部区域;
- 一个逻辑函数的"非",就是该函数覆盖之外的区域。

2. 逻辑函数在卡诺图上的表示

逻辑函数的表达形式具有多样性,下面讨论几种表达形式中逻辑函数在卡诺图上的表示。

(1) 逻辑函数为最小项表达式。

当逻辑函数为最小项表达式时,在卡诺图上将逻辑函数包含的每个最小项所对应的小方格填 1,则所有标 1 方格的集合就表示该函数。

【例 2-23】 将 $F_1 = \sum m^3(0,1,3,7)$ 在卡诺图上表示。

解:设该 3 个变量逻辑函数的变量为 A、B、C,画出卡诺图,在 m_0、m_1、m_3 和 m_7 小方格上填 1,其余小方格中填 0,如图 2-31 所示。

$\frac{AB}{CD}$	00	01	11	10
00	1	1		
01			1	1
11		1		
10				1

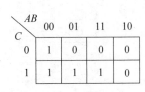

$\frac{AB}{C}$	00	01	11	10
0	1	0	0	0
1	1	1	1	0

图 2-31 F_1 的卡诺图   图 2-32 F_2 的卡诺图表示

【例 2-24】 将 $F_2(A,B,C)=m_0+m_4+m_7+m_9+m_{10}+m_{13}$ 在卡诺图上表示。

解:该函数具有 4 个变量,已给出变量名及排列顺序,可直接画出四变量的卡诺图,

在函数包含的 6 个最小项对应的小方格中填 1,如图 2-32 所示。

(2) 逻辑函数为最大项表达式。

当逻辑函数为最大项表达式时,在卡诺图上将逻辑函数包含的每个最大项下标值所对应的小方格填 0,其余小方格填 1,则所有标 1 方格的集合就表示该函数。

也可将最大项表达式转换为最小项表达式填卡诺图。

【例 2-25】 将函数 $F_3 = \prod M^4(3,5,7,8,14)$ 表示在卡诺图上。

解:设函数变量为 A、B、C、D,画出四变量卡诺图,根据最大项表达式中显性给出了使函数值为 0 的变量取值组合这一特点,将函数包含的 M_3、M_5、M_7、M_8、M_{14} 下标值所对应的小方格填 0,其余小方格填 1,如图 2-33 所示。

CD \ AB	00	01	11	10
00	1	1	1	0
01	1	0	1	1
11	0	0	1	1
10	1	1	0	1

图 2-33 F_3 的卡诺图表示

(3) 逻辑函数为一般与或表达式。

当逻辑函数以一般与或表达式的形式描述时,可以转换成标准与或式,即最小项表达式,然后填图;也可以利用逻辑运算在卡诺图上几何意义的概念,即利用"与"的共性和"或"的叠加性进行填图。方法是:先在卡诺图上标出一个"与项"所占的区域("与"的共性),再逐个标出其他"与项",相重的小方格只需标注一个 1,所有标 1 方格的集合就表示该函数("或"的叠加性)。

【例 2-26】 用卡诺图表示 $F_4 = AC + BC + AB$。

解:根据"与"的共性,与项 AC 对应在卡诺图上就是 A 的原变量区和 C 的原变量区的公共部分;与项 BC 对应在卡诺图上就是 B 的原变量区和 C 的原变量区的公共部分;与项 AB 对应在卡诺图上就是 A 的原变量区和 B 的原变量区的公共部分。3 个与项依次填图后,所有标 1 方格的集合就表示该函数,如图 2-34 所示。

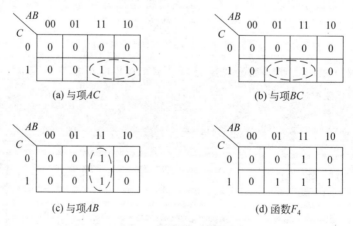

图 2-34 基于一般与或表达式构造卡诺图

(4) 逻辑函数为一般或与表达式。

当逻辑函数为一般或与表达式时,先将函数取反,获得反函数的与或表达式,填图时,反函数对应的小方格填 0,其余小方格填 1,标 1 方格的集合就是该函数的卡诺图表示。

【例 2-27】　将函数 $F_5=(A+\bar{B})(\bar{C}+B)(\bar{A}+B)$ 用卡诺图表示。

解：利用反演规则，有

$$\bar{F}_5=\bar{A}B+C\bar{B}+A\bar{B}$$

将 $\bar{F}_5$ 对应的小方格填 0，其余小方格填 1，标 1 方格的集合就是 F_5 的卡诺图表示，如图 2-35 所示。

（5）逻辑函数为其他形式的表达式。

当逻辑函数为其他形式的表达式时，可先进行变换，也可根据其特点直接填图。

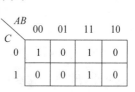

图 2-35　F_5 的卡诺图

【例 2-28】　用卡诺图表示 $F_6(A,B,C,D)=\overline{AB}+\overline{\bar{A}+CD}$。

解：卡诺图上一个逻辑函数的"非"就是该函数覆盖之外的区域，分别画出 $\overline{AB}$ 和 $\overline{\bar{A}+CD}$ 的卡诺图，再根据"或"的叠加性（标 1 方格的集合）画出 F_6 的卡诺图，如图 2-36 所示。

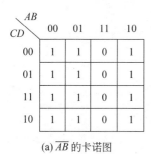

(a) $\overline{AB}$ 的卡诺图

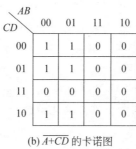

(b) $\overline{\bar{A}+CD}$ 的卡诺图

(c) F_6 的卡诺图

图 2-36　函数 F_6 的卡诺图

3. 利用卡诺图化简逻辑函数的基本原理

在逻辑函数的代数化简法中经常使用邻接律，即 $AB+A\bar{B}=A$。用卡诺图化简逻辑函数的原理同样基于邻接律。邻接律说明：两个相邻最小项（与项）可以合并成一个简单与项。由于卡诺图的特殊结构，可将逻辑函数中的逻辑相邻转换为物理相邻（几何相邻），所以，卡诺图可以清晰地反映出逻辑函数所包含最小项的相邻关系。当一个逻辑函数表示在卡诺图上时，在其所包含的最小项对应的小方格中标 1，称为 1 方格。用卡诺图化简逻辑函数就是在卡诺图上寻找 1 方格的相邻规律，把相邻 1 方格"圈"起来，根据邻接律进行合并，达到用一个简单与项代替若干最小项（与项）的目的，这个"圈"称为卡诺圈。

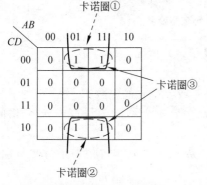

图 2-37　函数 F_7 的卡诺图

例如，在图 2-37 所示 F_7 的卡诺图中有 4 个 1 方格，即函数包含 4 个最小项（m_4、m_6、m_{12}、m_{14}）。卡诺圈①中的两个 1 方格边界相邻，根据邻接律，对应的两个最小项可以合并成一项，消去一个变量;同理,卡诺圈②中的两个 1 方格也是边界相邻,对应的两个最小项也可以合并成一项,消去一个变量。可用如下逻辑代数描述此过程。

$$F_7 = m_4 + m_{12} + m_6 + m_{14}$$
$$= \underbrace{\overline{A}B\overline{C}\,\overline{D} + AB\overline{C}\,\overline{D}}_{卡诺圈①} + \underbrace{\overline{A}BC\overline{D} + ABC\overline{D}}_{卡诺圈②}$$

至此,F_7 被简化成仅包含两个与项,但这两个与项仍具有相邻性,按照邻接律,有

$$F_7 = B\overline{C}\,\overline{D} + BC\overline{D} = B\overline{D}$$

而 $B\overline{D}$ 正好是 F_7 卡诺图中卡诺圈③所覆盖的区域。也就是说,可以将 F_7 卡诺图中的 4 个 1 方格圈在一起(卡诺圈③),用卡诺圈③覆盖区域所对应的坐标变量(即卡诺圈中所有最小项的公共因子)构成的与项代替若干个最小项,进而实现逻辑函数的化简。

进一步分析可看出,若一个卡诺圈中的某变量既包含某变量的原变量区又包含其反变量区,且其他变量相同,则该变量必被消去。

任何 2^m 个($m \leqslant$ 变量数 n)相邻 1 方格均可画成一个卡诺圈。

2 个相邻 1 方格所代表的最小项可以合并为一项,消去 1 个变量;

4 个相邻 1 方格所代表的最小项可以合并为一项,消去 2 个变量;

8 个相邻 1 方格所代表的最小项可以合并为一项,消去 3 个变量;

……

2^m 个相邻 1 方格所代表的最小项可以合并为一项,消去 m 个变量。

图 2-38 列举了三变量卡诺图中 1 方格的几种典型合并情况。

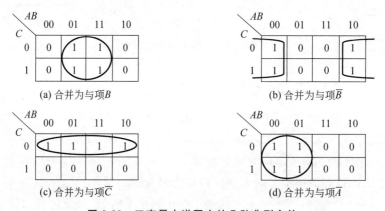

图 2-38 三变量卡诺图中的几种典型合并

图 2-39 列举了四变量卡诺图中 1 方格的几种典型合并情况。

n 个变量卡诺图中 1 方格的合并规律归纳如下:

- 卡诺圈中 1 方格的个数必须为 2^m 个,m 为小于或等于 n 的整数;
- 卡诺圈中 2^m 个 1 方格有一定的排列规律,含有 m 个不同变量;$n-m$ 个相同变量;
- 卡诺圈中 2^m 个 1 方格对应的最小项可用 $n-m$ 个变量的"与项"表示,该"与项"由这些最小项的相同变量构成;
- 当 $m=n$ 时,卡诺圈包围整个卡诺图,用 1 表示,即 n 个变量的全部最小项之和

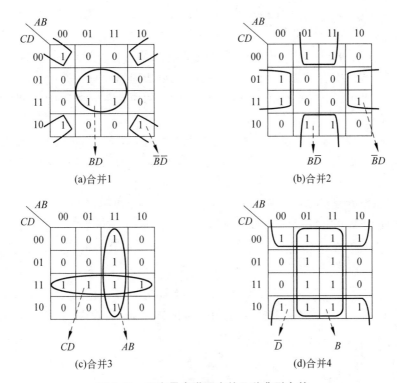

图 2-39 四变量卡诺图中的几种典型合并

为 1。

4. 利用卡诺图化简逻辑函数的方法

在讨论利用卡诺图化简逻辑函数的具体方法之前,先定义几个基本概念。

- 蕴涵项(Implicant):在逻辑函数的与或表达式中,每一个与项都称为该函数的蕴涵项。在卡诺图上,任何一个 1 方格对应的最小项或一个卡诺圈中 2^m 个 1 方格对应的"与项"都是函数的蕴涵项。显然,卡诺圈越大,它包含的 1 方格越多,对应蕴涵项中的变量个数越少。

- 质蕴涵项(Prime Implicant):若函数的某一蕴涵项不是该函数的其他蕴涵项的子集,则此蕴涵项称为质蕴涵项(素蕴涵项、质项)。在卡诺图上,按最小项合并规律,若某个卡诺圈不可能被其他更大的卡诺圈包含,则这个卡诺圈称为极大圈,其所对应的"与项"称为质蕴涵项。

- 实质最小项:只被一个质蕴涵项所覆盖的最小项称为实质最小项。在卡诺图上,只被一个极大圈包含的 1 方格称为实质 1 方格。

- 必要质蕴涵项(Essential Prime Implicant):包含实质最小项的质蕴涵项称为必要质蕴涵项。在卡诺图上,包含实质 1 方格的极大圈称为必要极大圈,其所对应的"与项"称为必要质蕴涵项。

- 卡诺图上的最小覆盖:选用最少数量的质蕴涵项(极大圈)包含卡诺图上所有 1 方格,这就是最小覆盖。显然,按照最小覆盖写出的逻辑表达式就是最简表达式。

根据以上定义,可以给出用卡诺图化简逻辑函数的基本步骤如下:

① 将逻辑函数正确地表示在卡诺图上;

② 在卡诺图上圈出函数的全部极大圈(质蕴涵项);

③ 确定全部实质最小项,找出必要极大圈(必要质蕴涵项);

④ 如果选出的所有必要极大圈已覆盖卡诺图上的所有 1 方格,则所有极大圈的集合就是最小覆盖;

⑤ 如果所有必要极大圈不能覆盖卡诺图上的所有 1 方格,则从剩余的极大圈中选择最少的极大圈,与必要极大圈一起构成函数的最小覆盖。注意,此时函数的最简表达式不是唯一的;

⑥ 根据最小覆盖,写出函数的最简表达式。

1) 将逻辑函数化简成最简与或表达式

【例 2-29】 用卡诺图将 $F_8 = \sum m^4(0,1,6,7,8,9,12,13,14,15)$ 化简成最简与或式。

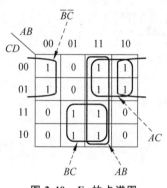

图 2-40　F_8 的卡诺图

解:① 设函数变量为 A、B、C、D,画出 F_8 的卡诺图,并求得所有的质蕴涵项(画极大圈)为 AB、BC、$A\bar{C}$、$\bar{B}\bar{C}$,如图 2-40 所示。

② 找出实质最小项 m_0、m_1、m_6、m_7,确定必要极大圈为 BC、$\bar{B}\bar{C}$。

③ 两个必要极大圈覆盖了 8 个最小项,但没有覆盖 m_{12} 和 m_{13},不能实现最小覆盖,需增加其他极大圈。由观察可知,只要选择 $A\bar{C}$ 或 AB 即可满足最小覆盖。因此,该函数的最简与或式为

$$F_8 = AB + BC + \bar{B}\bar{C}$$

或

$$F_8 = A\bar{C} + BC + \bar{B}\bar{C}$$

由此可以看出,当必要极大圈不能满足最小覆盖时,函数的最简与或表达式不是唯一的。

【例 2-30】 已知

$$F_9(A,B,C,D) = \sum m(0,3,4,5,7,11,13,15)$$

用卡诺图法求其最简与或式。

解:① 画出 F_9 的卡诺图和极大圈,求得所有质蕴涵项为 BD、CD、$\bar{A}C\bar{D}$、$\bar{A}B\bar{C}$,如图 2-41 所示。

② 找出实质最小项,确定必要极大圈为 BD、CD、$\bar{A}C\bar{D}$。

③ 由于 3 个必要极大圈已经覆盖了函数的所有最小项,因此该函数的最简与或式为

$$F_9 = BD + CD + \bar{A}C\bar{D}$$

这说明,当必要极大圈已经满足最小覆盖时,函数的最简与或表达式具有唯一性。

还应指出,卡诺图化简法带有试凑性质,当已熟练掌握后,不必再严格遵循上述步

骤,可以在卡诺图上一次画出最小覆盖。

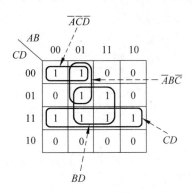

图 2-41 F_9 的卡诺图

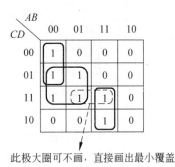

此极大圈可不画,直接画出最小覆盖

图 2-42 F_{10} 的卡诺图

【例 2-31】 用卡诺图法将下列函数化简为最简与非式。

$$F_{10} = \sum m^4(0,1,3,5,7,14,15)$$

解:与非式可由与或式二次取反或运用摩根定理获得。因此,本题的关键是求出函数的最简与或式。首先,画出函数的卡诺图和卡诺圈,实现最小覆盖,见图 2-42。

根据最小覆盖求出函数的最简与或表达式

$$F_{10} = \overline{A}B\overline{C} + ABC + \overline{A}D$$

对最简与或式二次取反,并运用摩根定理,即可求出最简与非式

$$F_{10} = \overline{\overline{\overline{A}B\overline{C} + ABC + \overline{A}D}} = \overline{\overline{\overline{A}B\overline{C}} \cdot \overline{ABC} \cdot \overline{\overline{A}D}}$$

【例 2-32】 用卡诺图化简函数 $F_{11}(A,B,C,D) = \sum m(0,1,3,4,7,12,13,15)$。

解:画出 F_{11} 的卡诺图,如果画出所有极大圈,则发现该函数的 8 个质蕴含项相互交连,找不出哪一个是必要质蕴含项,如图 2-43(a)所示,这种情况通常称为循环结构。对于这种循环结构,通常选最大卡诺圈作为所需极大圈(所需质蕴含项)以打破循环。在本例中,8 个极大圈相同,故可任选一个作为所需极大圈以打破循环,实现最小覆盖,如图 2-43(b)所示。因此,可得到该函数的一种最简与或表达式

$$F_{11} = \overline{A}B\overline{C} + B\overline{C}D + ABD + \overline{A}CD$$

【例 2-33】 用卡诺图化简五变量函数

$$F_{12} = \sum m^5(0,1,2,4,5,6,10,16,17,18,20,21,22,24,26,27,28,30,31)$$

写出最简与或式。

解:五变量的卡诺图可用 2 个四变量的卡诺图表示,F_{12} 的卡诺图见图 2-44。在画卡诺圈时,应充分考虑边界相邻、首尾相邻和对折相邻,先画大的卡诺圈,例如本例中的①、②、③,然后再画较小的卡诺圈④、⑤。特别是画⑤时,容易只考虑了对折相邻,而漏掉首尾相邻。这 5 个卡诺圈均为极大圈,且满足最小覆盖,因此,该函数的最简与或表达式为

$$F_{12} = A\overline{E} + \overline{B}\overline{D} + \overline{B}\overline{E} + ABD + \overline{C}DE$$

由此例可以看出,当函数的变量数超过 5 个时,采用卡诺图化简逻辑函数将变得很复杂,但一般情况下,四变量逻辑函数的卡诺图化简便可以满足大部分要求。当出现多

个逻辑变量时,可将逻辑命题分解后逐一解决。

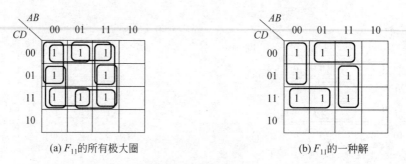

图 2-43　F_{11} 的卡诺图

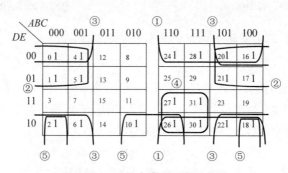

图 2-44　F_{12} 的卡诺图及最小覆盖

2) 将逻辑函数化简成最简或与表达式

一个逻辑函数的或与表达式可由其反函数的与或表达式运用反演规则获得。若在函数的卡诺图上圈 0 方格,即可求出反函数的最简与式,再利用反演规则就可得到原函数的最简或与式。

【例 2-34】 用卡诺图法将函数 $F_{13} = \sum m^4(0,8,9,10,11,12,13,14,15)$ 化简成最简或与式。

解:画出函数的卡诺图,圈 0,见图 2-45,求反函数的最简与或式

$$\overline{F}_{13} = \overline{A}B + \overline{A}D + \overline{A}C$$

再运用反演规则求出函数的最简或与式

$$F_{13} = (A+\overline{B})(A+\overline{D})(A+\overline{C})$$

通过观察分析,也可通过圈 0 并根据同一逻辑函数中"m_i 和 M_i 的互补性质"直接写出最简或与表达式。

总之,用卡诺图化简逻辑函数的总原则是:在覆盖函数所有最小项(圈 1 时指卡诺图中所有 1 方格;圈 0 时指卡诺图中所有 0 方格)的前提下,卡诺圈的个数最少,每个卡诺圈达到最大。

3) 同一函数的最简与或式和最简或与式所对应的电路比较

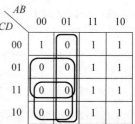

图 2-45　F_{13} 的卡诺图

原则上,同一函数的最简与或表达式和最简或与表达式所对应的电路代价基本上是一致的,即所用逻辑门的数量、逻辑门的输入端数以及信号通过逻辑门的级数基本一致。但在实际电路的设计中,往往还需考虑基本电路价格的差异、逻辑门类型环境的限制、电路速度的要求以及逻辑门的驱动能力等因素,通常根据函数的最简与式和最简或与式,有时还要进一步变形得到最简与非式、最简或非式、最简与或非式以及最简的其他形式,通过比较选择符合设计要求且代价最小的电路形式。

下面以图 2-45 表示的 F_{13} 为例进行比较说明,该函数的最简与或表达式为

$$F_{13} = A + \overline{B}\overline{C}\overline{D}$$

其对应的逻辑电路图如图 2-46(a)所示;该函数的最简或与表达式为

$$F_{13} = (A + \overline{B})(A + \overline{D})(A + \overline{C})$$

其对应的逻辑电路图如图 2-46(b)所示;由最简与或式可变形为

$$F_{13} = A + \overline{B}\overline{C}\overline{D}$$
$$= \overline{\overline{A + \overline{B}\overline{C}\overline{D}}}$$
$$= \overline{\overline{A}(B + C + D)}$$

其对应的逻辑电路图如图 2-46(c)所示。

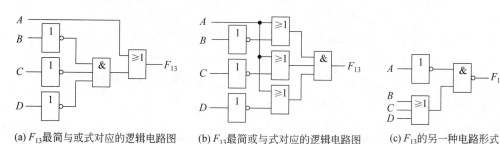

(a) F_{13} 最简与或式对应的逻辑电路图　　(b) F_{13} 最简或与式对应的逻辑电路图　　(c) F_{13} 的另一种电路形式

图 2-46　F_{13} 的电路实现

通过比较发现,图 2-46(a)和图 2-46(b)所示电路均为三级,图 2-46(a)所示电路比图 2-46(b)所示电路少用两个“或门”,理应选择图 2-46(a)所示电路。但通过对最简与或式的变形可得到图 2-46(c)所示的只用 3 个逻辑门且为两级的电路,显然,若只考虑逻辑门的数量和信号传输级数,采用图 2-46(c)所示电路实现 F_{13} 的逻辑功能是最经济的。

由此可以看出,函数化简的目标是为了获得代价最小的电路,究竟采用哪一种最简表达式则无规可循,因为它通常受到设计要求、成本、环境等情况的制约。

2.6.3　具有无关项的逻辑函数及其化简

在前面的讨论中,逻辑函数取值和输入变量的 2^n 种取值均相关,即若有 m 种取值使函数值为 1,则有 $2^n - m$ 种取值使函数值为 0。但是,在某些特殊电路中,其输出并不是与 2^n 种输入组合都有关,而是仅与其中一部分有关,而另一部分输入组合不影响输出。通常分为以下两种情况。第一种情况是某些输入变量的取值受到限制,也称受到约束,它们对应的最小项称为约束项。例如,8421 码只采用 4 位二进制 16 种状态组合的前 10

种(0000~1001),后 6 种(1010~1111)被限制。第二种情况是某些输入变量取值组合下函数值是 1 或 0,不影响整个电路系统的功能,这些输入变量取值组合对应的最小项称为任意项。

约束项和任意项在逻辑函数中统称为无关项,即当函数输出与某些输入组合无关时,这些输入组合对应的最小项就是无关项,记为 d 或×。这里所说的无关是指是否把这些最小项写入逻辑函数式无关紧要,可以写入,也可以删除。对应到卡诺图上,可以在无关项对应的位置上填 1,也可填 0。因此,当无关项 d 标注在卡诺图上后,可根据需要圈进卡诺圈,进而达到利用无关项化简逻辑函数的目的。

例如,某逻辑函数

$$Y = \sum m^4(1,2,3,5,7) + \sum d(10,11,12,13,14,15)$$

其中,$d(\cdots)$ 中列出的即为无关项。该表达式说明,函数 Y 对于最小项(1,2,3,5,7)必须为 1;对于最小项(10,11,12,13,14,15)可以为任意值;对于其他最小项必须为 0。

对于具有无关项的逻辑函数,若采用代数法进行化简是十分困难的,而采用卡诺图法则显得既简单又直观。

【例 2-35】 用卡诺图法化简含有无关项的逻辑函数

$$F_{14} = \sum m^4(0,1,4,7,9,10,13) + \sum d(2,5,6,8,12,14,15)$$

解: 先看一下不考虑无关项时,见图 2-47(a),得到的函数最简与或式

$$F_{14} = \overline{A}\,\overline{C}\,\overline{D} + \overline{A}\,\overline{B}\,C + ACD + ABCD + A\overline{B}\,C\overline{D}$$

当考虑无关项时,见图 2-47(b),无关项对应的方格内填 d,化简时,根据需要将 d 作为 1 或 0 使用。得到函数最简与或式

$$F_{14} = B + \overline{C} + \overline{D}$$

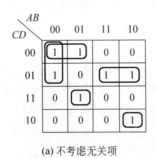

(a) 不考虑无关项

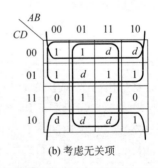

(b) 考虑无关项

图 2-47　化简含有无关项的逻辑函数 F_{14}

由此例可以看出,利用函数中的无关项,可以最大程度地简化逻辑函数。本例中,再利用卡诺图化简时,将所有无关项 d 均作为 1 使用。

【例 2-36】 设计一个余 3 码输入的素数检测器,当输入为素数时,输出为 1。

解: 余 3 码是一种用 4 位二进制表示 1 位十进制数字符号的代码,它使用 16 种组合中的中间 10 种,即 m_3、m_4、$\cdots$、m_{12} 对应十进制数字符号 0~9。正常情况下,首尾各 3 种组合不会出现,即 m_0、m_1、m_2、m_{13}、m_{14}、m_{15}。设余 3 码的输入为 $Y_3 Y_2 Y_1 Y_0$,输出为 F。

由一位十进制数中的 1、2、3、5、7 是素数,可得

$$F(Y_3, Y_2, Y_1, Y_0) = \sum m^4(4,5,6,8,10) + \sum d(0,1,2,13,14,15)$$

画出函数的卡诺图,化简时,需要的 d 当作 1;不需要的 d 当作 0,见图 2-48。

$$F(A,B,C,D) = B D$$
$$F(A,B,C,D) = \overline{A}B\overline{C}$$
$$F(A,B,C,D) = BD + \overline{A}B\overline{C}$$

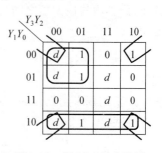

图 2-48　例 2-36 的卡诺图

在利用无关项进行逻辑函数化简时,应充分理解"尽量使用无关项与尽量不使用无关项"的辩证关系。还应注意一点,无关项不能作为实质最小项。

利用卡诺图化简逻辑函数简单明了、形象直观、容易掌握。但对于初学者来说,容易出现以下几种错误,需要特别注意。

* 出现多余项。例如图 2-49(a)所示卡诺图可能有以下两种表达式:

$$F(A,B,C,D) = AB\overline{C} + ACD + \overline{A}BC + \overline{A}\,\overline{C}D \qquad (正确)$$
$$F(A,B,C,D) = BD + AB\overline{C} + ACD + \overline{A}BC + \overline{A}\,\overline{C}D \qquad (错误)$$

* 出现非质蕴含项,即非极大圈。例如图 2-49(b)所示卡诺图可能有以下两种表达式:

$$F(A,B,C,D) = \overline{C}D + B\overline{D} \qquad (正确)$$
$$F(A,B,C,D) = \overline{C}D + BC\overline{D} \qquad (错误)$$

* 不正确使用无关项。例如图 2-49(c)所示卡诺图可能有以下几种表达式:

$$F(A,B,C,D) = BD \qquad (正确)$$
$$F(A,B,C,D) = \overline{A}B\overline{C} \qquad (错误)$$
$$F(A,B,C,D) = BD + \overline{A}B\overline{C} \qquad (错误)$$

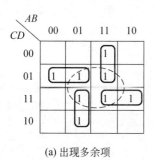 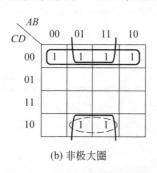 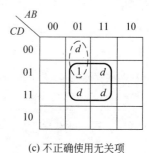

(a) 出现多余项　　　　(b) 非极大圈　　　　(c) 不正确使用无关项

图 2-49　容易出现的几种错误

本 章 小 结

首先,在有关基本概念的基础上介绍了逻辑代数中的基本运算、公理、定理和 3 个规则,并引申出复合逻辑——与非、或非、与或非、异或、同或。运用逻辑代数的公理和定理可以将逻辑表达式的 5 种基本形式(与或式、或与式、与非式、或非式、与或非式)进行相互转换。

其次,在有关逻辑函数性质的讨论中研究了最小项的概念与性质、最大项的概念与性质、最小项与最大项之间的关系、逻辑函数的标准形式(最小项表达式、最大项表达式)及相互转换。

读者可通过"由表达式 $F = \sum m^4(0,1,4,7,9,10,13)$,你能想到什么"进行深入理解。

逻辑问题可用真值表、逻辑表达式、逻辑图、卡诺图和时序图描述,它们各具特点又相互关联,如图 2-50 所示。

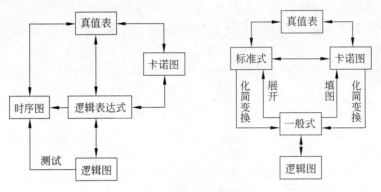

图 2-50   逻辑电路描述方法

随后,研究和讨论了逻辑函数化简的目标以及化简方法——逻辑代数化简法和卡诺图化简法。利用卡诺图化简逻辑函数是分析、设计数字电路的重要手段,应重点掌握。

图 2-51 总结了基于卡诺图化简逻辑函数的有关概念、方法及要点,应认真体会。

最后,针对实际应用中的问题讨论了含有无关项的逻辑函数。

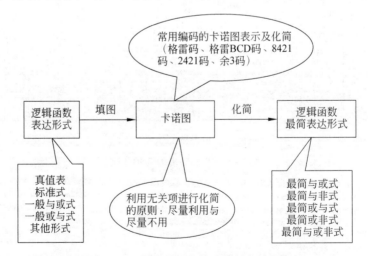

图 2-51   利用卡诺图化简逻辑函数的要点

思考题 2

1. 运用反演规则求反演式与利用摩根定理求反函数之间有什么不同?
2. 当逻辑表达式中含有 $\oplus$、$\odot$ 运算时,如何运用规则得到反演式和对偶式?
3. 若两个逻辑函数相等,它们的对偶式一定相等吗?
4. 由逻辑函数 $F = \sum m^3(1,2,4,7)$,你能想到什么?
5. 由逻辑函数 $F = \prod M^4(0,1,2,7,8,9,10,14,15)$,你能想到什么?
6. 由给定逻辑函数的与或式,如何求得它的与非式、或与式、或非式和与或非式?
7. 运用卡诺图化简逻辑函数时,根据表达式形式正确填图是关键,你能举例说明并总结出方法吗?
8. 由给定函数的卡诺图,如何求得它的与或式、与非式、或与式、或非式和与或非式?
9. 利用无关项进行逻辑函数的化简时,应注意什么?
10. 同一逻辑函数可用文字描述、真值表、逻辑表达式、逻辑电路图等不同方法表示,表示方法是什么? 如何实现相互转换。

习　题　2

2.1　设 A、B、C 为逻辑变量,试回答以下问题。
　　(1) 若已知 $A+B=A+C$,则 $B=C$,对吗?
　　(2) 若已知 $AB=AC$,则 $B=C$,对吗?
　　(3) 若已知 $A+B=A+C$ 且 $AB=AC$,则 $B=C$,对吗?

2.2　用真值表验证下列等式。
　　(1) $\overline{A+B}=\overline{A} \cdot \overline{B}$
　　(2) $AB+\overline{A}\overline{B}=\overline{\overline{A}B+A\overline{B}}$
　　(3) $AB+AC+BC=AB+\overline{A}C$

2.3　写出下列逻辑命题的真值表。
　　(1) 设有 A、B、C 3 个输入信号,当其中有奇数个信号为 1 时,输出为 1,否则输出为 0。
　　(2) 设有 A、B、C 3 个输入信号,当 3 个信号相同或其中任意 2 个信号为 0,则输出为 1,否则输出为 0。
　　(3) 旅馆房间内的走廊灯通常在门前和两个床边设有 3 个开关,任何一个开关可以改变走廊灯当前的开关状态,试分析 3 个开关对走廊灯的控制逻辑。

2.4　写出下面逻辑表达式的真值表。
　　(1) $F(A,B,C)=A\overline{B}+\overline{C}$
　　(2) $F(A,B,C,D)=A\overline{B}D+\overline{C}D+ACD$

2.5　写出下列表达式的对偶式。
　　(1) $F=(A+B)(\overline{A}+C)(C+DE)+AD$

(2) $F=\overline{ABC}(A+\overline{B}C)\overline{\overline{A}+C}$

(3) $F=B(\overline{A\oplus B})+\overline{B}(A\oplus C)$

2.6   运用反演规则,写出下列表达式的反演式。

(1) $F=A[\overline{B}+(C\overline{D}+E)BD]$

(2) $F=A\overline{B}+B\overline{C}+C(\overline{A}+D)$

(3) $F=\overline{(A+\overline{B})(\overline{A}+C)}\cdot AC+BC$

(4) $F=A\cdot\overline{B\oplus D}+(AC\oplus BD)\cdot E$

2.7   用逻辑代数的公理、定理及规则,证明下列等式。

(1) $AB+\overline{A}C+\overline{B}C=AB+C$

(2) $BC+D+\overline{D}(\overline{B}+\overline{C})(AD+B)=B+D$

(3) $A\oplus B\oplus C=A\odot B\odot C$

(4) $(X\oplus Y)\oplus Z=X\oplus(Y\oplus Z)$

(5) $AB+AC+BC=(A+B)(B+C)(A+C)$

(6) $ABC+\overline{A}\overline{B}\overline{C}=\overline{A}\overline{B}+B\overline{C}+\overline{A}C$

2.8   试写出 $F=\overline{A}\overline{B}+AB$ 的或与式、与非式、或非式及与或非式。

2.9   下列函数中,输入变量取哪些值可以使 $F=1$?

(1) $F(A,B,C)=(A+B+C)(A+B+\overline{C})(A+\overline{B}+C)$

(2) $F(X,Y,Z,W)=\sum m(1,3,4,6,7,12,14,15)$

(3) $F(S_2,S_1,S_0)=\prod M(0,1,2,3,4,5,6,7)$

(4) $F(A,B,C)=A\overline{C}+AB$

2.10   下列函数中,输入变量取哪些值可以使 $F=0$?

(1) $F(X_3,X_2,X_1)=\sum m(1,2,4,7)$

(2) $F(A,B,C)=(A+\overline{B})(A+C)$

(3) $F(A,B)=\overline{A}\overline{B}+A\overline{B}+\overline{A}B+AB$

(4) $F(X_3,X_2,X_1)=\prod M(3,5,6,7)$

2.11   根据真值表,写出题 2.3 中最小项表达式及最大项表达式。

2.12   将下列逻辑表达式转换为最小项之和的形式。

(1) $Y=\overline{A}BC+AC+\overline{B}C$

(2) $F(X,Y,Z)=\prod M(2,4,6,7)$

(3) $Y=AB+\overline{\overline{BC}(\overline{C}+\overline{D})}$

(4) $F=(B+\overline{C})(\overline{A}+B)+A\overline{BC}$

2.13   将下列逻辑表达式转换为最大项之积的形式。

(1) $F_1=A\oplus B+\overline{AC}$

(2) $F_2(A,B,C)=\sum m(0,3,5,6)$

(3) $F_3=(A+B)(\overline{A}+B+C)$

(4) $F_4=X+Y+\overline{XZ}$

2.14　已知 $F = \sum m^3(0,1,5,6)$，写出原函数的最大项表达式、反函数的最小项表达式以及反函数的最大项表达式。

2.15　用逻辑代数化简法，将下列逻辑函数化简为最简与或式。

(1) $F = A\bar{B}\bar{C} + A\bar{B}C + AB\bar{C} + ABC$

(2) $F = \bar{A} + ABC\bar{D} + CD$

(3) $F = AC + ABC + A\bar{C} + \overline{AB}\bar{C} + BC$

(4) $F = \sum m^3(2,3,5,6,7)$

2.16　用卡诺图化简法，求下列各逻辑函数的最简与或式。

(1) $Y = \overline{AB} + AC + \bar{B}C$

(2) $F = (\bar{A} + B)(\bar{A} + B + \bar{C})(A + \bar{C} + D)$

(3) $F = \sum m^4(1,4,5,6,7,9,14,15)$

(4) $F = \prod M^4(1,7,9,13,15)$

2.17　用卡诺图化简法，求下列各逻辑函数的最简或与式。

(1) $F = \sum m^4(2,3,4,5,8,9,14,15)$

(2) $F = \prod M^4(0,2,3,5,6,7,8,14,15)$

(3) $F = ABC + \overline{AB} + \bar{B}C$

(4) $F = (A + C)(\bar{A} + B + \bar{C})(\bar{A} + \bar{B} + C)$

2.18　已知 $F = \sum m^4(0,1,2,5,6,8,9,10,13,15)$，用卡诺图化简法求 F 的最简与或式、最简与非式、最简或与式、最简或非式和最简与或非式，并分别画出它们的逻辑图。

2.19　用卡诺图化简法求下列具有无关项的逻辑函数的最简与或式和最简或与式。

(1) $F = \sum m^4(0,1,3,7,9) + \sum d(8,10)$

(2) $F = \sum m^4(1,5,9,13,14,15) + \sum d(11)$

(3) $F = \prod M^4(0,8,9,10,11,14) \cdot \prod d(1,2,4,12,15)$

(4) $F = \prod M^4(1,7,9,13,15) \cdot \prod d(2,4,12)$

2.20　试用卡诺图对已知函数作逻辑运算。

(1) 已知

$$\begin{cases} F(A,B,C,D) = AB\bar{C} + \overline{CD(A + \bar{B})} + \bar{B}\,\overline{CD} \\ G(A,B,C,D) = (AB + C\bar{D})\overline{AB\bar{C}} + \overline{AB}D \end{cases}$$

试求 $F \cdot G$、$F + G$、$F \oplus G$ 的最简与或式。

(2) 已知

$$\begin{cases} F_1 = \sum m^4(2,4,6,9,13,14) + \sum d(0,1,3,8,11,15) \\ F_2 = \sum m^4(4,5,7,9,12,13,14) + \sum d(1,3,8,10) \end{cases}$$

试求 $F \cdot G$、$F+G$、$F \oplus G$ 的最简与或式。

2.21 某逻辑网络的输入为 8421 码(用 A、B、C、D 表示),当其对应的十进制数 $X>5$ 时,输出 F 为 1,否则 F 为 0,试求 F 的最简与非式,并画出逻辑图。

2.22 某逻辑网络的波形图如题图 2-1 所示,其中 A、B、C、D 为输入信号,F 为输出信号,根据波形图分析输出与输入之间的逻辑关系,写出函数 $F(A,B,C,D)$ 的最简或与式,并画出最简或非门实现电路的逻辑图。

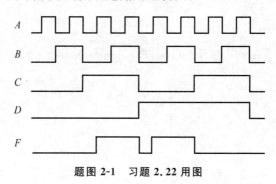

题图 2-1   习题 2.22 用图

第3章

硬件描述语言基础

【本章内容】 Verilog HDL 作为一种硬件描述语言,已经广泛应用于数字系统设计。本章首先介绍硬件描述语言的产生和作用,通过实例引出 Verilog HDL 的模块结构。在介绍基本语法知识和行为语句的基础上,论述可综合 Verilog HDL 模块的三种描述方式——门级结构描述、数据流描述和行为描述。

3.1 概　　述

3.1.1 发展历程

传统的基于集成电路器件“搭积木”式的数字系统设计技术正在成为历史,基于硬件描述语言、EDA 平台和可编程逻辑器件的现代数字系统设计技术正在蓬勃发展。20 世纪 90 年代,以惊人速度发展的微电子技术使集成电路的工艺水平达到深亚微米级(0.13μm),2005 年已开始进入 90nm 级,并向 65nm、45nm 挺进。一个芯片上可集成数百万乃至上千万只晶体管,工作速度可达 Gb/s,为制造出规模大、速度快和信息容量更高的芯片系统(System on Chip,SoC)提供了基础条件。特别是,大规模可编程逻辑器件(Programmable Logic Device,PLD)的出现,引起了数字系统设计领域的革命性变革。PLD 是厂家作为一种通用性器件生产的半定制电路,用户通过对器件的编程实现所需要的逻辑功能以及系统的重构。PLD 器件的可灵活配置性使设计师在实验室就可以设计出具有特色功能芯片,并立即投入实际应用,不仅设计周期短、可靠性高、风险小,而且降低了产品的成本。PLD 已成为现代数字系统的物理载体。

以计算机为工作平台,融合应用电子技术、计算机技术、智能化技术以及图形学、拓扑学、计算数学等众多学科的最新成果,辅助进行集成电路设计、电子电路设计和印制电路板设计的电子设计自动化(Electronic Design Automation,EDA)技术也日趋完善。现代 EDA 技术的主要特征是:引入硬件描述语言,支持高层次的抽象设计,具有逻辑综合、行为综合、系统综合能力。

硬件描述语言(Hardware Description Language,HDL)是一种采用形式化方法描述数字电路和数字系统的语言。设计者利用这种语言可以摆脱传统集成电路器件的束缚,

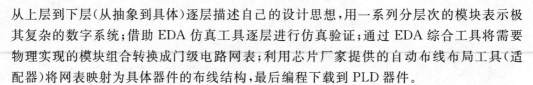

从上层到下层(从抽象到具体)逐层描述自己的设计思想,用一系列分层次的模块表示极其复杂的数字系统;借助 EDA 仿真工具逐层进行仿真验证;通过 EDA 综合工具将需要物理实现的模块组合转换成门级电路网表;利用芯片厂家提供的自动布线布局工具(适配器)将网表映射为具体器件的布线结构,最后编程下载到 PLD 器件。

从 20 世纪 80 年代至今,先后出现过数十种硬件描述语言。Verilog HDL 是目前流行的硬件描述语言之一。据有关文献报道,在美国使用 Verilog HDL 进行设计的工程师约有十几万人,全美国有 200 多所大学讲授 Verilog HDL 的设计方法。

1983 年,GDA(Gateway Design Automation)公司的 Phil Moorby 首创了面向模拟仿真的 Verilog HDL。1984 年,Moorby 设计出了第一个基于 Verilog HDL 的仿真器——Verilog-XL。1986 年,Moorby 提出了用于快速门级仿真的 XL 算法,使 Verilog HDL 得到迅速发展。1989 年 Cadence 公司收购了 GDA,Verilog HDL 成为其私有财产。1990 年 Verilog HDL 公开发表,成立 OVI(Open Verilog International)组织,负责促进该语言的发展,进而获得了 EDA 平台的支持,成为既面向模拟又面向综合的硬件描述语言。1995 年,基于该语言具有简洁、高效、易学易用、功能强等优点,电气与电子工程师协会(Institute of Electrical and Electronics Engineers,IEEE)制定了 Verilog HDL 的 IEEE 标准,即 Verilog HDL 1364-1995,并公开发表,使 Verilog HDL 成为标准化的硬件描述语言。1999 年,模拟和数字都适用的 Verilog HDL 标准公开发表。2001 年,Verilog HDL 1364-2001 标准公开发表。

3.1.2　Verilog HDL 的特点

Verilog HDL 的最大优点是:它是一种在 C 语言的基础上发展起来的、非常容易掌握的硬件描述语言,从语法结构上看,Verilog HDL 与 C 语言有许多相似之处,继承和借鉴了很多 C 语言的语法结构,二者的运算符几乎完全相同。但是作为一种硬件描述语言,Verilog HDL 与 C 语言有着本质的区别,应当在学习中认真体会。

Verilog HDL 具有以下特点。

* 既能进行面向综合的电路设计,也可用于电路的模拟仿真。
* 能够在多个层次上对所设计的系统进行描述:开关级、门级、寄存器传输级、行为级。
* 不对设计的规模施加任何限制。
* 具有混合建模能力,即在一个设计中,各个模块可在不同层次上建模和描述。
* 具有灵活多样的电路描述风格:行为描述、结构描述、数据流描述。
* 其行为描述语句(条件、赋值、循环)类似于高级语言,易学易用。
* 内置各种基本逻辑门,适合门级建模。
* 内置各种开关级元件,适合开关级建模。
* 可灵活创建用户定义原语(UDP)。
* 可通过编程语言接口(PLI)调用 C 语言编写的各种函数。

3.1.3　Verilog HDL 模块化设计理念

　　Verilog HDL 支持以模块集合的形式构造数字系统。利用层次化、结构化的设计方法,一个完整的硬件设计任务可以划分成若干个模块,每一个模块又可以划分成若干个子模块,子模块还可以进一步划分。各个模块可以是自主开发的模块,也可以是从商业渠道购买的具有知识产权的 IP 核(IP Core)。图 3-1 以设计树的形式给出了基于模块的设计思想,即自顶向下(Top-Down)的设计思想。

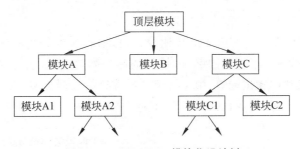

图 3-1　Verilog HDL 模块化设计树

　　从图 3-1 可以看出,模块(Module)是基于 Verilog HDL 进行系统设计的基本单元。在这个设计树上,节点对应着该层次上基本单元的功能描述,树枝对应着基本单元的结构分解。换言之,这些基本单元可以是描述某种逻辑功能的模块,也可以由下一层的基本单元互连而成。

　　本章内容面向基于 Verilog HDL 的数字电路设计基础,包括 Verilog HDL 的模块结构、基本语法知识和基本行为语句,论述可综合 Verilog HDL 模块的 3 种描述方式——门级结构描述、数据流描述和行为描述。

3.2　Verilog HDL 基础知识

　　本节介绍可综合 Verilog HDL 模块的基本结构以及其常用的基本要素,包括数字常量、标识符、关键字、数据类型和运算符。这些要素既有与软件编程语言(例如 C 语言)相同或相似之处,也有作为一种硬件描述语言所特有的地方。例如,Verilog HDL 的运算符与 C 语言的运算符基本相同,但 Verilog HDL 的数据类型则是特有的。在实际应用中,要认真体会、深入理解硬件描述语言与软件编程语言的本质区别。

3.2.1　Verilog HDL 模块结构

　　模块是 Verilog HDL 的基本单元,用于描述某个电路功能单元的设计,包括电路的功能或结构以及与外部单元通信的端口。模块的实际意义是实现硬件电路上的逻辑实体,每个模块都实现特定的功能。

　　下面通过一个具体的示例剖析 Verilog HDL 模块的基本结构。

图 3-2 是一个简单的"与或非"门电路。该门电路的输出逻辑表达式可写为

$$F=\overline{AB+CD}$$

【例 3-1】 用 Verilog HDL 对图 3-2"与-或-非"门电路进行描述。

```
module  AOI  (A, B, C, D, F);        //定义模块名为 AOI
  input  A, B, C, D;                 //定义输入端口
  output  F;                         //定义输出端口
  wire  A, B, C, D, F;               //定义端口信号的数据类型
    assign  F=~((A&B) | (C&D));      //逻辑功能描述
endmodule
```

将 Verilog HDL 程序与图 3-2 进行比较,可以对模块的结构有一个较为直观的认识。该程序的第 1 行定义了模块的名字、模块的端口列表;第 2 行定义了模块的输入端口;第 3 行定义了模块的输出端口;第 4 行定义了端口的数据类型;第 5 行是逻辑功能描述,即输入/输出信号之间的逻辑关系。Verilog HDL 模块的基本结构如图 3-3 所示。

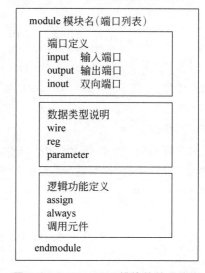

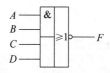

图 3-2　"与-或-非"门电路　　　　**图 3-3　Verilog HDL 模块的基本结构**

Verilog HDL 模块结构完全嵌在 module 和 endmodule 关键字之间,包括模块声明、端口定义、信号类型说明和逻辑功能定义。

1. 模块声明

模块声明包括模块名和模块的端口列表,其格式如下。

```
module  模块名 (端口名 1,端口名 2,…,端口名 n);
    …                                //模块的其他部分
endmodule                            //模块结束关键字
```

模块端口列表中端口名的排列顺序是任意的。

2. 端口定义

端口(Port)是模块与外界或其他模块进行连接、通信的信号线。因此,对端口列表中哪些端口是输入端口、哪些端口是输出端口要进行明确说明。图 3-4 是一个模块的端口的示意图。

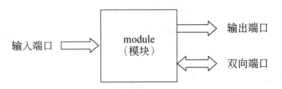

输入端口　module（模块）　输出端口　双向端口

图 3-4　模块的端口示意

在 Verilog HDL 中有 3 种端口类型:输入端口、输出端口、双向端口(既可用作输入也可用作输出)。

用 input 定义输入端口,格式如下。

input　[位宽]　端口名 1,端口名 2,…,端口名 n;

用 output 定义输出端口,格式如下。

output　[位宽]　端口名 1,端口名 2,…,端口名 n;

用 inout 定义双向端口,格式如下。

inout　[位宽]　端口名 1,端口名 2,…,端口名 n;

使用上述 3 种定义格式时应注意:
- 位宽的说明应遵循 $n:1$ 或 $n-1:0$ 的规则;
- 不同位宽的端口应分别定义;
- 位宽说明省略时,默认值为 1。

3. 数据(信号)类型说明

在模块中用到的所有信号(包括端口信号、节点信号、中间变量等)都必须进行数据类型的定义。Verilog HDL 中提供了各种信号类型,最常用的是连线型(wire)、寄存器型(reg)和定义符号常量的参数型(parameter)。下面是几个数据类型定义的实例。

```
reg  [4:1]  cout;          //定义信号 cout 的数据类型为 4 位寄存器(reg)型
wire  a,b,c;               //定义信号 a,b,c 为 1 位连线(wire)型
```

需要强调的是,输入端口和双向端口不能说明为寄存器型;端口信号的数据类型说明省略时,EDA 的综合器将其默认为 wire 型。

4. 逻辑功能定义

模块中的核心部分是逻辑功能的定义。Verilog HDL 提供了多种逻辑功能的定义

方式,其中调用逻辑门元件(元件例化)、持续赋值语句(assign)、过程块(always)这 3 种定义方式比较常用。相对应在模块设计中的 3 种描述方法为门级描述方式、数据流描述方式、行为描述方式以及以上混合描述方式。

(1) 通过调用逻辑门元件(元件例化)定义。

结构描述中的门级描述比较常用,这种逻辑功能的定义就是通过调用 Verilog HDL 提供的内置逻辑门元件,按照元件模型进行它们之间的信号连接,完成逻辑电路的结构描述。从某种意义上讲,采用这种方法可以将传统的电路原理图转换成 Verilog HDL 文本形式。例如:

```
and  myand3 (out, a, b);
```

其中,and 是 Verilog HDL 中内置"与门"元件的关键字;myand3 为模块中调用元件时定义的实例化名;(out,a,b)是信号连接表,按照元件模型的端口顺序,模块中的 out 信号连接到"与门"的输出,信号 a 和信号 b 连接到"与门"的输入。通过这条元件调用语句在模块中定义了一个两输入的与门。例如:

```
and  u3 (f, a, b, c);
```

该条元件调用语句定义了一个名为 u3 的三输入与门。

比较这两条元件调用语句不难发现,Verilog HDL 中的内置逻辑门元件是一种动态模型,其端口个数随用户的定义动态生成。这种元件动态模型可用于定义和实现任意端口数目的门元件。

(2) 用持续赋值语句(assign)定义。

assign 语句一般用在数据流描述方式中,常用来描述组合逻辑电路的功能,称为持续赋值方式。这种描述方式比较简单,只需将传统逻辑表达式通过调用 Verilog HDL 内置的逻辑运算符,将其转换成符合 Verilog HDL 规范的表达式,采用关键字 assign 将其赋值给输出,实现电路功能的定义。例如:

```
assign  F=~(A&B) | (C&D);
```

(3) 用过程块(always)定义。

上述两种逻辑功能的定义方式仍与电路结构有着某种关联,行为描述方式中采用 always 定义逻辑功能时不再关心电路结构,只描述电路的行为,即输出对某种输入的响应行为,描述在某种输入情况下产生相应的输出。硬件描述语言的重要贡献之一就是支持与逻辑电路结构无关的行为描述,将行为描述转化为具体电路结构并由 EDA 工具完成。下面是一个用 always 定义逻辑功能的实例。

【例 3-2】 用 always 过程块描述一个 4 位计数器。

```
module  counter (out, reset, clk);
  output  [4:1]  out;
  input  reset, clk;
  reg  [4:1] out;
    always @  (posedge  clk)
```

```
      begin
        if (reset)  out <=0;
        else  out <=out+1;
      end
  endmodule
```

在这个例子中,用 always 过程块定义了一个具有同步复位功能的计数器。每当 clk 的上升沿事件发生时,就执行一次 begin_end 中的行为语句。在 Verilog HDL 的 always 过程块中可以使用多种行为语句描述电路的逻辑功能,本例采用 if_else 语句描述计数器的行为,当 clk 的上升沿事件发生时,若 reset 信号为 1,计数器清零;否则进行加 1 计数。从该模块的描述中看不出任何的电路结构,只是该电路的行为。

采用 always 过程块不仅可以描述时序逻辑电路,也可以描述组合逻辑电路。

综上所述,可综合的 Verilog HDL 模块的格式如下。

```
module <模块名>(<模块端口列表>);
/ * 端口声明 * /
  output 输出端口列表;
  input 输入端口列表;
//数据类型说明
  wire   信号名;
  reg    信号名;
  parameter <标识符>=<表达式>;
//逻辑功能定义
//采用 assign 语句定义逻辑功能
  assign <信号名>=<表达式>;
//调用内置门元件
  门元件关键字 <实例名>(<信号顺序连接表>);
//用 always 过程块描述逻辑功能
  always @(<敏感信号列表>)
  begin
    //阻塞赋值语句
    //非阻塞赋值语句
    //if-else 语句
    //case 语句
    //for 循环语句
  end
endmodule
```

Verilog HDL 模块结构小结如下。

- 模块是 Verilog HDL 的基本设计单元。
- 模块可以进行层次嵌套,构成更大规模的系统。
- 一个可综合的 Verilog HDL 模块由模块声明、端口定义、数据类型定义、逻辑功能定义四部分构成。
- 模块的书写格式自由,一行可写多个语句,一个语句也可分写多行。

- 除 endmodule 外,每个语句和数据定义必须以分号结束。
- 可用/ * ⋯ * /和//⋯进行多行、单行注释,增加代码的可读性。

3.2.2　Verilog HDL 中的词法表示

1. 数字常量

Verilog HDL 模块中的信号有下列 4 种基本逻辑状态。

① 0：低电平、逻辑 0 或"假"。

② 1：高电平、逻辑 1 或"真"。

③ x 或 X：不确定或未知的逻辑状态。

④ z 或 Z：高阻状态。

Verilog HDL 中的数字常量(Number Constant)由以上 4 类基本值组成。x 和 z 不区分大小写。

在 Verilog HDL 可综合模块中,最常用的是整数型数字常量,其书写格式为

±<size>'<base_format><number>

即

±<位宽>'<进制>　<数字>

- size：数字对应的二进制数的宽度说明,默认值为 32 位。
- base_format：数字所采用的进制格式说明,默认为十进制。
- number：基于进制的数字序列。

进制格式说明有 4 种形式：二进制(用 b 或 B 说明)；十进制(用 d、D 或默认说明)；十六进制(用 h 或 H 说明)；八进制(用 o 或 O 说明)。书写时,十六进制中的 a~f 不区分大小写。

下面是合法的整数型数字常量的实例。

```
325              //十进制数
'h83ff           /*默认位宽的十六进制数。位宽大于实际位数,数的最左边是 0 或 1, */
                 /*则高位补 0*/
10'Bx1001        /* 10 位二进制数。位宽大于实际位数,数的最左边是 x 或 z, */
                 /*则高位对应补 x 或 z*/
12'O3645         //12 位八进制数
4'b1101          //4 位二进制数
5'D3             //用 5 位二进制表示十进制数 3
8'b0001_0100     //较长数,可用下画线分开,便于阅读
12'hz            //12 位高阻状态
```

以下是不正确的整数型数字常量的实例。

```
4af              //非法,十六进制必须有 'h 或 'H
b0011            //非法,进制说明时不能省略 '
```

```
3' B011          //非法,进制说明时,'和B之间不能有空格
'H17 ff          //非法,数字序列中间不能有空格
```

2. 标识符

Verilog HDL 中的标识符(Identifiers)可由字母、数字以及符号 $ 、_(下画线)组成,但标识符的第一个字符必须是字母或者下画线。另外,标识符是区分大小写的。

以下是合法标识符。

```
count
COUNT            //区分大小写,COUNT 与 count 是不同的标识符
_3fiter          //以下画线开头
Coder_3_8
```

下面的例子是不正确的标识符。

```
30sum            //不能用数字开头
err*             //不能含有*
$123             //不能用$开头
module           //关键字不能用作标识符
```

3. 关键字

关键字(Keywords)也称保留字,是 Verilog HDL 内部的专用词,用于组织语言的结构,全部采用小写形式。用户不能随意使用关键字,Verilog HDL 模块中的模块名、端口名、变量名以及节点信号名不能与其相同。下面列出可综合 Verilog HDL 模块中的部分关键字(IEEE Std 1364-1995)。关于全部关键字及 Verilog-2001 中新增关键字,请查阅有关资料。

always	and	assign	begin	buf
bufif0	bufif1	case	casex	casez
dcfault	else	end	endcase	endfunction
endmodule	endtask	for	function	if
inout	input	integer	module	nand
negedge	nor	not	notif0	notif1
oroutput	parameter	posedge	reg	task
wire	xnor	xor		

3.2.3　Verilog HDL 的数据类型

数据类型(Data Type)也称变量类型。在 Verilog HDL 中,数据类型用来表示数字电路中的物理连线、数据存储和数据传送等物理量。

Verilog HDL 中共有 19 种数据类型,分为连线型(Net Type)和寄存器型(Register Type)两类。本节着重介绍其中的 wire 型、reg 型和 parameter 型。

1. 连线型数据

连线型数据用来描述数字电路中的各种物理连接,其特点是没有状态保持能力,输出值随着输入值的变化而变化、消失而消失。因此,必须对网络型数据进行连续的驱动。有两种驱动连线型数据的方式,一种方式是在结构描述中将其连接到逻辑门的输出端或其他模块的输出端;另一种方式是用 assign 语句进行赋值。当连线型数据没有获得驱动时,它的取值为 z。

Verilog HDL 中的连线型数据包括 wire 型、tri 型、wor 型、trior 型、wand 型、triand 型、tri1 型、tri0 型、trireg 型、vectored 型、large 型、medium 型、scalared 型、small 型。其中,在可综合模块中最常用的是 wire 型,下面重点介绍。

wire 型数据(变量)常用来表示用 assign 语句赋值的组合逻辑信号。Verilog HDL 模块输入/输出端口的信号类型说明默认时,自动定义为 wire 型。wire 型变量可以用作任何表达时的输入,也可用作 assign 语句、元件调用语句和模块调用语句的输出。wire 型变量的取值可为 0、1、X、Z。wire 型数据的定义格式如下:

```
wire <[位宽]>数据名 1,数据名 2,…,数据名 n;
```

其中,wire 是关键字;位宽遵循[n:1]或[$n-1$:0]规则进行说明时,可定义多位的 wire 型向量;位宽说明默认时,默认定义 1 位的 wire 型变量(标量)。另外,不同位宽的 wire 型数据也必须分别定义。

下面是 wire 型数据定义实例。

```
wire a,b;                 //定义两个 1 位 wire 型变量 a 和 b
wire [7:0] data;          //定义一个 8 位 wire 型向量 data
wire [16:1] adder,buff;   //定义两个 16 位 wire 型向量
```

如下的 wire 型数据定义是非法的。

```
wire [4:1]a,[2:1]b;       //不同位宽应分别定义
wire d[8:0];              //定义的格式错误
```

在使用 wire 型向量时,可以全选或域选。
例如:

```
wire [7:0] out,in;        //定义两个 8 位向量
assign out=in;            //全选,按位对应赋值
assign out[7:4]=in[3:0];  //域选,将 in 的低 4 位赋值给 out 的高 4 位
```

再如:

```
wire [8:1] f;
wire [3:0] x;
assign f[5:2]=x;          //f 域选,x 全选。将 x 赋值给 f 的 5 到 2 位
```

此时,连续赋值语句的赋值操作等效于

```
assign f[5]=x[3];
assign f[4]=x[2];
assign f[3]=x[1];
assign f[2]=x[0];
```

2. 寄存器型数据

寄存器型数据是物理电路中数据存储单元的抽象,对应着数字电路中具有状态保持作用的元件,例如触发器、寄存器等。寄存器型数据与 wire 型数据有着本质的区别,它的特点是:具有记忆功能,必须明确赋值才能改变其状态,否则一直保持上一次的赋值状态。在设计中,寄存器型变量只能在过程块(例如 always)中,通过过程赋值语句进行赋值。换言之,在过程块(如 always)内被赋值的每一个信号,都必须在数据类型说明时定义成寄存器型。

在 Verilog HDL 中有 5 种寄存器型数据,它们是 reg 型、integer 型、parameter 型、real 型和 time 型。可综合模块中使用的是 integer 型、reg 型和 parameter 型。

integer 型数据是一种纯数学的抽象描述,虽然能定义带符号的 32 位整型数据,但不对应任何具体的硬件电路,常用作 for 循环语句中的循环变量,其定义格式如下:

integer 变量名 1,变量名 2,…,变量名 n;

reg 型数据通常用作在 always 过程块中被赋值的信号,其定义格式如下:

reg <[位宽]>数据名 1,数据名 2,…,数据名 n;

其中,reg 是关键字;位宽遵循$[n:1]$或$[n-1:0]$规则进行说明时,可定义多位的 reg 型向量;位宽说明默认时,默认定义 1 位的 reg 型变量(标量)。同样,不同位宽的 reg 型数据也必须分别定义。

在使用 reg 型数据时,可以域选或全选。下面是 reg 型数据定义及使用举例。

```
     ⋮
wire  f, y;              //定义两个 1 位 wire 型变量
reg  a, b;              //定义两个 1 位 reg 型变量
reg  [4:1]  c;          //定义一个 4 位 reg 型向量
reg  [7:0]  out;        //定义一个 8 位 reg 型向量
assign  f=a;            //a 值赋给 f,保持对 f 的驱动
assign  y=c[4];         //reg 型向量的某位对 wire 型的 y 保持驱动
always  @(posedge clk)
begin
a<=b;
c<=out[7:4];            //域选赋值
c<=c+a;                //全选运算赋值
end
     ⋮
```

下面对 reg 型变量的赋值是错误的。

```
reg a,b;
assign a=b;                            //错误,assign 语句只能对 wire 型变量赋值
```

parameter 型数据是一种符号常量。在 Verilog HDL 中,常用 parameter 定义标识符常量,进行模块的参数化设计,便于代码的修改,定义格式如下:

parameter　参数名 1=表达式 1,…,参数名 n=表达式 n;

例如:

```
//定义参数 sel 代表十进制数 5;参数 size 代表 8 位十六进制数 3a
parameter sel=5,size=8'H3a;
//参数由表达式确定
parameter data=8,adder=data * 2;
```

3.2.4　Verilog HDL 的运算符

Verilog HDL 提供了丰富的运算符(Operators),按功能分成 9 大类,包括算术运算符、逻辑运算符、位运算符、关系运算符、等式运算符、归约运算符、移位运算符、条件运算符以及拼接运算符。如果按运算符所带操作数的个数区分,则可分为以下 3 类:

- 单目运算符(unary operator):处理一个操作数。
- 双目运算符(binary operator):处理两个操作数。
- 三目运算符(ternary operator):处理三个操作数。

学习 Verilog HDL 的运算符应注意它们与传统逻辑代数中与、或、非运算符含义的不同。

1. 算术运算符

常用的算术运算符(Arithmetic Operators)包括

＋	加
一	减
＊	乘
/	除
％	模运算符

以上的算术运算符都是双目运算符。前 4 个分别表示常用的加、减、乘、除四则运算,％是求模运算符,或称求余运算符,例如 8％4 的值为 0,13％6 的值为 1。在进行整数除法运算时,结果略去小数。取模运算时,结果符号与第一个操作数的符号相同。当两个操作数中有一个包含 x 时,结果就为 x。

2. 逻辑运算符

常用的逻辑运算符(Logical Operators)包括

&& 逻辑与,双目运算

‖ 逻辑或,双目运算

! 逻辑非,单目运算

当进行逻辑运算时:

- 若操作数是一位的,则逻辑运算真值表如表 3-1 所示;

表 3-1 逻辑运算符真值表

a	b	a&&b	a‖b	!a	!b
0	0	0	0	1	1
0	1	0	1	1	0
1	0	0	1	0	1
1	1	1	1	0	0

- 如果操作数由多位组成,则将操作数作为一个整体处理,即如操作数所有位都是 0,则整体作为逻辑 0;如果操作数其中任一位是 1,则整体作为逻辑 1;
- 若操作数中含有 x,整体作为 x,则结果为 x。

例如:设 a=2,b=0,c=4'hx。

a && b   逻辑与,即 1 && 0,结果为 1'b0

a‖b   逻辑或,即 1‖0,结果为 1'b1

!a   逻辑非,即 !1,结果为 1'b0

a && c   逻辑与,即 1 && x,结果为 1'bx

a‖c   逻辑或,即 1‖x,结果为 1'b1

!c   逻辑非,即 !x,结果为 1'bx

从上述各例可以看出,逻辑运算的结果是 1 位二进制状态。

3. 位运算符

位运算是指将两个操作数按对应位分别进行逻辑运算。位运算符(Bitwise Operators)包括

～   按位非(按位取反),单目运算

&   按位与

| 按位或

^   按位异或

^～,～^ 按位异或非(按位同或)

使用位运算符时应注意:

- 将操作数按位对应,进行逻辑运算;
- 两个不同长度的数据进行位运算时,按右端对齐,位数少的在高位补 0;
- 注意 x 对运算结果的影响。

位运算符应用举例如下,若 A=5'B11001,B=5'b101x1,则

$$\sim A = 5'b00110$$
$$A \& B = 5'b10001$$
$$A | B = 5'b111x1$$
$$A \wedge B = 5'b011x0$$

4. 关系运算符

常用的关系运算符(Relational Operators)包括

<	小于
<=	小于或等于
>	大于
>=	大于或等于

关系运算符用来比较两个操作数的大小关系,运算结果是 1 位的逻辑状态。如果比较关系成立,则返回逻辑 1;否则返回逻辑 0。如果两个操作数中有一个含有 x,则返回值是 x。

例如,A=2,B=5,D=4'hx。

则 A<B 　　返回逻辑"1"

　A>B 　　返回逻辑"0"

　B<=D 　　返回值是 x

5. 等式运算符

常用的等式运算符(Equality Operators)包括

==	等于
!=	不等于
===	全等
!==	不全等

均为双目运算,运算的结果是 1 位的逻辑值。

应注意相等运算符(==)和全等运算符(===)的区别。对于相等运算符,当两个操作数逐位相等,返回逻辑 1;否则返回逻辑 0;若任何一个操作数中某位是 x 或 z,则返回 x。而对于全等运算符,对操作数中的 x 和 z 也进行逐位比较,全一致时,返回逻辑 1;否则返回逻辑 0。

例如,a=5'b11x01,c=5'b11x01,则

a==c 　　得到的结果是 x

a===c 　　得到的结果是 1

6. 归约运算符

归约运算符(Reduction Operators)又称缩位运算符或缩减运算符,是单目运算符。

　& 　　　归约与

~&　　　　归约与非

|　　　　　归约或

~|　　　　归约或非

^　　　　　归约异或

~^,^~　　归约异或非(归约同或)

归约运算符可以将一个向量缩减为一个标量,即运算结果是 1 位的二进制逻辑值。归约运算的过程是:先将操作数的第 1 位与第 2 位进行归约运算,运算结果再与第 3 位进行归约运算,依此类推,直到最高位。

例如:

```
reg [3:0] a;
 ⋮
b=& a;      //等效于b=(((a[0] & a[1]) & a[2]) & a[3])
 ⋮
```

再如:

若 A＝5'b11001,则

&A　　　　归约运算结果是 0,即只有各位均为 1,结果才为 1。

|A　　　　归约运算结果是 1,即只有各位均为 0,结果才为 0。

^A　　　　归约运算结果是 1,即操作数中有奇数个 1,结果为 1。

7. 移位运算符

>>　　　逻辑右移

<<　　　逻辑左移

移位运算符(Shift Operators)是双目运算符,功能是将运算符左边的操作数左移或右移运算符右边的操作数指定的位数,移出的空位补 0,即

$$A>>n \quad 或 \quad A<<n$$

例如:

若 A＝6'b110010,则

A>>2 的结果是 6'b001100

A<<2 的结果是 6'b001000

8. 条件运算符

?:

条件运算符(Conditional Operators)是三目运算符,需要 3 个操作数,其应用方式为

```
signal=condition ?true-expression: false-expression;
```

即

信号=条件 ?表达式 1 :表达式 2 ;

当条件成立时,信号取表达式 1 的值,反之取表达式 2 的值。

条件运算符应用举例如下。

```
module  add-subtract (a, b, op, result);
  parameter  ADD=1'b0;            //定义字符常量
  input  [3:0]  a, b;            //定义 a、b 为 4 位输入向量
  input    op;                   //定义 op 为 1 位输入变量
  output  [3:0]  result;         //定义 result 为 4 位输出向量
    assign  result=(op==ADD)  ?  a+b : a-b;
endmodule
```

当输入控制信号 op 的状态与标识符常量 ADD 相同时,做 a 加 b 操作;否则做 a 减 b 操作。

9. 拼接运算符

拼接运算符(Concatenation Operators)可以将两个或多个信号的某些位拼接起来,构成拼接向量。

其用法如下。

{ 信号 1 的某几位,信号 2 的某几位,…,信号 n 的某几位 }

例如,若 a=1'b1,b=2'b00,c=6'b101001,则

{a, b}	产生一个 3 位数 3'b100
{c[5:3],a}	产生一个 4 位数 4'b1011

拼接运算符可以嵌套使用,进行常量或变量的复制以及简化书写。

例如:

{3{a,b}}等同于{{a,b},{a,b},{a,b}},也等同于{a,b,a,b,a,b}。

在 Verilog HDL 程序中,常将相关的信号拼接在一起使用,便于书写代码。

例如,描述加法运算时,将和的输出(sum)与进位输出(cout)拼接在一起赋值,简化了中间变量的使用。

```
module  add (ina, inb, cin, sum, cout);
  output  [3:0]  sum;
  output  cout;
  input  [3:0]  ina, inb;
  input  cin;
    assign  { cout, sum }=ina+inb+cin;
endmodule
```

10. 运算符的优先级

以上运算符的优先级顺序见表 3-2。需要指出的是,不同的 EDA 开发工具对运算符优先级的规定略有不同,应养成用括号()控制优先级的习惯,以适应 EDA 平台,并增加

程序的可读性。

表 3-2 运算符的优先级

运　算　符	优　先　级
！ ～ ＊ ／ ％ ＋－ ≪ ≫ ＜ ＜＝ ＞ ＞＝ ＝＝ ！＝ ＝＝＝ ！＝＝ ＆ ～＆ ＾ ＾～ ｜ ～｜ ＆＆ ｜｜ ？：	高 ↓ 低

3.3 Verilog HDL 模块的 3 种建模方式

Verilog HDL 的描述风格分为结构描述、数据流描述、行为描述以及混合描述。下面以图 3-5 所示的二选一选择电路为例,介绍 Verilog HDL 的 3 种建模方式,引出不同的建模方法以及各自的特点和应用。

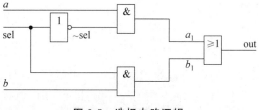

图 3-5 选择电路逻辑

图 3-5 所示电路实现的功能是:当 $sel=0$ 时,$out=a$;当 $sel=1$ 时,$out=b$。通过对这个电路的分析,依次引入 Verilog HDL 的 3 种建模方式。

1. 根据电路结构建模

```
module MUX_1(out, a, b, sel);
output  out;
input   a, b, sel;
wire    a, b, sel, out;        //输入与输出是 wire 型,可以默认
wire    a1, b1, sel_;
not  u1(sel_,sel);
and  u2(a1,a,sel_);
```

```
and   u3(b1,b,sel);
or    u4(out,a1,b1);
endmodule
```

基于电路结构的建模方式是逻辑电路原理图的文本描述方法,即将传统的电路设计直接转换成 Verilog HDL 代码,其只是电路结构的另一种书写方法。

2. 根据逻辑表达式建模

```
module MUX_2(out, a, b, sel);
output  out;
input   a, b, sel;
wire    a, b, sel, out;
assign  out=((~sel) & a) | (sel & b);
endmodule
```

基于逻辑表达式的建模方式采用逻辑表达式表示逻辑电路的输入与输出之间的逻辑关系,利用持续赋值语句对表达式进行赋值,其优点是可以根据输入与输出的表达式直接设计,不必关注门电路结构。

3. 根据电路行为建模

```
module MUX_3(out, a, b, sel);
output  out;
input   a,b,sel;
wire   a, b, sel;
reg    out;
always  @(sel or a or b)
if (! sel) out=a;
else   out=b;
endmodule
```

这种基于电路因果关系的电路行为建模方式利用赋值、条件、循环等语句对电路行为进行描述,如上例中,当信号 sel、a、b 中有一个发生变化时,就执行 always 过程块内的条件判断语句和赋值语句,以完成电路功能设计。其优势在于,设计中更关注抽象的电路行为描述,无须关注电路的内部结构,也无须了解电路的逻辑关系,它更接近高级语言的设计模式。

总之,对于任何逻辑命题,只要分析出输出与输入之间的因果关系,就可以采用 Verilog HDL 加以建模,像 C 语言等高级编程语言一样编程,实现数字电路的设计,相对于烦琐的传统电路设计方法,它更容易掌握和运用。

下面介绍这 3 种描述方式的特点、应用和建模方法。

3.3.1   Verilog HDL 模块的结构描述方式

1. 结构描述的概念

Verilog HDL 结构描述是对用代码书写的电路结构的建模方法,即通过调用逻辑元件描述电路组成中所包含的逻辑元件之间的连接,建立逻辑电路的模型。可以狭义地理解为将"逻辑电路图"转化为 Verilog HDL 描述。这里的逻辑元件包括 Verilog HDL 内置门级元件、内置开关级元件、自主开发的已有模块或商业 IP 模块。结构描述的核心是逻辑元件的模型及其调用方法。

本书重点讨论基于 Verilog HDL 内置门级元件的建模方法,并在有关章节中结合设计实例介绍基于模块的建模技术。关于其他结构建模方法,请参考有关资料。

2. Verilog HDL 内置门级元件

Verilog HDL 提供了 14 个内置门级元件,见表 3-3。

表 3-3 Verilog HDL 内置门元件

元 件 类 别	关 键 字	门元件名称
多输入门	and	与门
	nand	与非门
	or	或门
	nor	或非门
	xor	异或门
	xnor	异或非门(同或门)
多输出门	buf	缓冲器
	not	非门
三态门	bufif1	高使能三态门
	bufif0	低使能三态门
	notif1	高使能三态非门
	notif0	低使能三态非门
电阻	pullup	上拉电阻
	pulldown	下拉电阻

与传统的具有固定输入/输出数量的逻辑门器件不同,Verilog HDL 中的内置门级元件是一种动态模型,可以根据用户调用时的输入/输出列表动态生成相应的电路结构。

Verilog HDL 多输入门是一种具有多个输入、只有一个输出的动态元件,其元件模型为

<门级元件名>   (<输出>, <输入 1>, <输入 2>, …, <输入 n>)

Verilog HDL 多输出门是一种只有一个输入、具有多个输出的动态元件,其元件模型为

<门级元件名>   (<输出 1>, <输出 2>, …, <输出 n>, <输入>)

Verilog HDL 中 4 种三态门的元件模型为

<元件名>　　(<数据输出>,<数据输入>,<控制输入>)

三态门元件带有使能控制输入端,当使能有效时,按正常逻辑产生输出;当使能无效时,数据输出端为高阻状态。

对于高电平使能缓冲器 bufif1,若控制输入为 1,则输入数据被传送到数据输出端;若控制输入为 0,则数据输出端处于高阻状态 z。

对于低电平使能缓冲器 bufif0,若控制输入为 0,则输入数据被传送到数据输出端;若控制输入为 1,则数据输出端处于高阻状态 z。

对于高电平使能非门 notif1,若控制输入为 1,则数据输出端的逻辑状态是输入的"逻辑非";若控制输入为 0,则数据输出端处于高阻状态 z。

对于低电平使能非门 notif0,若控制输入为 0,则数据输出端的逻辑状态是输入的"逻辑非";若控制输入为 1,则数据输出端处于高阻状态 z。

3. Verilog HDL 内置基本门元件的调用

Verilog HDL 模块是通过"模块实例语句"调用内置门级元件的。模块实例语句的语法格式如下:

<门级元件名 >　　<实例名 >　　(端口连接表);

其中,"门级元件名"是被调用门级元件的关键字;"实例名"是该元件在本模块中的例化名;"端口连接表"是本模块中的信号与元件模型信号相对应的顺序连接表。

下面是多输入门调用示例。

```
and  A1 (out1, in1, in2);        // 生成名为 A1 的两输入与门,out1 连接到与门的输出
or  F2 (a, b, c, d);             // 生成名为 F2 的三输入或门,a 连接到或门的输出
xor  X1 (out, p1, p2);           // 生成名为 X1 的两输入异或门,out 连接到异或门的输出
```

下面是多输出门调用示例。

```
not  N1  (out1,out2,in);         // 生成非门,输出连到 out1 和 out2
buf  B2  (y1,y2,y3,in);          // 生成缓冲器,输出连到 y1、y2 和 y3
```

下面是三态门的调用示例。

```
bufif1  F1 (out, in, en);        //生成三态缓冲器,高有效使能连到 en,输出连到 out
notif0  F2 (s1, din, ctrl);      //低有效三态非门,使能连到 ctrl,输出连到 s1
```

当对同一个基本门级元件进行多次调用时,可采用如下可选的元件实例语句格式。

<门级元件名>　　<实例名 1>　　(端口连接表 1),
　　　　　　　　<实例名 2>　　(端口连接表 2),
　　　　　　　　　　　　⋮
　　　　　　　　<实例名 n>　　(端口连接表 n);

【例 3-3】　基本门元件的多次调用。

```
module  ddd (…);
    …
    and  A1 (out1, a, b),
         A2 (out2, a, c, d),
         A3 (out3, e, f);
endmodule
```

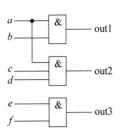

图 3-6　例 3-3 对应的电路结构

其描述的电路结构如图 3-6 所示。

4. Verilog HDL 门级描述模型

门级结构描述是指利用 Verilog HDL 内置的基本门级元件以及它们之间的连接构筑逻辑电路的模型。图 3-7 是 Verilog HDL 结构描述设计模型的格式。

```
module 模块名(端口列表);
    // 端口定义
      input   输入端口;
      output  输出端口;

    // 数据类型说明
      wire  变量1,…,变量m;

    // 门级建模描述
      and    u1 (输出, 输入1,…,输入n)
      not    u2 (输出1,…,输出n, 输入)
      bufif1 u3 (输出, 输入, 控制)
      ⋮
endmodule
```

图 3-7　门级描述模型

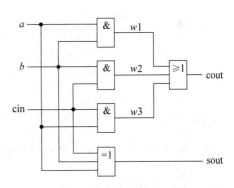

图 3-8　全加器电路原理图

【例 3-4】　对图 3-8 全加器电路进行 Verilog HDL 门级建模。

```
//图 3-8 逻辑电路的门级建模
 module  full_adder (cout, sout, a, b, cin);
  output   cout, sout;
  input     a, b, cin;
  wire     w1, w2, w3;  // 定义内部节点(连线)
//元件实例语句,注意连接表的构成
    and  A1 (w1, a, b),
         A2 (w2, b, cin),
         A3 (w3, a, cin);
    or   O1 (cout, w1, w2, w3);
    xor  X1 (sout, a, b, cin);
endmodule
```

由例 3-4 可以看出,门级建模描述的是电路结构,可将一些成熟的组合逻辑电路由原理图形式转换为 Verilog HDL 描述。门级建模程序不能直接反映电路功能,仍需要依赖传统逻辑电路的分析方法加以分析,因此不是基于 Verilog HDL 实现逻辑电路设计的主流方法。但门级建模在电路设计中的重要作用之一在于该模型形式是实现自顶向下模块化设计的模块调用基础,具体方法可以参考相关参考资料,本书不再赘述。

3.3.2　Verilog HDL 模块的数据流描述方式

1. 数据流描述的概念

根据信号(变量)之间的逻辑关系,采用持续赋值语句描述逻辑电路的方式称为数据流描述。可狭义地理解为将传统意义上的"逻辑表达式"运用 Verilog HDL 中的运算符改变成持续赋值语句(assign 语句)中的表达式。

例如,由图 3-8 全加器的原理图可写出 cout 和 sum 的逻辑表达式为

$$cout = a \cdot b + a \cdot cin + b \cdot cin$$
$$sum = a \oplus b \oplus cin$$

```
//Verilog HDL 数据流描述
module  full_adder (cout, sout, a, b, cin);
  output   cout, sout;
  input   a, b, cin;
    assign  cout=(a&b) | (a&cin) | (b&cin);    //Verilog HDL 表达式
    assign  sum=a^b^cin;                //Verilog HDL 表达式
endmodule
```

由此可以看出,如果能够得到某电路的逻辑表达式,便可以采用数据流描述方式建模。

2. Verilog HDL 的数据流描述模型

图 3-9 给出了 Verilog HDL 数据流描述的设计模型书写格式。其中,逻辑功能定义采用持续赋值语句(assign)。持续赋值语句是并发执行的,也就是说,每条持续赋值语句对应着独立的逻辑电路,它们的执行顺序与其在描述中的顺序是无关的。

持续赋值语句的语法格式如下:

　　assign　连线型变量名　＝　赋值表达式;

其中,assign 是关键字;连线型变量名一般用 wire 定义;赋值表达式应为 Verilog HDL 的合法表达式。

由于 wire 型变量没有数据保持能力,只有被连续驱动后才能取得确定值(而寄存器型

```
module 模块名(端口列表);

 ┌─────────────────────────┐
 │ 端口定义                 │
 │ input   输入端口         │
 │ output  输出端口         │
 └─────────────────────────┘

 ┌─────────────────────────┐
 │ 数据类型说明             │
 │ wire                     │
 └─────────────────────────┘

 ┌─────────────────────────┐
 │ 逻辑功能定义             │
 │ assign <逻辑表达式 1>;   │
 │   ⋮                      │
 │ assign <逻辑表达式 n>;   │
 └─────────────────────────┘

endmodule
```

图 3-9　数据流描述模型

变量只要在某一时刻得到过一次过程赋值就能一直保持该值,直到下一次过程赋值)。若一个连线型变量没有得到任何连续驱动,则它的取值将是不定态 x。assign 持续赋值语句就是实现对连线型变量进行连续驱动的一种方法。

进一步讲,assign 持续赋值语句对 wire 型变量赋值后,始终监视赋值表达式中的每一个操作数,只要赋值表达式中任一操作数发生变化,就立即对 wire 型变量进行更新操作,以保持对 wire 型变量的连续驱动,这体现了组合逻辑电路的特征——任何输入的变化会立即影响输出。所以,可以根据组合电路的逻辑表达式用 assign 持续赋值语句进行描述。

实际应用中,持续赋值语句的赋值目标可以是以下几种。

(1) 变量(标量)。

```
wire  a, b;
assign  a=b;
```

(2) 向量。

```
wire  [7:0]  a, b;
assign  a=b;
```

(3) 向量中某一位。

```
wire  [7:0]  a, b;
assign  a[3]=b[3];
```

(4) 向量中某几位。

```
wire  [7:0]  a, b;
assign  a[3:2]=b[3:2];
```

(5) 拼接向量。

```
wire  a, b;
wire  [2:1]  c;
assign  {a, b}=c;
```

3. Verilog HDL 的数据流描述设计举例

【例 3-5】 用 Verilog HDL 数据流描述方式描述下列表达式的逻辑功能。

$$F = AB + \overline{CD}$$

```
module  ff_1 (A, B, C, D, F);
  input  A, B, C, D;
  output  F;
  wire  w1, w2;                    //定义中间信号(变量)
    assign  w1=A&B;
    assign  w2=~ (C&D);
    assign  F=w1 | w2;
```

```
endmodule
```

【例 3-6】 用 Verilog HDL 数据流描述方式设计一个 8 位乘法器。

```
module  cheng_8 (a, b, res);
  parameter  size=8;              //定义标识符常量,提高代码的可读性
  input    [size : 1]  a, b;      //定义乘数位宽
  output  [2 * size : 1]  res;    //定义乘积位宽
    assign  res=a * b;            //用算术运算符描述
endmodule
```

【例 3-7】 用 Verilog HDL 数据流描述方式设计一个 8 位数据奇偶校验信号发生器。

```
module  parity (d, odd_bit, even_bit);
  input    [7:0] d;               //定义 8 位输入
  output  odd_bit, even_bit;      //定义奇偶校验位输出
    assign  even_bit=^d;          //归约运算,输出偶校验位
    assign  odd_bit=~even_bit;    //输出奇校验位
endmodule
```

3.3.3　Verilog HDL 模块的行为描述方式

1. 行为描述的概念

　　逻辑电路的结构描述侧重于表示一个电路由哪些基本元件组成,以及这些基本元件的相互连接关系;逻辑电路的数据流描述侧重于逻辑表达式以及 Verilog HDL 中运算符的灵活运用;而逻辑电路的行为描述关注逻辑电路输入/输出的因果关系(行为特性),即在何种输入条件下产生何种输出(操作),并不关心电路的内部结构。EDA 的综合工具能自动将行为描述转换成电路结构,形成网表文件。当电路的规模较大或时序关系较复杂时,通常采用行为描述方式进行设计。

　　支持电路的行为描述是硬件描述语言的最大优势,使基于 EDA 的现代数字系统设计方法发生了革命性变化。设计人员可以摆脱传统的逻辑器件的限制,设计出各式各样、具有特色和个性的功能模块(自己的器件),进而构成系统。

2. Verilog HDL 的行为描述模型

　　图 3-10 是可综合 Verilog HDL 模块行为描述的基本设计模型。

　　由设计模型可以看出,行为描述就是在 always 过程块中采用各种行为语句描述逻辑功能。特别应当注意:在 always 过程块中被赋值的所有信号(变量)都必须在数据类型说明时定义为寄存器型(通常为 reg 型或 integer 型)。

　　(1) always 过程块。

　　always 过程块的应用模板为

```
always  @  (<敏感信号表达式>  )
  begin
    //过程赋值语句
    //if-else, case, casex, casez 选择语句
    //for 循环语句
  end
```

module　模块名　（端口列表）；

```
//端口定义
input    输入端口;
output   输出端口;
```

```
//数据类型说明
  reg   变量1,…,变量m;
 parameter   标识符常量1=常量表达式1,…, 标识符常量n=常量表达式n;
```
```
//逻辑功能定义
always @   （ 敏感事件列表 ）
begin
阻塞、非阻塞、if-else、case、for等行为语句;
end
```

endmodule

图 3-10　行为描述设计模型

一般情况下，always 进程带有触发条件，@是事件监测符，监测触发条件，触发条件列在敏感信号表达式中，当触发条件满足时，才会执行进程中的语句块。

在一个 Verilog HDL 模块中可以有多个 always 进程，它们是并发执行的。

always 过程块的功能是：监视敏感信号表达式，当该表达式中任意一个信号（变量）的值改变时，就会执行一遍块内语句。因此，应将所有影响块内取值的信号（变量）列入。当有多个敏感信号时，用 or 或“，”连接。敏感信号表达式又称敏感事件列表。

例如：

```
@  ( a )                          //当信号 a 的值发生改变时
@  (a  or  b)                     //当信号 a 或信号 b 的值发生改变时
@  (a,b,c)                        //当信号 a 或信号 b 或信号 c 的值发生改变时
```

这里的 a，b，c 称为电平敏感型信号，代表的触发事件是信号除了保持稳定状态以外的任意一种变化过程。这种电平敏感型信号列表常用在组合逻辑的描述中，以体现输入随时影响输出的组合逻辑特性。

再如：

```
@(posedge  clock)                //当 clock 的上升沿到来时
@(negedge  clock)                //当 clock 的下降沿到来时
@(posedge  clock  or  negedge  reset)
                                 //当 clock 的上升沿到来或当 reset 的下降沿到来时
```

这里的 clock 和 reset 信号称为边沿敏感型信号,利用关键字 posedge 与 negedge 定义,posedge 描述对信号的上升沿敏感;negedge 描述对信号的下降沿敏感。显然,这种边沿敏感型信号列表适合描述同步时序电路,用于描述同步时序电路的特点——在统一时钟作用下改变电路的状态。

posedge 代表的触发事件是信号发生了正跳变,即 $0{\rightarrow}x, 0{\rightarrow}z, 0{\rightarrow}1, x{\rightarrow}1, z{\rightarrow}1$。

negedge 代表的触发事件是信号发生了负跳变,即 $1{\rightarrow}x, 1{\rightarrow}z, 1{\rightarrow}0, x{\rightarrow}0, z{\rightarrow}0$。

在每一个 always 过程块中,最好只使用一种类型的敏感信号列表,不要混合使用,以避免使用不同的综合工具时发生错误。

(2) begin_end 串行块。

由关键字 begin_end 界定的一组语句称为串行块。当 Verilog HDL 的行为描述中有一条以上行为语句时,必须采用 begin_end 进程块封装,界定执行的起点和终点,begin_end 定义了串行块结构,即

```
begin
    行为语句 1;
    行为语句 2;
      ⋮
end
```

串行块有如下特点:
- 块内语句是顺序执行的,前面一条语句执行毕后才开始执行下一条语句;
- 串行块运行时,块内第一条语句即开始执行,直到最后一条执行完毕,串行块结束;
- 整个串行块的执行时间等于块内各条语句执行时间的总和。

例如:

```
begin
  regb=rega;                    //语句 1
  regc=regb;                    //语句 2
end
```

由于 begin-end 中的语句被顺序执行,先执行语句 1,再执行语句 2,因此当串行块结束时,regb 和 regc 都被更新为 rega 的值。

(3) 用 always 过程块描述组合逻辑功能。

采用 always 过程块既可以描述组合逻辑,也可以描述时序逻辑,但其描述规则有着本质的区别。

组合逻辑电路的特点是输入信号的变化随时影响输出,或者说输出随时跟随输入变化,当输入消失时,输出也立即消失。always 过程块描述组合逻辑功能,其敏感事件列表

所列出的所有输入事件只要有一个发生,便立即对输出进行更新。因此,用 always 过程块描述组合逻辑时应遵循以下规则:

- 敏感事件表达式中不包含 posedge 和 negedge 关键词,是电平敏感的;
- 组合逻辑的所有输入信号(变量)都要列入敏感事件列表;
- always 过程块中被赋值的所有信号都必须在数据类型说明时定义成 reg 型;
- always 过程块建议采用阻塞赋值语句对变量赋值。

例如:

```
…
reg  f;                         // 被赋值信号定义为 reg 型
  always @  (a  or  b)          //所有影响输出的输入信号都要列入
  f=~(a&b);                     //用阻塞赋值语句更新 f
…
```

(4) 用 always 过程块描述时序逻辑功能。

时序逻辑的特点是电路的输出不仅和当前输入有关,还与电路上一次的状态有关,电路状态的改变是在时钟信号的作用下完成的。always 过程块监视同步信号的有效沿,只有当同步信号的有效沿到来时才执行一遍块内语句。因此,用 always 过程块描述组合逻辑时应遵循以下规则:

- 在敏感表达式中用 posedge 或 negedge 关键词描述同步信号的有效沿;
- 敏感事件列表只列出同步信号的有效沿,因为同步时序逻辑电路中状态的改变只发生在某个或某几个同步信号的有效沿,其他情况下状态保持不变;
- always 过程块中被赋值的所有信号都必须在数据类型说明时定义成 reg 型;
- always 过程块建议采用非阻塞赋值语句对变量赋值。

例如:

```
…
reg  out;                       //被赋值信号定义为 reg 型
  always @ (posedge  clk)       //监视 clk 上升沿,信号 a 无须列入
    out <=a +1;                 //clk 上升沿到来时进行的操作,用非阻塞赋值
…
```

在 Verilog HDL 的行为描述中,敏感事件发生后,电路行为的改变是执行过程块中一条或多条行为语句的结果。在可综合模块中常用的行为语句有:过程赋值语句、if-else 条件语句、case 分支控制语句和 for 循环语句。下面分别予以介绍。

3. Verilog HDL 行为语句——过程赋值语句

Verilog HDL 的过程赋值语句必须放在 always 过程块中,用来对寄存器型变量赋值,分为阻塞(blocking)型赋值语句和非阻塞(non_blocking)型赋值语句,其基本格式为

<被赋值变量><赋值操作符><赋值表达式>

其中,被赋值变量通常是 reg 型或 integer 型,可以是变量的某一位或某几位,也可以是用

拼接符{ }拼接起来的寄存器向量。若赋值操作符采用＝,则称为阻塞赋值;若赋值操作符采用＜＝,则称为非阻塞赋值。赋值表达式指符合 Verilog HDL 规范的任意表达式。

例如:过程赋值语句的目标变量形式如下。

```
...
  reg  a;
  reg  [3：1]  c;
  reg  [6：0]  b;
  integer  i;
    always  @  (敏感事件列表)
      begin
       a=0;                     // reg 型标量
       c=3'O7;                  // reg 型向量
       i=356;                   // integer 型
       b[2]=1'b1;               // 向量的某一位,位域赋值
       b[3：0]=4'b1111;          // 向量的某几位,选择域赋值
       {a, b}=8'b1011_0110;     // 拼接向量
      end
...
```

(1) 阻塞赋值语句。

阻塞赋值在该语句结束时立即完成对被赋值变量的赋值操作。阻塞赋值语句的语法格式为

<被赋值变量 >　＝<赋值表达式 >

begin-end 串行块内各条阻塞型过程赋值语句按顺序依次执行,下一条语句的执行被阻塞,等本条语句的赋值操作完成后才开始执行。阻塞型过程赋值语句的执行过程可以理解为:计算"赋值表达式"的值后立即赋值给＝左边的"被赋值变量"。

【例 3-8】 阻塞赋值示例。

```
module  block (c, b, a, clk);
  output  c, b;
  input  clk, a;
  reg    b, c;
    always  @  (posedge  clk)
      begin
       b=a;                       //阻塞赋值语句 1
       c=b;                       //阻塞赋值语句 2
      end
endmodule
```

在例 3-8 中,每当 clk 的上升沿到来时,就执行一遍 begin-end 中的操作。两条阻塞赋值语句被顺序执行,语句 1 执行时,语句 2 被阻塞;a 值赋值给 b 后,语句 2 才开始执行,b 值赋值给 c。因为 b 值已更新为 a 的值,所以当 begin-end 结束时,c 和 b 的取值相

同,都被更新为 a 的值,该模块被 EDA 综合后生成的电路模型如图 3-11 所示。

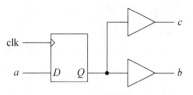

图 3-11　例 3-8 的综合电路模型

(2) 非阻塞赋值语句。

非阻塞赋值语句是在过程块结束时才对被赋值变量赋值的。非阻塞赋值语句的语法格式为

< 被赋值变量 >　<=<赋值表达式 >

当 begin-end 中有多条非阻塞赋值语句时,本条非阻塞语句执行时(计算右侧表达式),左边变量的值并不马上更新,允许下一条语句同时执行。也就是说,在 begin_end 串行块中,各条非阻塞过程赋值语句对应的"赋值表达式"同时开始计算。在过程块结束时,才将计算的结果赋值给各个"被赋值变量"。可以理解为先同时采样,在 begin_end 串行块结束时一起赋值。

【例 3-9】　非阻塞赋值示例。

```
module  block (c, b, a, clk);
  output  c, b;
  input  clk, a;
  reg    b, c;
    always  @  (posedge  clk)
      begin
        b <=a;                    //非阻塞赋值语句 1
        c <=b;                    //非阻塞赋值语句 2
      end
endmodule
```

在例 3-9 中,每当 clk 的上升沿到来时,就执行一遍 begin_end 中的操作。两条非阻塞赋值语句同时执行,语句 1 计算右边表达式即 a 值时,语句 2 也开始执行,计算右边表达式即 b 值。begin_end 结束时,计算的结果一起分别赋值给 b 和 c,b 被更新为 a 的值,而 c 仍为上一时钟周期的 b 值。换言之,在每个 clk 的上升沿对 a 和 b 采样,然后赋值给 b 和 c。由此不难理解,在 begin_end 中,语句 1 和语句 2 是并发执行的,若将语句 1 和语句 2 互换位置,其电路行为是一样的,该模块被 EDA 综合后生成的电路模型如图 3-12 所示。

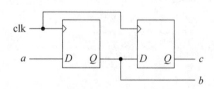

图 3-12　例 3-9 的综合电路模型

(3) 阻塞赋值与非阻塞赋值的比较。

阻塞赋值方式与非阻塞赋值方式是学习 Verilog HDL 的难点之一,问题是不易把握 always 过程块中寄存器型变量的赋值时刻,必须认真体会,掌握二者的区别,避免在设计中遇到麻烦。

比较例 3-8 和例 3-9 可以看出,采用不同的赋值方式综合出来的电路是不一样的。若在例 3-8 中将阻塞赋值语句 1 和阻塞赋值语句 2 互换位置,也可以得到例 3-9 的效果。这说明在描述时序逻辑时,若采用阻塞赋值,则必须精心安排阻塞赋值语句的顺序,而采用非阻塞赋值就没有这个麻烦。因此,在描述时序逻辑时,建议采用非阻塞赋值。

在 Verilog HDL 的行为描述中,遵循下列原则有助于电路的设计与实现。

- 描述组合电路时,采用阻塞赋值方式;
- 描述时序逻辑时,采用非阻塞赋值方式;
- 尽量避免被赋值变量重新作为右侧表达式的输入;
- 在一个 always 过程块中,当既有组合描述又有时序描述时,建议统一采用非阻塞赋值方式。

4. Verilog HDL 行为语句——if_else 语句

Verilog HDL 的 if_else 条件分支语句有以下 3 种语法格式。

格式 1

```
if  (<条件表达式>)   语句或语句块;
```

格式 2

```
if  (<条件表达式>)   语句或语句块 1;
else              语句或语句块 2;
```

格式 3

```
if  (<条件表达式 1>)        语句或语句块 1;
else  if  (<条件表达式 2>)  语句或语句块 2;
 ⋮
    else  if  (<条件表达式 n>)   语句或语句块 n;
        else               语句或语句块 n+1;
```

上述 3 种格式中的<条件表达式>一般为逻辑表达式或关系表达式,也可以是一位的变量。系统对<条件表达式>的值进行判断,若为 0、x、z,则按"假"处理;若为 1,则按"真"处理,执行指定语句。语句可以是单句,也可以是多句,多句时应用 begin_end 括起来。对于 if_else 语句的嵌套,为了清晰表达 if 和 else 的匹配关系,建议使用 begin_end 将"指定语句"括起来。

【例 3-10】 if_else 条件分支语句应用举例。

```
module  sel_from_three (q, sela, selb, a, b, c);
  input  sela, selb, a, b, c;
  output  q;
  reg  q;
    always @  (sela or selb or a or b or c)
      begin
        if  (sela)  q=a;        //当 sela 为 1,q=a,与 selb 无关
        else  if  (selb)  q=b;  //当 sela 为 0,selb 为 1,q=b
            else    q=c;        //当 sela 为 0,selb 为 0,q=c
      end
endmodule
```

例 3-10 描述了一个三选一组合逻辑电路,注意 if_else 隐含的优先级关系。排在前面的分支项指定的操作具有较高的优先级。例如,sela 与 selb 为 11 时,执行 q=a,而不是 q=b。

5. Verilog HDL 行为语句—— case 语句

相对 if_else 语句只有两个分支而言,case 语句是一种多分支控制语句。所以,case 语句在 Verilog HDL 的行为描述中有着更广泛的应用,常用来描述译码器、多路数据选择器、微处理器的指令译码和有限状态机。

case 分支控制语句有 3 种形式:case 语句、casex 语句和 casez 语句。

(1) case 语句。

case 语句是一种全等比较分支控制语句,其语法格式如下。

```
case  (<控制表达式>)
<分支项表达式 1>: 语句块 1;
<分支项表达式 2>: 语句块 2;
    ⋮
<分支项表达式 n>: 语句块 n;
default :          语句块 n+1;
endcase
```

其中,控制表达式为对程序流向进行控制的信号(变量)列表,可以是标量、向量或拼接向量;分支项表达式为控制信号(变量)的具体状态组合取值,可以是常数或标识符常量;语句块 1 到语句块 n 是受控的分支操作,可以是单句,也可以是多句,多句时应用 begin_end 括起来。default 是未列入分支控制的状态组合,即表示其余状态;语句块 $n+1$ 是未列入分支控制的状态组合下应进行的操作。

case 语句在执行时,控制表达式和分支项表达式之间进行的是按位全等比较,只有对应的每一位都相等,才认为控制表达式和分支项表达式是相等的。显然,这种比较包含了信号的 0、1、x、z 这 4 种状态。

另外,根据按位全等比较的特点,要求 case 语句中的控制表达式和分支项表达式必须具有相同的位宽。当各个分支项表达式以常数形式给出时,必须明确标明位宽,否则编译器默认为与机器字长相同的位宽(例如 32 位)。

【例 3-11】　用 case 语句描述微处理器操作码对应的运算操作。

```
module decode_of_opcode (a, b, opcode, out);
  input  [7:0]  a, b;                //操作数输入
  input  [2:1]  opcode;              //两位的操作码输入
  output [7:0]  out;                 //运算结果输出
  reg  [7:0]    out;
    always @ (a or b or opcode)      //组合描述
      begin
        case (opcode)                //用 case 描述 opcode 各种组合下的操作
          2'b10 : out=a+b;           //opcode 为 10 时,加法
          2'b11 : out=a-b;           //opcode 为 11 时,减法
```

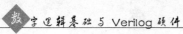

```
        2'b01 :  out=(~a)+1;              //opcode 为 01 时,求 a 的补码
        2'b00 :  out=(~b)+1;              //opcode 为 00 时,求 b 的补码
      endcase
    end
endmodule
```

(2) casex 语句和 casez 语句。

case 语句的控制表达式和分支项表达式之间进行的是按位全等比较,要求对应的每一位都相等。casex 和 casez 是 case 语句的两种变形,在 casez 语句中,如果分支项表达式中某些位的值为高阻 z,则忽略对这些位的比较,只关心其他位的比较结果。而在 casex 语句中,将这种处理方式进一步扩展到对 x 的处理,即忽略分支项表达式中值为 x 或 z 那些位的比较。

【例 3-12】　用 casex 语句描述例 3-11。

```
module  decode_casex  (a, b, opcode, out);
  input   [7:0]    a, b;
  input   [4:1]    opcode;
  output  [7:0]    out;
  reg     [7:0]    out;
    always @  (a or b or opcode)
      begin
        casex  (opcode)                  //用 casex 描述
          4'b1zzx : out=a+b;             //忽略低三位
          4'b01xx : out=a-b;             //忽略低两位
          4'b001? : out=(~a)+1;          // ?是 z 的另一种表示
          4'b0001 : out=(~b)+1;
        endcase
      end
endmodule
```

(3) if_else 语句和 case 语句应用要点。

使用 if_else 条件分支语句和 case 分支控制语句时,应注意列出所有条件分支,否则当 EDA 的编译器认为条件不满足时,会引入触发器保持原值。这一点可用于时序电路的设计。例如,在计数器的设计中,条件满足加 1,否则计数值保持不变;但在组合电路设计时,应避免这种隐含触发器的存在。当不能列出所有条件分支时,可在 if 语句的最后加上 else 分支,在 case 语句的最后加上 default 语句。

【例 3-13】　组合逻辑隐含触发器举例。

```
module  buried_ff  (c, b, a);
  input  a, b;
  output  c;
  reg  c;
    always @  (a or b)
      begin
        if  ((a==1) && (b==1))  c=1;
```

```
    end
endmodule
```

该设计的原意是描述一个 2 输入与门,但因 if 语句中没有 else 处理,EDA 的编译器认为存在 c=c,即保持不变,该例的综合模型如图 3-13 所示。

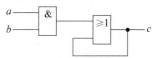

分析例 3-13 和图 3-13 可知,当 a=1 且 b=1,使 c=1 后,不管 a、b 如何变化,输出 c 一直为 1,保持不变。显然无法实现与门功能。为改正此错误,加上 else c=0;即可。修改后的 always 过程块为

图 3-13　隐含触发器

```
always  @  (a  or  b)
  begin
    if  ((a==1) && (b==1))  c=1;
    else  c=0;                           // 避免隐含触发器
  end
```

同理,在使用 csae 描述组合逻辑时,若不能列出所有分支项,则必须使用 default 进行处理。

6. Verilog HDL 行为语句——for 语句

Verilog HDL 中有多种循环语句,可综合模块的行为描述中常使用 for 循环语句,其语法格式为

```
for (<语句 1 >;<条件表达式 >;<语句 2 >)
        循环体中的语句或语句块;
```

其中,语句 1 对循环变量进行赋初值操作;语句 2 是循环变量的增值操作;条件表达式描述循环控制条件,常为逻辑表达式。执行循环体语句之前,都要对其是否成立进行判断,若成立,则执行循环体中的语句;否则退出循环。for 循环语句的执行过程如图 3-14 所示。

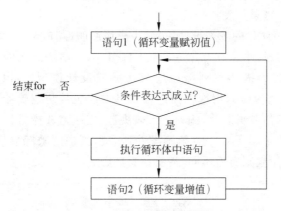

图 3-14　for 语句执行流程

下面通过"7 人多数表决器"的例子说明 for 循环语句的使用。记录 7 人表决情况的 vote 作为表决器的输入,用 for 循环语句统计赞成人数(1 表示赞成),pass 输出标志为 1

表示多数通过。

【例 3-14】　用 for 语句描述 7 人投票多数通过表决器。

```
module  voter7 (pass, vote);
  output  pass;                        //表决结果输出
  input  [6:0]  vote;                  //7 人表决记录
  reg  [2:0]  sum;                     //统计变量
  integer  i;                          //定义循环变量
  reg  pass;
always  @  (vote)                      //组合描述
  begin
    sum=0;                             //统计变量复位
    for (i=0; i<=6; i=i+1)             //for 语句
    begin
      if  (vote [ i ])   sum=sum+1;    //循环体,统计赞成人数
      if  (sum [ 2 ])  pass=1;         //判断结果,多数通过 pass 为 1
      else     pass=0;                 //未通过,pass 为 0
    end
  end
endmodule
```

本 章 小 结

在基于 EDA 平台进行数字系统设计的过程中,硬件描述语言已成为重要的建模工具。本章介绍的 Verilog HDL 是一种纳入 IEEE 国际标准的硬件描述语言,既可用于可综合模块的设计,也可用于仿真模块的编写。Verilog HDL 与 C 语言有着相类似的语法结构,容易掌握,并借鉴了 C 语言中的高级程序语句,具有结构描述、数据流描述、行为描述等多种描述方式。采用 Verilog HDL 的多种描述,其执行是并发的。例如,一个模块中多个 always 之间是并发执行的;assign 与 always 之间也是并发执行的;begin_end 中多条非阻塞赋值语句也是并发执行的。

模块是 Verilog HDL 的基本设计单元,由模块声明、端口定义、信号类型定义以及逻辑功能描述四部分组成,本章在介绍 Verilog HDL 基本语法结构的基础上,给出了结构描述、数据流描述、行为描述三种描述逻辑功能的设计模型。可以看出,行为描述是 Verilog HDL 的重要贡献,运用这种描述方式可以摆脱传统逻辑器件的限制与约束,设计满足特定功能需求的逻辑芯片,例如 7 人表决器、三通道选择器。

行为描述的核心是 always @（敏感事件列表）,其中的敏感事件列表在描述组合逻辑、时序逻辑时的应用规则有所不同,需要认真体会。

思 考 题 3

1. 什么是硬件描述语言?
2. 采用硬件描述语言设计数字电路的优势是什么?

3. 如何理解"硬件描述语言支持以模块集合的形式描述数字系统"?

4. 如何理解"模块是 Verilog HDL 的基本设计单元"?

5. 可综合 Verilog HDL 模块的结构是什么?

6. 可综合 Verilog HDL 模块的三种基本描述方式各有什么特点?

7. Verilog HDL 中的逻辑运算符和位运算符各有什么特点?

8. Verilog HDL 的关键字与标识符的区别是什么?

9. 持续赋值语句(assign)的语法格式和特点是什么?

10. 为什么说 Verilog HDL 内置门级元件是一种动态模型?

11. 采用 always 过程块描述组合逻辑的基本规则是什么?

12. 采用 always 过程块描述时序逻辑的基本规则是什么?

13. 阻塞赋值与非阻塞赋值的特点是什么? 二者有什么区别?

14. 组合逻辑的行为描述中如何避免隐含触发器?

习　题　3

3.1　可综合 Verilog HDL 模块由哪几部分组成?

3.2　可综合 Verilog HDL 模块中有哪些进行逻辑功能定义的方法?

3.3　下列哪些是合法的标识符? 哪些是错误的?

　　　　　and,　Key,　8sum,　_data,　module,　$ end

3.4　下列数字的表示是否正确?

　　　　　6'd18,　b0101,　10'b2,　'Hzf,　5'B0x101

3.5　reg 型变量和 wire 型变量的本质区别是什么?

3.6　针对 Verilog HDL 运算符,各举一例。

3.7　简述 always 过程块的特点。

3.8　举例说明用 case 语句描述组合电路时如何避免隐含触发器。

3.9　指出下列 Verilog HDL 描述中的错误,并改为正确的描述。

```
module  (a, b, c, f)
   input  a,b,c;
   output  f;
   wire  w1;
     always  @  (a  or  b)
       w1 <=a b
         f <=w1| (~bc)
   endmodule
```

3.10　简述阻塞型过程赋值语句和非阻塞型过程赋值语句的特点。

3.11　下列端口说明和数据类型说明是否正确? 错误的请改正。

```
input  q [3:0]  ;
OUTPUT  [3:1]a,  [4:0]b;
```

```
wire  a, b[4:2];
reg  a[5:0], x;
integer  [6:1] x;
```

3.12 对下列代码转换电路进行 Verilog HDL 行为描述。

(1) 该电路的输入是 8421 码,输出为余 3 码。

(2) 该电路的输入是四位二进制码,输出为四位循环码。

(3) 该电路的输入是 8421 码,输出为 2421 码。

3.13 将例 3-7 改为行为描述。

3.14 编写完整的可综合逻辑模块,分别用门级结构描述、数据流描述和行为描述,描述如题图 3-1 所示的电路。

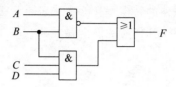

题图 3-1 习题 3.14 用图

第4章

组合电路的逻辑分析与设计

【本章内容】 本章在讨论组合电路的特点及相关问题的基础上,重点介绍基于逻辑门、组合逻辑器件、硬件描述语言(Verilog HDL)的组合电路基本分析方法和设计方法,最后,简单讨论组合电路中的竞争与冒险问题。

4.1 概 述

数字系统中的逻辑电路按其逻辑特性和结构可分为组合电路与时序电路两大类型。本章研究组合电路。

组合电路是指电路在任何时刻产生的稳态输出仅仅取决于该时刻的输入,而与电路原来的状态无关。从电路结构上看,组合电路只有从输入到输出的通路,而没有输出反馈到输入的回路,并且电路由逻辑门(或组合逻辑器件)构成,不含任何记忆元件。

图 4-1 是组合电路的基本模型。

在图 4-1 中,x_1,x_2,$\cdots$,x_n 是电路的输入信号(变量),F_1,F_2,$\cdots$,F_m 是电路的输出信号(变量),输出变量和输入变量之间的逻辑关系一般表示为

图 4-1 组合电路模型

$$F_i = f_i(x_1, x_2, \cdots, x_n) \quad (i = 1, 2, \cdots, m)$$

或写成向量形式

$$\boldsymbol{F}(t_k) = f[\boldsymbol{x}(t_k)] \tag{4-1}$$

式(4-1)表示,t_k 时刻电路的稳定输出 $\boldsymbol{F}(t_k)$ 仅取决于 t_k 时刻的输入 $\boldsymbol{x}(t_k)$,$\boldsymbol{F}(t_k)$ 与 $\boldsymbol{x}(t_k)$ 的函数关系用 $f[\boldsymbol{x}(t_k)]$ 表示,即式(4-1)是组合逻辑函数,而把组合电路看成是这种函数的电路实现。

在第 2 章"逻辑代数基础"中介绍的逻辑函数都是组合逻辑函数,所以用来表示逻辑函数的几种方式——真值表、卡诺图、逻辑表达式、时序图以及硬件描述语言也都可以用来表示组合电路的逻辑功能。

按照电路的逻辑功能特点,典型组合电路包括加法器、比较器、编码器、译码器、数

据选择器、数据分配器、奇偶校验器等。实现各种逻辑功能的组合电路不胜枚举,重要的是通过对典型电路的分析与设计弄清基本概念,掌握基本方法。

1. 逻辑门符号标准

- 长方形符号:所有的逻辑门均采用相同的长方形形状,用内部标志区分逻辑门的类型。
- 变形符号:不同类型的逻辑门采用不同的形状,用形状区分逻辑门的类型。

我国的国标和国际电工委员会(International Electrotechnical Commission,IEC)标准都采用长方形符号;电气和电子工程师学会(Institute of Electrical and Electronics Engineers,IEEE)标准中允许使用上述两种符号。本书主要采用长方形符号,在引用国外技术资料的原理图时会出现变形符号。读者应熟悉和适应这两种符号,以便学习和交流。有一点应注意,在同一张电路图中不能混用两种符号。图 4-2 列出了常用逻辑门的两种符号的对照。

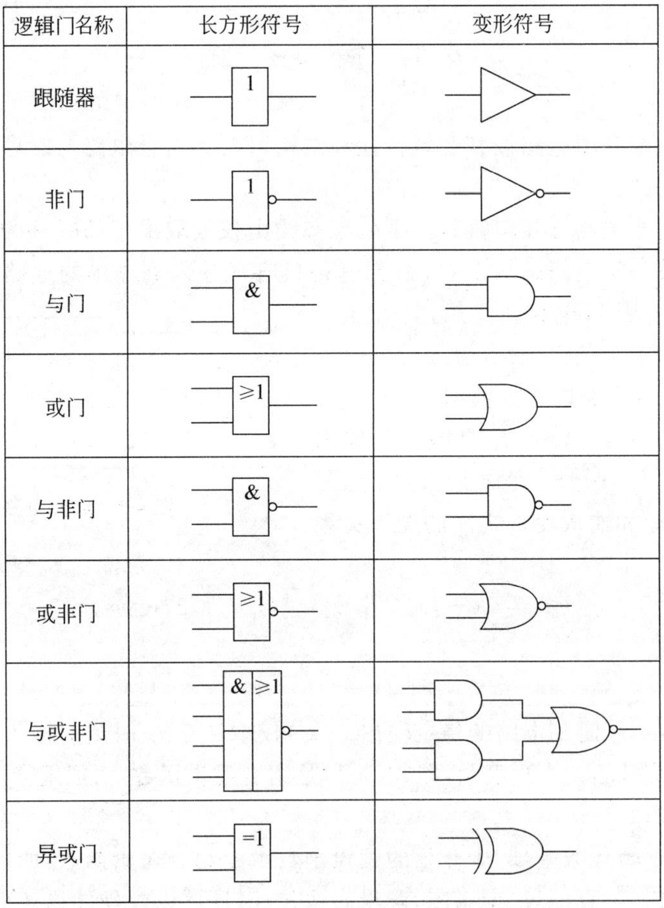

逻辑门名称	长方形符号	变形符号
跟随器		
非门		
与门		
或门		
与非门		
或非门		
与或非门		
异或门		

图 4-2 常用逻辑门的两种符号表示形式

2. 逻辑门的等效符号

图 4-3(a)是一个与非门,即 $F=\overline{A \cdot B}$,运用摩根定律可变换成 $F=\overline{A}+\overline{B}$,可由图 4-3 (b)所示的逻辑门电路构成。如果用一个小圆圈表示非门,则与非门的等效符号如图 4-3 (c)所示。

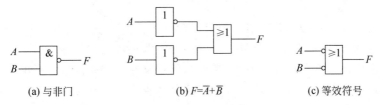

(a) 与非门　　　　　　　(b) $F=\overline{A}+\overline{B}$　　　　　　　(c) 等效符号

图 4-3　与非门的等效变换

运用摩根定律并把非门用一个小圆圈表示,则常用逻辑门的等效符号如图 4-4 所示。逻辑门的等效符号常用于正负逻辑的表达及有效级的变换,便于电路的分析与应用。

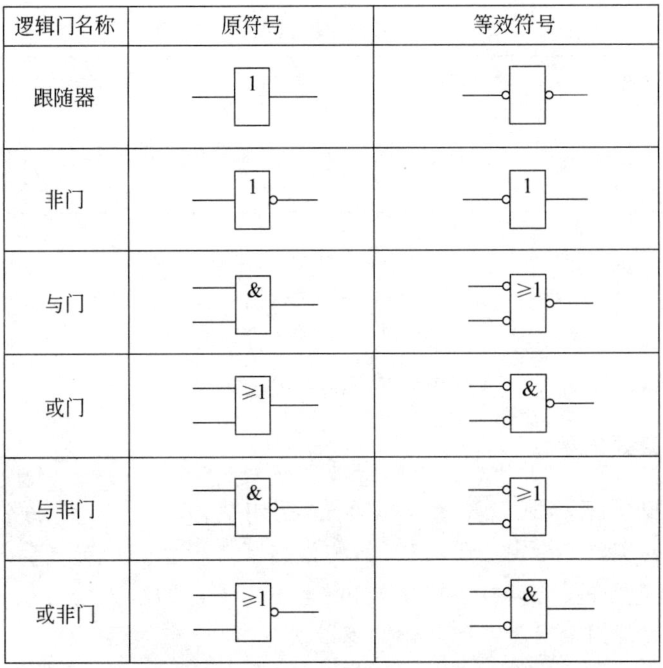

逻辑门名称	原符号	等效符号
跟随器	—[1]—	—○[ ]○—
非门	—[1]—	—○[1]
与门	—[&]—	○—[≥1]—○
或门	—[≥1]—	○—[&]—○
与非门	—[&]—	○—[≥1]
或非门	—[≥1]	○—[&]

图 4-4　根据摩根定律得到的等效逻辑门符号

3. 信号名及有效电平

逻辑电路的每一个输入/输出信号都应按照其功能和用途命名。信号名可以是一个英文字母或一个字符串,在 Verilog HDL 中则应符合标识符的定义规则。信号名应尽量有较为明确的含义,例如数据信号用 D_0、D_1、D_2、$\cdots$,地址信号用 A_0、A_1、A_2、$\cdots$,控制信号中的片选信号用 CS,使能信号用 EN,检测条件信号用 READY、ERROR 等。一般情况下,当无特殊含义时,输入信号常用 A、B、C、D…、X_0、X_1、X_2…、I_0、I_1、I_2…;输出信号常用 F_0、F_1、F_2…、Y_0、Y_1、Y_2…、Z_0、Z_1、Z_2…。不但电路的输入/输出信号应给予命名,在复杂逻辑电路中的内部信号也应命名,这会给电路的分析带来方便,也便于交流。大多数计算机辅助系统会为所有没有命名的信号自动赋予信号名,显然设计者的命名将比其更有意义。

一个逻辑电路只有在一定的信号逻辑状态下才能正确地表现出给定的逻辑功能,即它的控制条件、测试信号都有一个与之对应的有效电平,只有当信号处在有效电平时,逻辑电路才能正确地执行其功能。例如,某个译码器只有在使能信号为高电平时才能表现出译码的功能。再如,某个片选信号低有效的存储器芯片只有在片选信号为低电平时才能正确实现其读写操作。信号的有效电平仅分为高有效或低有效,高有效是指信号为高电平或逻辑 1 时有效;低有效是指信号为低电平或逻辑 0 时有效。当一个信号处于它的有效电平时,称此信号被确认;当一个信号处于它的无效电平时,称此信号未被确认。在一个电路系统中,信号的有效电平应反映在信号名上,通常将一些约定的符号作为信号名的前缀或后缀,表示其有效电平。表 4-1 给出了几组有效电平的常见约定方式。

表 4-1   有效电平的常见约定方式

组号	低电平有效	高电平有效	组号	低电平有效	高电平有效
1	ACK—	ACK＋	4	CS*	CS
2	ERROR . L	ERROR . H	5	/EN	EN
3	ACS (L)	ACS(H)	6	n_RESET	RESET

可任选一组约定。但在一个系统(或一个公司)中,最好只选择一组,且能适应计算机辅助设计软件平台的要求。本书选择第 5 组和第 6 组,即在信号名前面加/或 n_表示低电平有效,否则表示高电平有效。

特别要指出,不能用反变量或逻辑表达式作为信号名。

4. 引端的有效电平

当画一个逻辑门符号或较复杂逻辑电路(例如中、大规模集成电路器件)的符号框时,认为符号框内实现了给定的逻辑功能,称为内部逻辑状态。符号框外的引端(pin 也称引脚、管脚)是电路的外部输入/输出线,用来引入外部的输入信号或送出电路的输出信号,这种外部表现的逻辑关系称为外部逻辑状态。

图 4-5 是一个带有两个使能端的逻辑电路的符号框,输入/输出的有效是指其对应的内部逻辑状态为 1;使能输入(或其他控制输入、条件输入)有效是指只有在其有效时电路才能正常工作;输出有效是指在给定的输入有效时才能给出该电路规定的逻辑状态。

在图 4-5 中,a、b、c、d、e 等为外部逻辑状态;而 EN、CS、DO、RDY、SID 等为对应的内部逻辑状态。为使电路

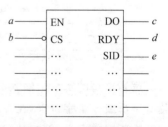

图 4-5   逻辑符号框

正常工作，a 应为逻辑 1；b 应为逻辑 0；而电路输出的有效状态（c、d、e）均为逻辑 1。

引端的有效电平是指输入/输出上的外部逻辑状态与其内部逻辑状态的对应关系，国际上通用的是逻辑非符号体制。在该体制中，图形符号上有带逻辑非符号（即小圆圈）和不带逻辑非符号的输入/输出。这种体制只表示输入/输出的内部逻辑状态和外部逻辑状态之间的关系，也称单一逻辑规定，如图 4-6 所示。

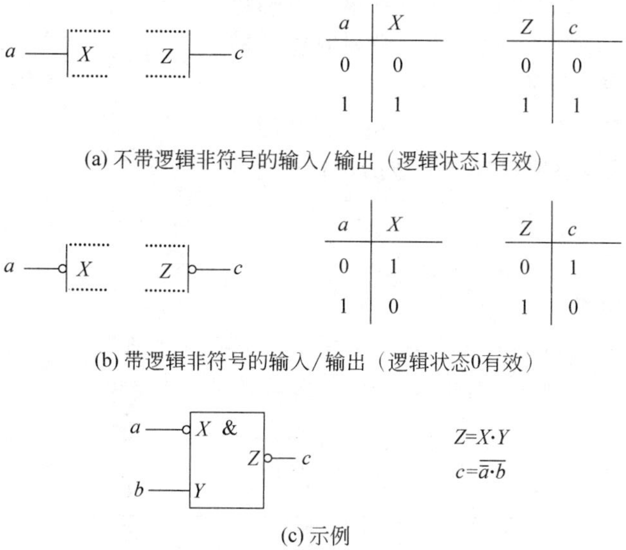

(a) 不带逻辑非符号的输入/输出（逻辑状态1有效）

(b) 带逻辑非符号的输入/输出（逻辑状态0有效）

$$Z = X \cdot Y$$
$$c = \overline{\overline{a} \cdot b}$$

(c) 示例

图 4-6　逻辑非符号体制

5. 引端有效电平的变换（混合逻辑变换）

当给出一个逻辑电路的设计（逻辑原理图、框图）时，除了满足逻辑功能要求外，还应考虑电路引端有效电平与给定信号有效电平的匹配问题，即需要进行适当的有效电平的变换，使整个逻辑电路的功能一目了然，变换方法可以参考文献[2]。

4.2　组合电路的逻辑分析

组合电路的逻辑分析是指用逻辑函数描述给定的逻辑电路，找出输入/输出之间的逻辑关系，进而判断电路所实现的逻辑功能。在数字系统设计中，经常会遇到电路分析的问题。例如，对已设计好的电路进行评估，判断其是否经济合理、器件间可否替代、两种电路是否等效；研究电路有确定的输出时，其输入的必备条件；采用硬件描述语言建模；进一步对数字系统进行故障诊断等。因此，看懂逻辑电路图是分析问题的首要条件。

组合电路的逻辑分析方法归纳如下：

① 根据给定的逻辑图写出输出函数的逻辑表达式；

② 化简输出函数的逻辑表达式；

③ 列出输出函数的真值表；

④ 电路的逻辑功能评述。

在现代数字系统设计中,还经常采用硬件描述语言对电路功能进行描述,第 3 章已
经介绍了基于 Verilog HDL 描述组合逻辑电路的
方法。当被分析的逻辑网络以硬件描述语言给出
时,通常先画出逻辑框图,确定输入变量和输出变
量,然后分析该描述是否符合语法规则以及所描述
的组合网络是否存在隐含"触发器",必要时可借助
EDA 工具进行逻辑功能的仿真验证。

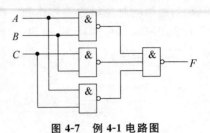

图 4-7　例 4-1 电路图

【例 4-1】 试分析图 4-7 所示逻辑电路的功能。

解:① 写出该电路输出逻辑函数的逻辑表达式,即

$$F = \overline{\overline{AB} \cdot \overline{BC} \cdot \overline{AC}} = AB + BC + AC$$

② 列出函数的真值表如表 4-2 所示。

③ 判断逻辑功能。

由真值表可见,当电路的 3 个输入变量中多数变量取值为 1 时,输出就为 1;多数变
量取值为 0 时,输出就为 0。因此,该电路为多数通过表决电路。

表 4-2　图 4-7 电路真值表

A	B	C	F	A	B	C	F
0	0	0	0	1	0	0	0
0	0	1	0	1	0	1	1
0	1	0	0	1	1	0	1
0	1	1	1	1	1	1	1

【例 4-2】 试分析图 4-8 所示逻辑电路的功能。

解:写出该电路的逻辑表达式

$$F = \overline{\overline{A + B} + AB} = (A + B)\,\overline{AB} = (A + B)(\overline{A} + \overline{B}) = \overline{A}B + A\overline{B} = A \oplus B$$

功能描述:由化简后的输出函数表达式可以看出,原电路实现 A、B 的异或功能,可
仅用一个异或门即可实现,如图 4-9 所示。

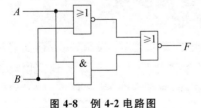

图 4-8　例 4-2 电路图

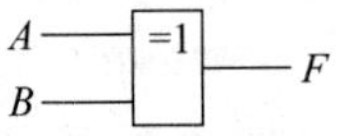

图 4-9　实现例 4-2 功能的简化电路

【例 4-3】 分析 8421 码转换成余 3 码的 Verilog HDL 描述中的错误。

```
//8421 码 → 余 3 码
module  code8421 (x8, x4, x2, x1, y3, y2, y1, y0, error);
    input   x8, x4, x2, x1;                //输入为 8421 码
    output  y3, y2, y1, y0;                //输出余 3 码
```

```
    always @(x8  or  x4)
        begin
            case  ({x8,x4,x2,x1})
                4'b0000:  {error, y3, y2, y1, y0}=5'b00011;
                4'b0001:  {error, y3, y2, y1, y0}=5'b00100;
                4'b0010:  {error, y3, y2, y1, y0}=5'b00101;
                4'b0011:  {error, y3, y2, y1, y0}=5'b00110;
                4'b0100:  {error, y3, y2, y1, y0}=5'b00111;
                4'b0101:  {error, y3, y2, y1, y0}=5'b01000;
                4'b0110:  {error, y3, y2, y1, y0}=5'b01001;
                4'b0111:  {error, y3, y2, y1, y0}=5'b01010;
                4'b1000:  {error,y3,y2,y1,y0}=5'b01011;
                4'b1001:  {error,y3,y2,y1,y0}=5'b01100;
            endcase
        end
endmodule
```

解: ① 模块中采用行为描述方式进行功能描述,从其敏感事件列表看出描述的是组合逻辑,但未列出所有影响输出的信号。

② 对模块端口列表中的 error 没有进行端口类型说明,从功能描述可知 error 是一个输出标志信号,当其为 0 时,余 3 码输出有效,但未描述该标志何时为 1(即输出无效)。

③ 没有把在 always 中的被赋值变量定义成 reg 型。

④ case 语句的分支项,4 个信号,16 种组合,只列出了 10 种,对 6 个无关组合未用 default 进行描述。

修改后的描述如下。

```
//8421码 → 余3码
module  code8421(x8, x4, x2, x1, y3, y2, y1, y0, error);
input  x8, x4, x2, x1;
output  y3, y2, y1, y0;
output  error;                          //②
reg  y3, y2, y1, y0, error;             //③
    always @(x8  or  x4  or  x2  or  x1)    //①
        begin
            case  ({x8,x4,x2,x1})
                4'b0000:  {error, y3, y2, y1, y0}=5'b00011;
                4'b0001:  {error, y3, y2, y1, y0}=5'b00100;
                4'b0010:  {error, y3, y2, y1, y0}=5'b00101;
                4'b0011:  {error, y3, y2, y1, y0}=5'b00110;
                4'b0100:  {error, y3, y2, y1, y0}=5'b00111;
                4'b0101:  {error, y3, y2, y1, y0}=5'b01000;
                4'b0110:  {error, y3, y2, y1, y0}=5'b01001;
                4'b0111:  {error, y3, y2, y1, y0}=5'b01010;
                4'b1000:  {error, y3, y2, y1, y0}=5'b01011;
                4'b1001:  {error, y3, y2, y1, y0}=5'b01100;
```

```
                default :  {error, y3, y2, y1, y0}=5'b10000;      //②、④
            endcase
        end
endmodule
```

【例 4-4】 试对图 4-10 所示电路中的 P、Q 点进行故障诊断(故障不是同时发生的)。

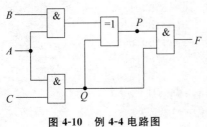

图 4-10   例 4-4 电路图

试问:

① 给定哪些输入信号组合后,可从输出 F 判定 P 点出现了故障? 是何种性质的故障?

② 给定哪些输入信号组合后,可从输出 F 判定 Q 点出现了故障? 是何种性质的故障?

③ 哪些输入信号组合不能用于测试?

解: 假设故障有两类,一类称为 0 故障,即不管输入信号如何变化,故障点始终处于逻辑 0 状态;另一类称为 1 故障,即不管输入信号如何变化,故障点始终处于逻辑 1 状态。

分析方法:写出无故障时和发生各种故障时,电路的输出表达式,列出真值表。

判别方法:使各输出函数值不相等的那些输入变量组合可用于测试对应的故障。

① 列出各种情况下函数的表达式。

无故障时,电路的输出函数 F 为

$$F=(AB \oplus AC) \cdot AC = A\bar{B}C$$

P 点出现 1 故障时

$$F_{P1}=1 \cdot AC=AC$$

P 点出现 0 故障时

$$F_{P0}=0 \cdot AC=0$$

Q 点出现 1 故障时

$$F_{Q1}=(AB \oplus 1) \cdot 1=\overline{AB}$$

Q 点出现 0 故障时

$$F_{Q0}=(AB \oplus 0) \cdot 0=0$$

② 列出各函数的真值表如表 4-3 所示。

表 4-3   故障分析所用真值表

组号	A	B	C	F	F_{P1}	F_{P0}	F_{Q1}	F_{Q0}
0	0	0	0	0	0	0	1	0
1	0	0	1	0	0	0	1	0
2	0	1	0	0	0	0	1	0
3	0	1	1	0	0	0	1	0
4	1	0	0	0	0	0	1	0
5	1	0	1	1	1	0	1	0
6	1	1	0	0	0	0	0	0
7	1	1	1	0	1	0	0	0

③ 逻辑分析。

采用第 7 种输入组合,可判定 P 点是否出现 1 故障。因为只有 $A=B=C=1$ 时,$F=0$,而 $F_{P1}=1$。

同理,采用第 0、1、2、3、4 五种输入组合,可判断 Q 点是否存在 1 故障。

采用第 5 种输入组合,可判断 P 点或 Q 点是否存在 0 故障,但不能确定故障点。

若采用第 6 种输入组合,则不能判断故障。此时,有无故障的各函数值都相同。

需要说明的是,数字系统的故障检测与诊断是一门独立的课程,例 4-4 只涉及一些粗浅的概念。

4.3　组合电路的设计

本书在介绍基于门电路/功能器件的组合电路传统设计方法基础上,重点介绍现代主流的基于硬件描述语言的组合电路设计方法。

1. 基于门电路/功能器件的组合电路设计方法

传统组合电路的设计就是根据逻辑命题提出的逻辑功能要求,采用基本逻辑门电路或具有特定功能的组合逻辑器件,设计出实现该逻辑功能的逻辑电路图。

逻辑电路的设计比较灵活,不拘束于固定的模式,往往取决于设计者的经验和应用逻辑器件的能力。对于初学者来说,可按下列设计步骤进行。

① 分析给定逻辑命题的因果关系,进行逻辑抽象。设定输入变量和输出函数,并进行逻辑赋值,列出真值表。

这一步是组合逻辑电路设计中最关键的一步,设计者必须对文字描述的逻辑命题有一个全面的理解,对每一种可能的情况都能做出正确的判断,并以事件发生的条件作为电路的输入变量,事件发生的结果作为电路的输出变量(输出函数),根据命题的因果关系列出真值表。

② 根据真值表对逻辑函数进行化简(逻辑代数法或卡诺图法)。

当采用基本逻辑门进行组合逻辑的设计时,最优化设计就是用最简逻辑表达式实现的逻辑图。因此,必须进行逻辑函数的化简。应根据真值表或卡诺图中所含 0 和 1 的不同情况决定圈 1 写最简与或式,进而得到最简与非式;还是圈 0 写最简或与式,进而得到最简或非式;还是圈 0 求反函数的最简与或式,进而得到最简与或非式。

当采用具有特定功能的组合逻辑器件时,最优化设计是要合理选用器件,而不是寻求最简逻辑表达式。这一点将在后续的"组合逻辑器件及其应用"中详细介绍。

③ 根据最简逻辑表达式或特定的组合逻辑器件画出对应的逻辑电路图。

2. 现代的数字电路设计方法,即基于硬件描述语言的建模方法

随着大规模可编程逻辑器件(PLD)和电子设计自动化(EDA)平台在数字系统设计领域的应用,数字电路的设计方法也发生了深刻的变化。硬件描述语言(HDL)的出现使设计者从基于逻辑门或逻辑器件的束缚中解放出来,用硬件描述语言描述自己的设计,

借助 EDA 平台进行设计的综合、优化、布局布线以及目标 PLD 器件的适配、下载。

基于 Verilog HDL 的数字电路基本描述方法包括门级结构描述、数据流描述和行为描述。根据电路功能抽象出端口,并根据功能采用相应的描述方法加以描述,实现功能电路的建模,其基本知识在第 3 章中已进行详细介绍,本章将围绕组合电路的设计方法加以详细介绍。

【**例 4-5**】 设计一个电路,实现两个 1 位二进制数的加法运算。

解:设作为电路输入的两个加数为 A、B;作为电路输出的和数为 S;作为电路输出的向上进位为 C。建立反映逻辑关系的真值表见表 4-4。

表 4-4　例 4-5 真值表

输入		输出	
加数	加数	和	进位
A	B	S	C
0	0	0	0
0	1	1	0
1	0	1	0
1	1	0	1

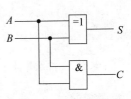

图 4-11　例 4-5 逻辑图

根据真值表写出输出函数表达式

$$S=\overline{A}B+A\overline{B}=A\oplus B$$
$$C=AB$$

该表达式已为最简,对应的逻辑图如图 4-11 所示。

实现上述逻辑功能的电路通常称为**半加器**,见图 4-12。图 4-13 是半加器的逻辑符号。

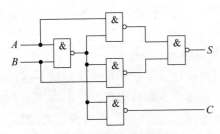

图 4-12　用与非门构成半加器

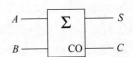

图 4-13　半加器逻辑符号

采用硬件描述语言 Verilog HDL 对半加器的行为描述如下。

```
module  halfadder (A, B, S, C);
    input  A, B;
    output  S, C;
    reg  S, C;
        always @ (A or B)
            begin
                case ({A, B})
```

```
         2'B00: {S, C}=2'B00;
         2'B01: {S, C}=2'B10;
         2'B10: {S, C}=2'B10;
         2'B11: {S, C}=2'B01;
       endcase
    end
endmodule
```

观察上述 Verilog HDL 对半加器的行为描述,它是在 always 过程块中用 case 分支语句描述输入信号各种组合下对应的输出,即电路的行为,已看不出任何的电路结构。实际上可以理解为对半加器逻辑功能真值表的一种形式化描述。

Verilog HDL 提供了多种逻辑电路的描述方式,在此不逐一列举。

半加器实现的是一位二进制数加法,在实际应用中,需要用到多位二进制数加法,显然,最低位的运算可以利用半加器实现,而其他位的加法运算过程相同,还需要考虑低位进位,由此引入全加器的概念。

【例 4-6】 全加器的设计。

解: 全加器是能实现 3 个 1 位二进制数相加(两个本位加数,一个低位向本位的进位),求得和数及本位向高位进位的逻辑电路。

设电路的输入端 A_i——被加数; B_i——加数; C_{i-1}——低位向本位的进位;电路的输出端 S_i——本位和; C_i——本位向高位的进位。建立反映逻辑关系的真值表见表 4-5。

表 4-5 全加器真值表

输　　入			输　　出		输　　入			输　　出	
A_i	B_i	C_{i-1}	S_i	C_i	A_i	B_i	C_{i-1}	S_i	C_i
0	0	0	0	0	1	0	0	1	0
0	0	1	1	0	1	0	1	0	1
0	1	0	1	0	1	1	0	0	1
0	1	1	0	1	1	1	1	1	1

根据真值表,画出卡诺图,见图 4-14,求得输出逻辑函数的最简与或式。

$$S_i = \overline{A_i}\,\overline{B_i}C_{i-1} + \overline{A_i}B_i\overline{C_{i-1}} + A_i\overline{B_i}\,\overline{C_{i-1}} + A_iB_iC_{i-1}$$
$$\quad = A_i \oplus B_i \oplus C_{i-1}$$
$$C_i = A_iB_i + A_iC_{i-1} + B_iC_{i-1}$$

相应的逻辑电路图见图 4-15,全加器的逻辑符号见图 4-16。

也可以用两个半加器来构成全加器,如图 4-17 所示。

根据图 4-17 写出逻辑表达式。

$$S_i = h \oplus C_{i-1}$$
$$\quad = A_i \oplus B_i \oplus C_{i-1}$$
$$C_i = j_1 + j_2$$
$$\quad = A_iB_i + (A_i \oplus B_i)C_{i-1}$$

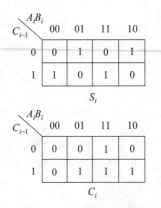

图 4-14　全加器卡诺图

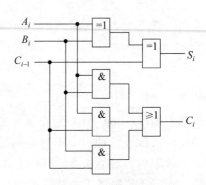

图 4-15　全加器电路图

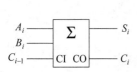

图 4-16　全加器逻辑符号

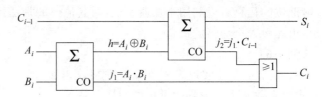

图 4-17　用半加器构成全加器

$$= A_i B_i + A_i \overline{B}_i C_{i-1} + \overline{A}_i B_i C_{i-1}$$
$$= A_i B_i + A_i C_{i-1} + B_i C_{i-1}$$

全加器用 Verilog HDL 描述如下。

```
module fulladder(a,b,cin, cout,s);
input a,b,cin;
output s,cout;
    assign{cout,s}=a+b+cin;          //这里的"+"是 Verilog HDL 的算术运算符
endmodule
```

【例 4-7】　余 3 码转换成 8421 码的 Verilog HDL 描述。

解：余 3 码是在 8421 码基础上加 $(0011)_2$ 得到的,因此,只要将输入的余 3 码减 $(3)_{10}$ 输出,就可得到对应的 8421 码。建立一个输出代码有效标志 error,当其为 0 时,输出有效;当其为 1 时,表示输入出现伪码,输出无效。该转换电路的逻辑框图如图 4-18 所示。

图 4-18　例 4-7 逻辑框图

其 Verilog HDL 描述如下。

```
module  y3to8421(A,Y,error);
    input [3:0] A;
    output [3:0] Y;
    output error;
    reg [3:0] Y;
```

```
    reg error;
        always @ (A)
            begin
                if ((A<4'd3)|(A>4'd12))
                        begin   error=1;Y=0; end      // 输入伪码时,出错
                    else
                        begin error=0;Y=A-4'd3; end    // 转换
                end
endmodule
```

【例 4-8】　测得某电路输出 F 与输入 A、B、C 的波形关系如图 4-19 所示,试写出逻辑表达式并画出与非门实现的逻辑图。

解：分析给定波形图,完整给出了输入 A、B、C 各种组合下的输出,可直接写出输出函数的最小项表达式,简言之,并按题意转换成与非式,实现此逻辑功能的逻辑电路图见图 4-20。

$$F(A,B,C)=m_1+m_3+m_6+m_7$$
$$=\overline{A}\,\overline{B}C+\overline{A}BC+AB\overline{C}+ABC$$
$$=\overline{A}C+AB$$
$$=\overline{\overline{\overline{A}C}\cdot\overline{AB}}$$

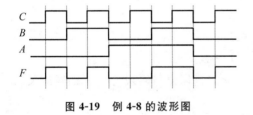

图 4-19　例 4-8 的波形图

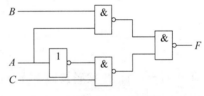

图 4-20　例 4-8 与非门逻辑图

以上列举了多个不同类型的组合逻辑电路设计实例,包括基于 Verilog HDL 的设计描述,目的在于进一步巩固前 3 章的基础知识,提高灵活的综合应用能力。

4.4　典型组合逻辑电路

本节介绍常用的具有特定功能的组合逻辑电路的设计方法、Verilog HDL 模型以及应用分析,包括编码器、译码器、数据分配器、数据选择器、三态缓冲器、数值比较电路、加法器和奇偶校验电路。

4.4.1　编码器

在日常生活中经常会用到编码的概念,例如邮政编码、学生的学号、参加运动会的运动员号码等。

将某个有效输入信号通过组合逻辑电路转换为一个具有特定含义的代码输出,这个

过程称为编码。在数字系统中，常采用机器状态对文字、符号、运算符、数字或状态信号

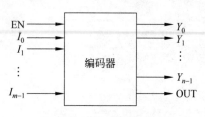

图 4-21　编码器设计模型

进行编码，形成与其对应的二进制代码。具有编码功能的逻辑电路称为编码器。

编码器的设计模型如图 4-21 所示。其中，EN 为编码器电路的使能信号；$I_0, I_1, \cdots, I_{m-1}$ 为需要编码的 m 个信号；$Y_0, Y_1, \cdots, Y_{n-1}$ 为 n 位编码输出信号（$m \leqslant 2^n$）；OUT 为提供给后续电路的编码是否有效的标志信号。

编码器的逻辑功能描述：当使能信号有效时，用 n 位二进制状态对 m 个输入信号中的当前有效信号进行编码输出，标志信号置为有效；若 m 个输入信号均无效（都不要求编码）或当使能信号无效时，标志信号置为无效，编码输出可为任意值（一般为 0）。

1. 普通编码器

用 n 位二进制代码可对 $m = 2^n$ 个输入信号进行编码。以 3 位二进制编码器为例，其输入是 8 个需要进行编码的信号 $I_0 \sim I_7$，输出是 3 位二进制代码 $Y_2 Y_1 Y_0$。在任何时刻，编码器只能对一个有效的输入信号进行编码，即不允许多个输入信号同时有效，所以 $I_0 \sim I_7$ 是互相排斥的变量，可列如表 4-6 所示的简化真值表。

由真值表可求得输出表达式，并画出图 4-22 所示的 3 位二进制编码器的原理图。

$$Y_2 = I_4 + I_5 + I_6 + I_7$$
$$Y_1 = I_2 + I_3 + I_6 + I_7$$
$$Y_0 = I_1 + I_3 + I_5 + I_7$$

不难看出，当输出编码按照 $Y_2 Y_1 Y_0$ 顺序时，其二进制值与输入 I_i 下标的对应关系。

表 4-6　3 位二进制编码器简化真值表

输　入	输　　出		
	Y_2	Y_1	Y_0
I_0	0	0	0
I_1	0	0	1
I_2	0	1	0
I_3	0	1	1
I_4	1	0	0
I_5	1	0	1
I_6	1	1	0
I_7	1	1	1

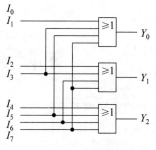

图 4-22　3 位二进制编码器的原理图

上面讨论的只是原理性二进制编码器的组成及输入/输出的关系。需要在此基础上增加使能输入端和编码有效输出标志才能符合实际应用。

【例 4-9】　对图 4-23 所示的 10 个按键信号进行 8421 码编码，建立 Verilog HDL 模型，要求具有使能信号和编码输出有效标志。

解：分析题图可知，编码器的使能信号 n_EN 低有效；编码输出有效标志 OUT 为 1

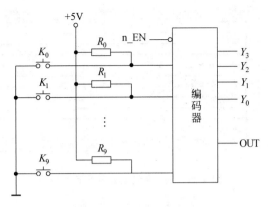

图 4-23   例 4-9 题图

时，$Y_3Y_2Y_1Y_0$ 为有效编码；当没有按键按下时，输入均为逻辑 1，当某个按键按下时，K_i 为逻辑 0，即按键的输入信号为低有效，该编码器的 Verilog HDL 模型如下。

```verilog
module  Key_8421(K,n_EN,Y,OUT);
    input [9:0] K;
    input n_EN;
    output [3:0] Y;
    output OUT;
    reg [3:0] Y;
    reg OUT;
        always @ (n_EN or K)
            if(!n_EN)
                case(K)                                        // 使能有效,开始编码
                    10'b1111111110:{OUT,Y}=5'b1_0000;    //对 K0 编码,OUT=1
                    10'b1111111101:{OUT,Y}=5'b1_0001;    //对 K1 编码,OUT=1
                    10'b1111111011:{OUT,Y}=5'b1_0010;    //对 K2 编码,OUT=1
                    10'b1111110111:{OUT,Y}=5'b1_0011;    //对 K3 编码,OUT=1
                    10'b1111101111:{OUT,Y}=5'b1_0100;    //对 K4 编码,OUT=1
                    10'b1111011111:{OUT,Y}=5'b1_0101;    //对 K5 编码,OUT=1
                    10'b1110111111:{OUT,Y}=5'b1_0110;    //对 K6 编码,OUT=1
                    10'b1101111111:{OUT,Y}=5'b1_0111;    //对 K7 编码,OUT=1
                    10'b1011111111:{OUT,Y}=5'b1_1000;    //对 K8 编码,OUT=1
                    10'b0111111111:{OUT,Y}=5'b1_1001;    //对 K9 编码,OUT=1
                    default:{OUT,Y}=5'b0_0000;
                                    //使能有效,但无按键按下或多键同时按下,OUT=0
                endcase
            else{OUT,Y}=5'b0_0000;                        //使能无效,OUT=0
endmodule
```

可将这个 Verilog HDL 模型输入到 EDA 平台，进行编译、综合及仿真验证。图 4-24 为 Altera Quartus Ⅱ 平台下的功能仿真波形。

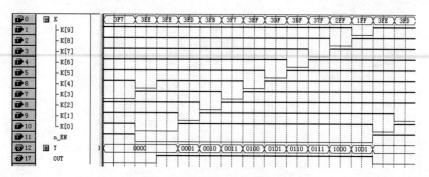

图 4-24　例 4-9 编码器的仿真波形

2. 优先权编码器

如果对编码器的输入端进行优先权分配,那么当多个输入信号同时有效时,编码器仅响应优先权最高的输入请求,产生相应的编码输出。这种具有指定输入端优先权顺序的编码器称为优先权编码器。

优先权编码器可以通过改造普通编码器实现,即对输入端进行优先权分配后,在普通编码器的输入部分增加一个优先权处理逻辑,一旦多个输入有效,其中优先权最高的信号将封锁所有优先权比它低的输入信号,从而保证最多只有一个有效输入(优先权最高者)送到普通编码器,实现只对当前有效输入中优先权最高的进行编码输出。

图 4-25 是一个 8-3 优先权编码器的结构框图。

设输入端优先权从高至低为 $I_7 I_6 I_5 I_4 I_3 I_2 I_1 I_0$,逻辑 1 有效。经过优先权处理逻辑后,产生中间信号 $H_7 H_6 H_5 H_4 H_3 H_2 H_1 H_0$,$H_i$ 与 I_i 的关系是:当 I_i 为最高优先权且为 1 时,H_i 才为 1,即有

$$H_7 = I_7$$
$$H_6 = I_6 \cdot \bar{I}_7$$
$$H_5 = I_5 \cdot \bar{I}_7 \cdot \bar{I}_6$$
$$H_4 = I_4 \cdot \bar{I}_7 \cdot \bar{I}_6 \cdot \bar{I}_5$$
$$H_3 = I_3 \cdot \bar{I}_7 \cdot \bar{I}_6 \cdot \bar{I}_5 \cdot \bar{I}_4$$
$$H_2 = I_2 \cdot \bar{I}_7 \cdot \bar{I}_6 \cdot \bar{I}_5 \cdot \bar{I}_4 \cdot \bar{I}_3$$
$$H_1 = I_1 \cdot \bar{I}_7 \cdot \bar{I}_6 \cdot \bar{I}_5 \cdot \bar{I}_4 \cdot \bar{I}_3 \cdot \bar{I}_2$$
$$H_0 = I_0 \cdot \bar{I}_7 \cdot \bar{I}_6 \cdot \bar{I}_5 \cdot \bar{I}_4 \cdot \bar{I}_3 \cdot \bar{I}_2 \cdot \bar{I}_1$$

且有

$$A_2 = H_4 + H_5 + H_6 + H_7$$
$$A_1 = H_2 + H_3 + H_6 + H_7$$
$$A_0 = H_1 + H_3 + H_5 + H_7$$

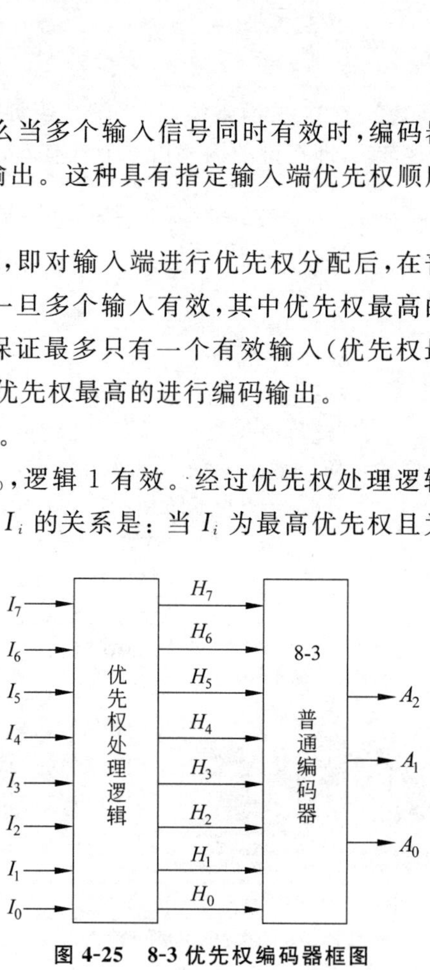

图 4-25　8-3 优先权编码器框图

同理,要满足应用需求,应添加使能输入端和编码有效标志。

【例 4-10】　用 Verilog HDL 建模,设计一个满足表 4-7 中所给功能表的 8-3 优先权编

码器。

表 4-7　功能表

输　　入									输　　出				
/EI	$/I_7$	$/I_6$	$/I_5$	$/I_4$	$/I_3$	$/I_2$	$/I_1$	$/I_0$	$/A_2$	$/A_1$	$/A_0$	/CS	/EO
1	d	d	d	d	d	d	d	d	1	1	1	1	1
0	1	1	1	1	1	1	1	1	1	1	1	1	0
0	0	d	d	d	d	d	d	d	0	0	0	0	1
0	1	0	d	d	d	d	d	d	0	0	1	0	1
0	1	1	0	d	d	d	d	d	0	1	0	0	1
0	1	1	1	0	d	d	d	d	0	1	1	0	1
0	1	1	1	1	0	d	d	d	1	0	0	0	1
0	1	1	1	1	1	0	d	d	1	0	1	0	1
0	1	1	1	1	1	1	0	d	1	1	0	0	1
0	1	1	1	1	1	1	1	0	1	1	1	0	1

从表 4-7 可以看出,该优先权编码器模块的输入/输出均为低有效(采用有效电平约定方式的第 5 组约定),其中,

/EI 是使能输入端(或称片选信号),有效时,编码器正常工作。

$/I_7,/I_6,\cdots,/I_0$ 为具有优先权的编码器输入端,$/I_7$ 的优先权最高。

$/A_2,/A_1,/A_0$ 低有效是指按此顺序编码输出的二进制值与输入$/I_i$ 的下标值为互反关系。

/CS 指出编码输出是否有效,即当/EI 有效且至少有一个$/I_i$ 有效,/CS 才有效。

/EO 是一个使能输出端,便于器件级联构成输入端更多优先权编码器,它的功能是当/EI 有效且无一个$/I_i$ 有效时,/EO 才有效。

在 Verilog HDL 的 always 过程块中采用 if-else、case、for 等高级程序语句可以很方便地构造电路的行为模型。其中的 if-else 语句具有优先级特性,即 if 分支的操作优先于else 分支的操作。因此,表 4-7 所给 8-3 优先权编码器的 Verilog HDL 描述可以写为

```verilog
module youxian (n_EI,n_I,n_Y,n_CS,n_EO);
input n_EI;
input [7:0] n_I;
output [2:0] n_Y;
output n_CS,n_EO;
reg [2:0] n_Y;
reg n_CS,n_EO;
    always @ (n_EI or n_I)
        if(n_EI==0)
            if (n_I[7]==0) {n_CS,n_EO,n_Y}=5'b0_1_000;
            else if (n_I[6]==0) {n_CS,n_EO,n_Y}=5'b0_1_001;
            else if (n_I[5]==0) {n_CS,n_EO,n_Y}=5'b0_1_010;
            else if (n_I[4]==0) {n_CS,n_EO,n_Y}=5'b0_1_011;
            else if (n_I[3]==0) {n_CS,n_EO,n_Y}=5'b0_1_100;
```

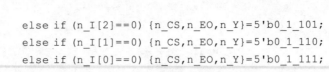

```
        else if (n_I[2]==0) {n_CS,n_EO,n_Y}=5'b0_1_101;
        else if (n_I[1]==0) {n_CS,n_EO,n_Y}=5'b0_1_110;
        else if (n_I[0]==0) {n_CS,n_EO,n_Y}=5'b0_1_111;
        else {n_CS,n_EO,n_Y}=5'b1_0_111;
        else {n_CS,n_EO,n_Y}=5'b1_1_111;
endmodule
```

分析这个描述的结构,可以看出它侧重电路的行为描述,即输入与输出的因果关系,实际上就是功能表的逐行描述。为简化程序结构,采用了对拼接向量赋值的方式,其功能仿真波形如图 4-26 所示。

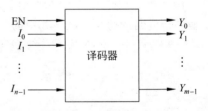

图 4-26　youxian 的功能仿真

4.4.2　译码器

在数字系统中用二进制代码表示某一种信息称为编码,反之将二进制代码"翻译"成对应的输出状态称为译码。所以,译码器是对具有一定含义的输入进行翻译,将输入代码转换成相应输出信号的一种组合电路。图 4-27 是译码器的设计模型框图。其中,EN 是使能信号,当其有效时,译码器才能正常工作。当输入端为 n 位二进制代码时,可产生满足 $m \leqslant 2^n$ 的与输入组合对应的 m 个输出,且 m 个输出的有效状态均有互斥性。

图 4-27　译码器设计模型

译码器的逻辑功能描述:在使能信号有效期间,一旦输入变量的取值确定后,仅有对应的输出端为有效电平,其他输出端均为无效电平;当使能信号无效时,所有输出端均为无效电平。如果有效电平是高电平,则无效电平就是低电平,反之亦然。

译码器是一种应用广泛的逻辑器件。在数字系统中,通常用于指令译码、存储器地址译码、外设地址译码等。常用译码电路有 3 类,分别为二进制译码器、BCD 译码器和BCD-七段数字显示译码器。

1. 二进制译码器

二进制译码器是指将具有指定顺序输入端的二进制代码的所有组合都进行"翻译"的译码器,若有 n 个输入,就应有 2^n 个输出与之对应,每个输出端对应一个输入的最小项。因此,二进制译码器也称完全译码器。

由完全译码器的概念可知,对于每一组输入变量的取值只有一个输出端的输出有效,其他输出端均无效,如果将输出有效级定义为高有效,且带有一个低有效的使能端 /EN,则可以列出 2-4 译码器的简化真值表(表 4-8)。

表 4-8　2-4 译码器真值表

/EN	A_1	A_0	Y_0	Y_1	Y_2	Y_3
1	×	×	0	0	0	0
0	0	0	1	0	0	0
0	0	1	0	1	0	0
0	1	0	0	0	1	0
0	1	1	0	0	0	1

由真值表可以得出

$$Y_0 = \overline{EN} \cdot \overline{A_1}\,\overline{A_0}, Y_1 = \overline{EN} \cdot \overline{A_1}A_0, Y_2 = \overline{EN} \cdot A_1\,\overline{A_0}, Y_3 = \overline{EN} \cdot A_1 A_0$$

译码器的逻辑原理图如图 4-28 所示。

从上述设计结果可以看到,在使能有效时,译码器的每一个输出函数正好对应一个输入变量取值构成的最小项,$Y_i = m_i$,即,当/EN=0 时,译码器的输出表达式为

$$Y_0 = \overline{A_1}\overline{A_0}, \quad Y_1 = \overline{A_1}A_0, \quad Y_2 = A_1\overline{A_0}, \quad Y_3 = A_1 A_0$$

同理,可以设计出一个典型 3-8 译码器电路逻辑框图,逻辑原理图、逻辑功能表分别见图 4-29、图 4-30 和表 4-9。

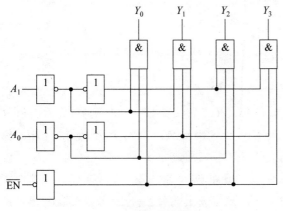

图 4-28　2-4 译码器的逻辑原理图

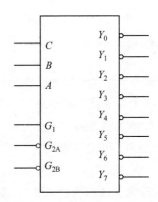

图 4-29　典型 3-8 译码器的逻辑框图

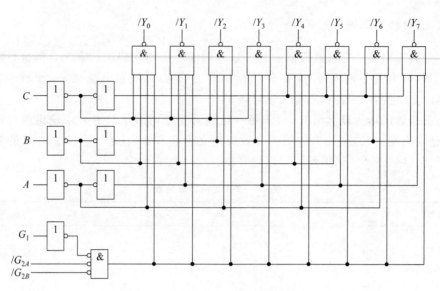

图 4-30　典型 3-8 译码器的逻辑原理图

表 4-9　典型 3-8 译码器功能表

输　入						输　出							
G_1	$/G_{2A}$	$/G_{2B}$	C	B	A	$/Y_7$	$/Y_6$	$/Y_5$	$/Y_4$	$/Y_3$	$/Y_2$	$/Y_1$	$/Y_0$
0	d	d	d	d	d	1	1	1	1	1	1	1	1
d	1	d	d	d	d	1	1	1	1	1	1	1	1
d	d	1	d	d	d	1	1	1	1	1	1	1	1
1	0	0	0	0	0	1	1	1	1	1	1	1	0
1	0	0	0	0	1	1	1	1	1	1	1	0	1
1	0	0	0	1	0	1	1	1	1	1	0	1	1
1	0	0	0	1	1	1	1	1	1	0	1	1	1
1	0	0	1	0	0	1	1	1	0	1	1	1	1
1	0	0	1	0	1	1	1	0	1	1	1	1	1
1	0	0	1	1	0	1	0	1	1	1	1	1	1
1	0	0	1	1	1	0	1	1	1	1	1	1	1

典型 3-8 译码器电路具有 3 个使能端 G_1、$/G_{2A}$ 和 $/G_{2B}$,其中 G_1 高有效,$/G_{2A}$ 和 G_{2B} 低有效;3 个变量顺序为 C、B、A 的输入端;8 个输出端 $/Y_0\cdots/Y_7$ 均为低有效,其下标与 CBA 的取值组合形成对应。只有使能端均有效时,即满足 $EN = G_1 \cdot \overline{G}_{2A} \cdot \overline{G}_{2B}$,该译码器才处于工作状态。当输入变量 CBA 为 000 时,只有输出端 $/Y_0 = 0$(有效),其他输出端都是 1(无效);当输入变量 CBA 为 001 时,只有输出端 $/Y_1 = 0$(有效),其他输出端都是 1(无效)。从逻辑代数的角度,每一个输出变量 $/Y_i$ 对应一个关于 CBA 的最小项,即有 $/Y_i = \overline{m}_i$。

3-8 译码器的 Verilog HDL 描述如下(可有其他多种描述),其时序仿真波形见图 4-31。

```
module decoder3_8(en,in,out);
    input [3:1] in;
    input [3:1] en;
    output [8:1] out;
    reg [8:1] out;
        always @ (en or in)
            if(en[3]&(~en[2])&(~en[1]))
                case(in)
                    3'b000:out=8'b11111110;
                    3'b001:out=8'b11111101;
                    3'b010:out=8'b11111011;
                    3'b011:out=8'b11110111;
                    3'b100:out=8'b11101111;
                    3'b101:out=8'b11011111;
                    3'b110:out=8'b10111111;
                    3'b111:out=8'b01111111;
                    default:out=8'b11111111;
                endcase
            else out=8'b11111111;
endmodule
```

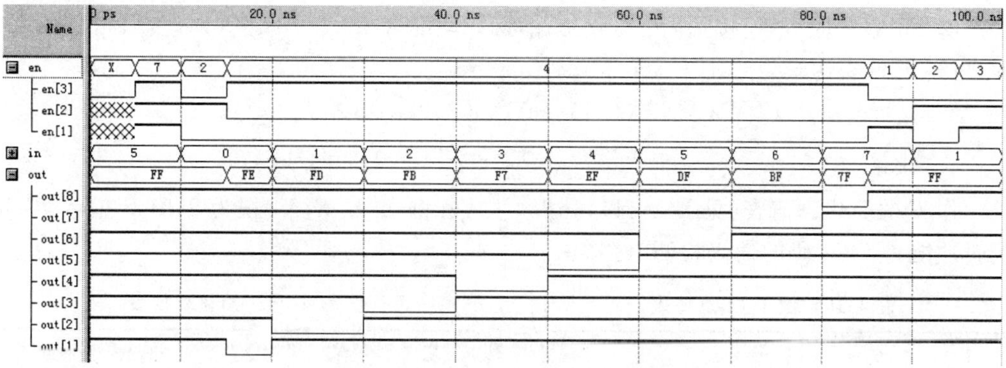

图 4-31　3-8 译码器的功能仿真波形

特别提示：上述典型 3-8 译码器电路就是传统 MSI 器件中的 74LS138。

由于典型 3-8 译码器的输出端 $/Y_i$ 与输入端 C、B、A 的最小项存在对应关系，除应用于指令译码、地址译码等功能外，也可以用来实现逻辑函数，即只要得到逻辑函数的最小项表达式，就可采用译码器和适当逻辑门实现。

【例 4-11】　试分析图 4-32 所示电路功能。

解：① 写出输出函数 S_i 以及 C_i 的表达式。

$$S_i(A_i,B_i,C_{i-1}) = \overline{/Y_1 \cdot /Y_2 \cdot /Y_4 \cdot /Y_7}$$

$$C_i(A_i,B_i,C_{i-1}) = \overline{/Y_3 \cdot /Y_5 \cdot /Y_6 \cdot /Y_7}$$

② 函数变量 A_i，B_i，C_{i-1} 与典型 3-8 译码器的输入端 C、B、A 顺序对应，且使能端均

应为有效状态，则$/Y_i = \overline{m_i}$，可得到

$$S_i(A_i,B_i,C_{i-1}) = \overline{/Y_1 \cdot /Y_2 \cdot /Y_4 \cdot Y_7} = \overline{\overline{m_1} \cdot \overline{m_2} \cdot \overline{m_4} \cdot \overline{m_7}} = \sum m(1,2,4,7)$$

$$C_i(A_i,B_i,C_{i-1}) = \overline{/Y_3 \cdot /Y_5 \cdot /Y_6 \cdot Y_7} = \overline{\overline{m_3} \cdot \overline{m_5} \cdot \overline{m_6} \cdot \overline{m_7}} = \sum m(3,5,6,7)$$

③ S_i 以及 C_i 的真值表如表 4-10 所示。从真值表中可以看出，图 4-32 所示电路实现的是一个全加器，其中 A_i 和 B_i 是加数，C_{i-1} 是低位进位，S_i 是本位和，C_i 是向高位的进位。

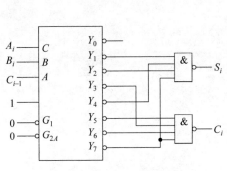

图 4-32　例 4-11 的逻辑电路图

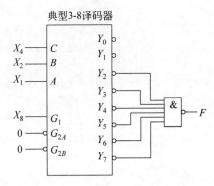

图 4-33　例 4-12 题图

【例 4-12】　分析图 4-33 逻辑函数 F 实现的逻辑功能。

解：函数变量 X_8 连接到高有效使能端，函数变量 $X_4 X_2 X_1$ 与 CBA 对应，因此当 $X_8 = 1$ 时，可得 F 的表达式为

$$F(X_8,X_4,X_2,X_1) = X_8 \cdot G(X_4,X_2,X_1)$$

$$= X_8 \cdot \sum m^3(2,3,4,5,6,7)$$

作 F 的简化真值表(见表 4-11)，分析可知，若将 $X_8 X_4 X_2 X_1$ 视为 8421 码输入，F 的逻辑功能为 8421 码的伪码检测电路。

表 4-10　例 4-11 真值表

A_i	B_i	C_{i-1}	S_i	C_i
0	0	0	0	0
0	0	1	1	0
0	1	0	1	0
0	1	1	0	1
1	0	0	1	0
1	0	1	0	1
1	1	0	0	1
1	1	1	1	1

表 4-11　简化真值表

X_8	X_4	X_2	X_1	F
1	0	0	0	0
1	0	0	1	0
1	0	1	0	1
1	0	1	1	1
1	1	0	0	1
1	1	0	1	1
1	1	1	0	1
1	1	1	1	1

【例 4-13】　分析图 4-34 所示电路，写出/CS0 和/CS1 有效所需的条件，并用 Verilog HDL 描述。

解：① 根据题意，若/CS0、/CS1 低有效，/RD 与/WR 应低有效。

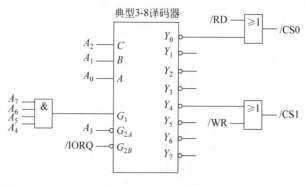

图 4-34　例 4-13 题图

若使译码器工作,需满足 $A_7A_6A_5A_4=1111$、$A_3=0$ 且 /IORQ$=0$。

此时 $A_2A_1A_0=000$ 且 /RD$=0$ 时,/CS0$=0$,/CS1$=1$。

$A_2A_1A_0=100$ 且 /WR$=0$ 时,/CS0$=1$,/CS1$=0$。

其功能也可用表格形式描述。

/IORQ	/RD	/WR	A_7	A_6	A_5	A_4	A_3	A_2	A_1	A_0	/CS0	/CS1
0	0	d	1	1	1	1	0	0	0	0	0	1
0	d	0	1	1	1	1	0	1	0	0	1	0
其他情况											1	1

② 例 4-13 的 Verilog HDL 描述。

```
module CS0_1(n_IORQ,n_RD,n_WR, A,n_CS0,n_CS1);
input n_IORQ,n_RD,n_WR;
input [7:0] A;
output n_CS0,n_CS1;
    assign n_CS0=(!n_IORQ && !n_RD && A==8'HF0)?0:1;
    assign n_CS1=(!n_IORQ && !n_WR && A==8'HF4)?0:1;
endmodule
```

【例 4-14】　分析图 4-35 所示电路的逻辑功能。

解:由电路连接可以看出,输入变量中 A_3 分别接入片①的 G_{2A} 和片②的 G_1 端,$A_2A_1A_0$ 引脚均接入两片译码器的 CBA 端,/G 同时接入片①的 G_{2B} 以及片②的 G_{2A}、G_{2B} 端。根据 3-8 译码器的电路功能可知,当 /G$=0$,输入 $A_3=0$ 时,片①工作,片②禁止,$/Y_0 \sim /Y_7$ 译出 $A_3A_2A_1A_0$ 的 0000~0111 8 种组合;当输入 $A_3=1$ 时,片②工作,片①禁止,$/Y_8 \sim /Y_{15}$ 译出 $A_3A_2A_1A_0$ 的 1000~1111 8 种组合。即 /G$=0$ 时,$A_3A_2A_1A_0$ 的 16 种组合分别译码到 $/Y_{15} \sim /Y_0$ 中的一个端口。因此,电路功能是具有低有效使能端 /G 的 4-16 译码器。

通过这个例子可以总结出利用多片 3-8 译码器扩展得到 $n-2^n$ 译码器的原理:低位变量共享,注意变量连接顺序;利用高位变量的不同逻辑组合和译码器的使能端进行扩展;标定输出顺序。

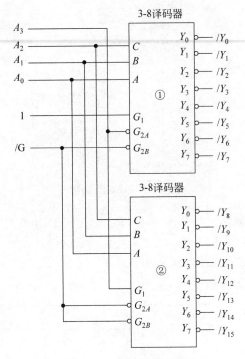

图 4-35　例 4-14 电路图

事实上,在前面 74LS138 的 Verilog HDL 模型基础上也很容易扩展出 4-16 译码器的描述。

2. BCD 译码器

BCD 是用 4 位二进制代码表示 10 个十进制数字符号的编码,常用的 BCD 有 8421 码、余 3 码、2421 码和格雷 BCD 码等。

BCD 译码器实际上就是不"翻译"伪码的 4-10 译码器。

以 8421 码译码器为例,它只对输入端 $A_3A_2A_1A_0$ 的 0000~1001 10 种组合进行翻译,产生对应的 $Y_0 \sim Y_9$ 10 个输出。下面给出 8421 码译码器的 Verilog HDL 模型。

```
module decode_8421(en,A,Y);
    input en;                                        //高有效使能输入
    input [3:0] A;                                   //8421 码输入
    output [9:0] Y;                                  //译码输出,高有效
    reg [9:0] Y;
    parameter   S0=4'B0000,S1=4'B0001,S2=4'B0010,S3=4'B0011,S4=4'B0100,
                S5=4'B0101,S6=4'B0110,S7=4'B0111,S8=4'B1000,S9=4'B1001;
        always @ (en or A)
            if (en)
                case (A)
                    S0:Y=10'b00_0000_0001;
```

```
            S1:Y=10'b00_0000_0010;
            S2:Y=10'b00_0000_0100;
            S3:Y=10'b00_0000_1000;
            S4:Y=10'b00_0001_0000;
            S5:Y=10'b00_0010_0000;
            S6:Y=10'b00_0100_0000;
            S7:Y=10'b00_1000_0000;
            S8:Y=10'b01_0000_0000;
            S9:Y=10'b10_0000_0000;
            default:Y=10'b00_0000_0000;
        endcase
    else Y=10'b00_0000_0000;
endmodule
```

对上述模型稍作修改,即可获得使能输入低有效或者译码输出低有效的 8421 码译码器的描述。另外,通过修改 parameter 语句中标识符常量的定义,即可得到各种 BCD 译码器的 Verilog HDL 模型。由此可见,运用硬件描述语言建模摆脱了传统逻辑器件的束缚,具有很大的灵活性。

3. BCD-七段数字显示译码器

在数字系统中,经常需要将数字、文字、符号的二进制代码翻译成人们习惯的形式并直观地显示成十进制数字或其他符号,以便读取或监视系统的工作情况。由于各种工作方式的显示器件对译码器的要求区别很大,而实际工作中又希望显示器和译码器能配合使用,甚至直接利用译码器驱动显示器。因此,将这种类型的译码器称为显示译码器。下面介绍最简单、常用的七段数字显示器和相应的 BCD-七段数字显示译码驱动电路。

如图 4-36 所示,七段数字显示器采用发光二极管排列成 a、b、c、d、e、f、g 7 个笔画段,点亮不同笔画段即可显示出相应的字形。图 4-37 给出的是发光二极管在七段数字显示器内部的两种接法——共阴极和共阳极接法。

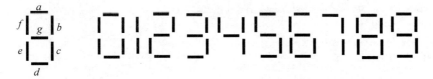

图 4-36　七段数字显示器

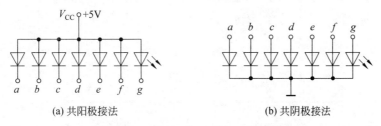

(a) 共阳极接法　　　　　　　(b) 共阴极接法

图 4-37　七段数字显示器的两种接法

可以看出,若驱动共阳极接法的七段数字显示器,应在 a、b、c、d、e、f、g 端加载低电平(逻辑 0),以点亮相应笔画段;若驱动共阴极接法的七段数字显示器,应在 a、b、c、d、e、f、g 端加载高电平(逻辑 1),以点亮相应笔画段。

BCD-七段显示译码器实际上是 BCD 译码器与七段字形编码器的集成,图 4-38 是它的逻辑框图。

【例 4-15】 设计一个格雷 BCD 码-七段数字显示译码器,要求电路具有测试端和熄灭控制端,驱动共阴极接法的七段数字显示器。

解: 根据题意画出图 4-39 所示功能框图,$/T$ 为低有效测试端,当 $/T=0$ 时,点亮所有笔画段,用于测试七段数字显示器是否正常工作;$/M$ 为低有效的熄灭控制端,当 $/M=0$ 时,七段数字显示器处于熄灭状态;只有当 $/T=1$ 且 $/M=1$ 时,才根据当前格雷 BCD 码输入($X_3 X_2 X_1 X_0$)产生相应的高有效的 $a\sim g$ 信号,从而驱动共阴极七段数字显示器显示出相应的数字(0~9)。

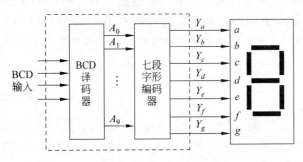

图 4-38　BCD-七段显示译码器

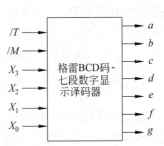

图 4-39　例 4-15 功能框图

功能表见表 4-12。

表 4-12　格雷 BCD 码-七段数字显示译码器功能表

输　入						输　出							说　明
$/T$	$/M$	X_3	X_2	X_1	X_0	a	b	c	d	e	f	g	
0	d	d	d	d	d	1	1	1	1	1	1	1	全亮,用于测试
1	0	d	d	d	d	0	0	0	0	0	0	0	熄灭
1	1	0	0	0	0	1	1	1	1	1	1	0	0
1	1	0	0	0	1	0	1	1	0	0	0	0	1
1	1	0	0	1	1	1	1	0	1	1	0	1	2
1	1	0	0	1	0	1	1	1	1	0	0	1	3
1	1	0	1	1	0	0	1	1	0	0	1	1	4
1	1	0	1	1	1	1	0	1	1	0	1	1	5
1	1	0	1	0	1	1	0	1	1	1	1	1	6
1	1	0	1	0	0	1	1	1	0	0	0	0	7
1	1	1	1	0	0	1	1	1	1	1	1	1	8
1	1	1	0	0	0	1	1	1	1	0	1	1	9

① 可按照传统的设计方法画出每个输出函数的卡诺图,求得最简表达式,画出电路图,用逻辑门实现。请读者自行完成。

② 下面介绍采用 Verilog HDL 的建模方法。

可利用由①得到的最简表达式,采用 assign 语句进行数据流描述;也可利用由①得到的电路图进行门级建模;或根据功能表直接建立行为模型。

```verilog
//格雷 BCD 码-七段数字显示译码器行为描述
module GrayBCD_7seg(n_T,n_M,X,Y);
    input n_T,n_M;
    input [3:0] X;                              //格雷 BCD 输入
    output [6:0] Y;                             //对应 a~g 的七段输出
    reg [6:0] Y;
        always @ (n_T or n_M or X)
            if(!n_T)Y=7'b 111_1111;            //测试
            else if(!n_M)Y=7'b000_0000;        //熄灭
                else case(X)
                        4'b0000:Y=7'b111_1110;
                        4'b0001:Y=7'b011_0000;
                        4'b0011:Y=7'b110_1101;
                        4'b0010:Y=7'b111_1001;
                        4'b0110:Y=7'b011_0011;
                        4'b0111:Y=7'b101_1011;
                        4'b0101:Y=7'b101_1111;
                        4'b0100:Y=7'b111_0000;
                        4'b1100:Y=7'b111_1111;
                        4'b1000:Y=7'b111_1011;
                        default:Y=7'b000_0000;      //其他输入时,不显示
                endcase
endmodule
```

若将 case 语句中 Y 的输出按位取反,则可得到驱动共阳极数字显示器的模型。适当修改,即可获得其他 BCD-七段显示译码器的 Verilog HDL 描述。

图 4-40 是格雷 BCD 码-七段数字显示译码器的功能仿真波形。

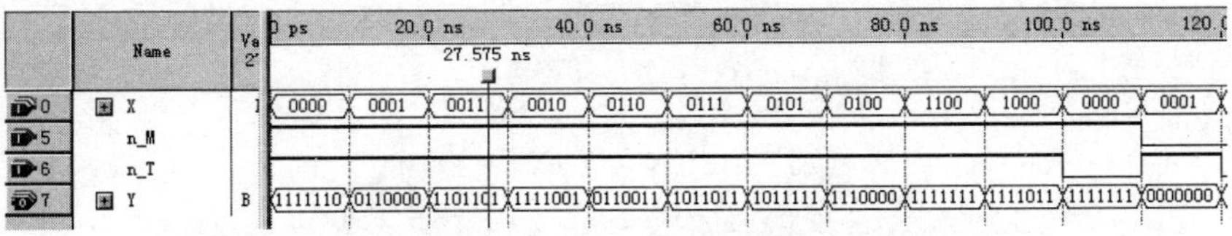

图 4-40　格雷 BCD 码-七段数字显示译码器的功能仿真波形

在传统 MSI 中,有多种七段数字显示译码器集成电路,例如 74LS47、74LS48、74LS49 等,有兴趣的读者可查阅有关书籍与资料。

4.4.3 数据分配器

能够将输入数据根据需要传送到 K 个输出端中任意一个输出端的电路称为数据分配器，又称多路分配器(Demultiplexer)，它是一种单路输入、多路输出的组合电路，常记为 1-n 数据分配器，图 4-41 是其功能框图。

输出端的个数与选择控制端应满足 $k \leqslant 2^n$。

数据分配器的逻辑功能描述：在使能控制端有效时，将输入数据的逻辑值分配到选择控制变量指向的输出端上去。

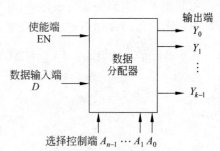

图 4-41   数据分配器功能框图

【例 4-16】 设计一个使能控制低有效时，将一路输入分配给 4 路输出的数据分配器。

① 逻辑抽象。

输入信号：使能端用/EN 表示，低有效；一路输入数据用 D 表示；两个选择控制信号用 $X_1 X_0$ 表示。

输出信号：4 个输出端，用 $Y_0 Y_1 Y_2 Y_3$ 表示。

设定：

当 $X_1 X_0 = 00$ 时，选中输出端 Y_0，即 $Y_0 = D$；

当 $X_1 X_0 = 01$ 时，选中输出端 Y_1，即 $Y_1 = D$；

当 $X_1 X_0 = 10$ 时，选中输出端 Y_2，即 $Y_2 = D$；

当 $X_1 X_0 = 11$ 时，选中输出端 Y_3，即 $Y_3 = D$。

② 列真值表如表 4-13 所示。

表 4-13   1-4 数据分配器真值表

输　　入			输　　出			
/EN	X_1	X_0	Y_0	Y_1	Y_2	Y_3
1	d	d	0	0	0	0
0	0	0	D	0	0	0
0	0	1	0	D	0	0
0	1	0	0	0	D	0
0	1	1	0	0	0	D

③ 写出逻辑表达式。

$$Y_0 = \overline{/\text{EN}} \cdot \overline{X}_1 \overline{X}_0 \cdot D$$

$$Y_1 = \overline{/\text{EN}} \cdot \overline{X}_1 X_0 \cdot D$$

$$Y_2 = \overline{/\text{EN}} \cdot X_1 \overline{X}_0 \cdot D$$

$$Y_3 = \overline{/\text{EN}} \cdot X_1 X_0 \cdot D$$

④ 画逻辑图。

根据逻辑表达式，画出如图 4-42 所示的逻辑图。

　　由图 4-42 可见,数据分配器与译码器有着相同的电路结构,若将输入端 D 看作这个电路的另一个使能端,则该电路就是一个具有两个使能端($/EN$ 和 D)的 2-4 译码器。事实上,数据分配器就是具有使能输入端的二进制译码器。或者说,只要将二进制译码器的使能输入端用作数据输入,其变量输入端用作选择控制输入,就可以构成数据分配器。

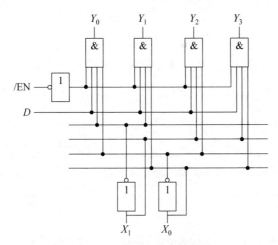

图 4-42　1-4 数据分配器逻辑图

　　⑤ 1-4 数据分配器的 Verilog HDL 门级结构模型。

```
module my1_4(n_EN,D,X,Y);
input n_EN,D;
input [1:0] X;
output [3:0] Y;
wire w1,w0,en;                                      //定义 3 个非门的输出
    not u1(w1,X[1]);
    not u2(w0,X[0]);
    not u3(en,n_EN);
    and u4(Y[0],w0,w1,D,en);
    and u5(Y[1],w1,X[0],D,en);
    and u6(Y[2],X[1],w0,D,en);
    and u7(Y[3],X[1],X[0],D,en);
endmodule
```

　　⑥ 1-4 数据分配器的 Verilog HDL 行为模型。

```
module demux1_4(n_en,D,X,Y);
input n_en,D;
input [1:0] X;
output [3:0] Y;
reg [3:0]  Y;
    always @ (n_en or D or X)
        if(~n_en)
            case(X)
```

```
                2'b00:Y[0]=D;
                2'b01:Y[1]=D;
                2'b10:Y[2]=D;
                2'b11:Y[3]=D;
            endcase
        else Y=4'b0000;
endmodule
```

⑦ 1-4 数据分配器 Verilog HDL 模型的仿真波形见图 4-43。

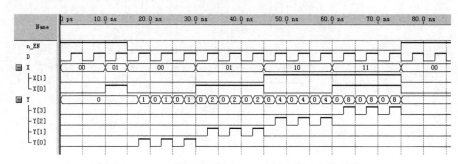

图 4-43　1-4 数据分配器 Verilog HDL 模型的仿真波形

4.4.4　数据选择器

在多路数据传送过程中能够根据需要将其中任意一路挑选出来的电路称为数据选择器，又称多路选择器(Multiplexers)或多路开关，它是一种多路输入、单路输出的组合电路，常记为 $n/1$ 或 $n-1$ 数据选择器，图 4-44 是数据选择器的功能框图。

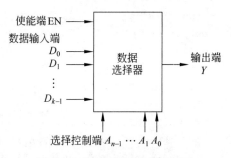

图 4-44　数据选择器功能框图

数据输入端的个数与选择控制端应满足 $k \leqslant 2^n$。

数据选择器的逻辑功能：当使能端有效时，将选择控制变量指向的多路输入数据中的一路送到输出端。

1. 数据选择器的设计

【例 4-17】　设计一个使能控制低有效的 4-1 数据选择器。

① 逻辑抽象。

输入信号：使能端/EN，低有效；4 路数据用 $D_0 D_1 D_2 D_3$ 表示；两个选择控制变量用 $S_1 S_0$ 表示。

输出信号：用 Y 表示。

设定：

当 $S_1 S_0 = 00$ 时，$Y = D_0$；

当 $S_1 S_0 = 01$ 时，$Y = D_1$；

当 $S_1 S_0 = 10$ 时，$Y = D_2$；

当 $S_1 S_0 = 11$ 时，$Y = D_3$。

② 根据以上分析，列出如表 4-14 所示的真值表。

③ 由真值表可得输出表达式

$$Y = \overline{/EN} \cdot (\bar{S}_1 \bar{S}_0 \cdot D_0 + \bar{S}_1 S_0 \cdot D_1 + S_1 \bar{S}_0 \cdot D_2 + S_1 S_0 \cdot D_3)$$

$$= \overline{/EN} \cdot \sum_{i=0}^{3} m_i \cdot D_i$$

④ 画出电路图，如图 4-45 所示。

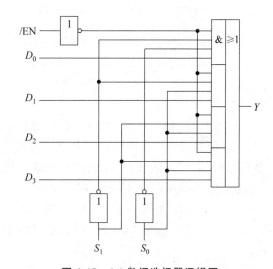

图 4-45　4-1 数据选择器逻辑图

表 4-14　4-1 数据选择器真值表

输　　入			输　　出
/EN	S_1	S_0	Y
1	d	d	0
0	0	0	D_0
0	0	1	D_1
0	1	0	D_2
0	1	1	D_3

可以看出，数据选择器具有以"与或"电路为核心的结构特点。当使能端/EN＝0 时，各"与门"打开，电路正常工作，可在 $S_1 S_0$ 的控制下将输入端 D_0、D_1、D_2、D_3 送到输出端 Y；当使能端/EN＝1 时，"与门"被封锁，输出 $Y = 0$。

⑤ 4-1 数据选择器的 Verilog HDL 行为描述。

```
module  sel_4_1 (n_EN, sel, D, Y);
input  n_EN;              //使能,低有效
input  [1:0]  sel;       //选择控制变量
input  [3:0]  D;         //4 路输入数据
output  Y;
reg  Y;
    always @ (n_EN or sel or D)
      if (! n_EN)
        case (sel)
            2'b00 : Y=D[0];
            2'b01 : Y=D[1];
            2'b10 : Y=D[2];
```

```
                2'b11 : Y=D[3];
            endcase
        else Y=0;
endmodule
```

⑥ 4-1 数据选择器的 Verilog HDL 数据流描述。

```
module  sel_4_1 (n_EN, S1, S0, D0, D1, D2, D3, Y);
input  n_EN, S1, S0, D0, D1, D2, D3;
output  Y;
wire  w0, w1, w2, w3;
    assign  w0=~n_EN & ~S1 & ~S0 & D0;
    assign  w1=~n_EN & ~S1 & S0 & D1;
    assign  w2=~n_EN & S1 & ~S0 & D2;
    assign  w3=~n_EN & S1 & S0 & D3;
    assign  Y=w0 | w1 | w2 | w3;
endmodule
```

同样可以设计一个典型 8-1 数据选择器,要求具有低有效使能端、互补输出端,如图 4-46 中的逻辑框图所示。其中,EN 为低有效的使能端;$X_2 X_1 X_0$ 是 8-1 数据选择器的控制选择输入端,表 4-15 是它的功能表。显然,可以写出使能端有效(/EN=0)时的输出表达式,并画出图 4-47 所示的卡诺图。

$$Y = \overline{X}_2 \overline{X}_1 \overline{X}_0 \cdot D_0 + \overline{X}_2 \overline{X}_1 X_0 \cdot D_1 + \overline{X}_2 X_1 \overline{X}_0 \cdot D_2 + \overline{X}_2 X_1 X_0 \cdot D_3$$
$$+ X_2 \overline{X}_1 \overline{X}_0 \cdot D_4 + X_2 \overline{X}_1 X_0 \cdot D_5 + X_2 X_1 \overline{X}_0 \cdot D_6 + X_2 X_1 X_0 \cdot D_7$$
$$= \sum_{i=0}^{7} m_i \cdot D_i$$

这里的 m_i 是关于控制选择输入端 $X_2 X_1 X_0$ 顺序的最小项。

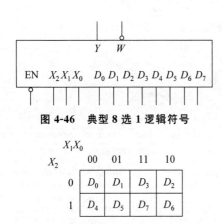

图 4-46　典型 8 选 1 逻辑符号

图 4-47　典型 8 选 1 输出 Y 的卡诺图

表 4-15　典型 8 选 1 功能表

输	入			输	出
/EN	X_2	X_1	X_0	Y	W
1	d	d	d	0	1
0	0	0	0	D_0	$\overline{D}_0$
0	0	0	1	D_1	$\overline{D}_1$
0	0	1	0	D_2	$\overline{D}_2$
0	0	1	1	D_3	$\overline{D}_3$
0	1	0	0	D_4	$\overline{D}_4$
0	1	0	1	D_5	$\overline{D}_5$
0	1	1	0	D_6	$\overline{D}_6$
0	1	1	1	D_7	$\overline{D}_7$

下面是 8-1 数据选择器的 Verilog HDL 描述,其仿真波形如图 4-48 所示。

```
module  my8_1wave (n_en, sel, din, out);
```

```
input   n_en;                //对应逻辑符号中的 EN
input   [2:0]  sel;          //对应逻辑符号中的 X₂X₁X₀
input   [7:0]  din;          //对应逻辑符号中的 D₇~D₀
output  out;                 //对应逻辑符号中的 Y
reg     out;
    always @ (n_en or sel or din)
        if (! n_en)
            case (sel)
                3'b000 : out=din[0];
                3'b001 : out=din[1];
                3'b010 : out=din[2];
                3'b011 : out=din[3];
                3'b100 : out=din[4];
                3'b101 : out=din[5];
                3'b110 : out=din[6];
                3'b111 : out=din[7];
                default : out=1'b0;
            endcase
        else  out=1'b0;
endmodule
```

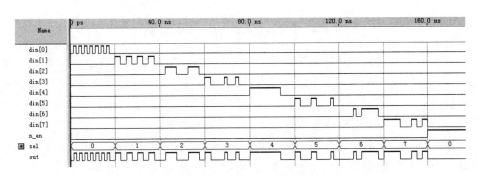

图 4-48　8-1 数据选择器的仿真波形

　　由仿真波形可看出,虽然 8 个数据输入端 din[0]～din[7]都加载了信号,但只有控制选择信号 sel 选中时的那一路才送到输出端 out。例如,当 sel＝3'b000 期间,选择 din[0]送出;当 sel＝3'b001 期间,选择 din[1]送出;以此类推。

　　特别提示:上述典型 8-1 数据选择器就是传统 MSI 器件中的 74LS151。

2. 数据选择器的应用

　　数据选择器的应用很广泛,除上面介绍的数据选择传送外,还可用作并行-串行数据转换器以及逻辑函数发生器。

　　(1) 数据选择器用作并行-串行数据转换器。

　　如果在数据选择器的数据输入端 D_i 加载数据后,让控制选择信号按自然二进制递增(或递减)规律变化,那么在输出端就可以得到相应的多位串行数据,从而实现把输入的并行数据转换为串行数据输出的功能。

在通信网络和计算机网络中,为节省信道,需要发送端将多位并行数据转换为串行数据后再送到信道上;而在接收端又要将信道上传来的多位串行数据转换为并行数据后送到用户线上,这就是信息的传递与分配。

将数据选择器与数据分配器结合起来就可以实现信息的传递与分配。例如,将 8 选 1 数据选择器和 3-8 译码器(译码器用作分配器)按图 4-49 连接起来,在保证收发两端的地址信号(控制选择信号)严格同步的情况下,它就是一个 8 路信息的传递与分配电路。

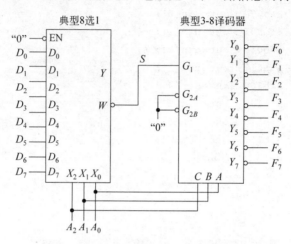

图 4-49　8 路信息的传递与分配电路

由于收发两端地址信号 $A_2 A_1 A_0$ 是同步产生的,所以当 $A_2 A_1 A_0 = 000$ 时,D_0 被选中,则 $S = \overline{D_0}$,$F_0 = \overline{S} = D_0$。同理,当 $A_2 A_1 A_0 = 001 \sim 111$ 时,$F_1 \sim F_7 = D_1 \sim D_7$,达到预期传送的目的。

(2) 数据选择器用作函数发生器。

数据选择器还经常用来作为逻辑函数发生器,实现逻辑函数的功能。根据数据选择器在使能有效时的输出表达式 $Y = m_0 D_0 + m_1 D_1 + \cdots + m_7 D_7 + \cdots + m_{2^n-1} D_{2^n-1}$($m_i$ 是关于控制选择变量的最小项)可知,它具有标准与或表达式的形式,而任何逻辑函数都可以转换成标准与或表达式的形式。所以,若将逻辑函数的输入变量作为数据选择器的控制选择和数据输入时,数据选择器的输出 Y 就是所要实现的逻辑函数。

当逻辑函数的变量个数与数据选择器的控制选择端个数相同时,数据选择器的数据输入端 D_i 不是接 1 就是接 0;当逻辑函数的变量个数多于数据选择器的控制选择端个数时,先确定哪些函数变量用作控制选择变量,此时,数据选择器的数据输入端 D_i 或接 1、或接 0、或是"没有用作控制选择变量的其余变量"的逻辑组合。

【例 4-18】 分析图 4-50 所示电路实现的逻辑函数。

解: 该电路用具有 3 个控制选择输入端的典型 8 选 1 数据选择器实现,由典型 8 选 1 数据选择器的功能可知

$$Y = \sum m_i^3 D_i,\ \text{其中}\ m_i\ \text{是关于}\ X_2, X_1, X_0\ \text{的最小项}。$$

根据电路连接,存在:$F = Y$,$X_2 = A$,$X_1 = B$,$X_0 = C$,D_3、D_5、D_6、D_7 接逻辑 1,其余

接 0，代入上式可得

$$F = \sum m^3(3,5,6,7) = AB + BC + AC$$

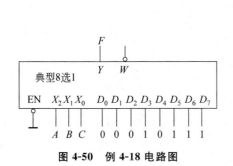

图 4-50 例 4-18 电路图

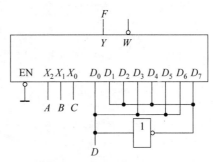

图 4-51 例 4-19 的逻辑图

【例 4-19】 图 4-51 是由 8-1 数据选择器构成的电路，分析该电路实现的逻辑功能。

解：根据 8-1 数据选择器输出表达式的特点，可直接写出 F 的表达式。

$$F(A,B,C,D) = m_0 D + m_1 \overline{D} + m_2 \overline{D} + m_3 D + m_4 \overline{D} + m_5 D + m_6 D + m_7 \overline{D}$$

其中，m_i 为 A、B、C 的最小项。列真值表如表 4-16 所示。

表 4-16 例 4-19 的真值表

输入				输出	输入				输出
A	B	C	D	F	A	B	C	D	F
0	0	0	0	0	1	0	0	0	1
0	0	0	1	1	1	0	0	1	0
0	0	1	0	1	1	0	1	0	0
0	0	1	1	0	1	0	1	1	1
0	1	0	0	1	1	1	0	0	0
0	1	0	1	0	1	1	0	1	1
0	1	1	0	0	1	1	1	0	1
0	1	1	1	1	1	1	1	1	0

由真值表可以分析出，当有奇数个输入变量取值为 1 时，输出为 1；当有偶数个输入变量取值为 1 时，输出为 0。因此，图 4-51 所示电路是一个 4 位奇校验代码的检测电路，奇校验代码正确时输出为 1，否则输出为 0。

上面介绍的数据选择器都是选择 1 位数据送到输出端，即每个数据输入端只有一根数据线。在数字系统中，经常选择多位数据（例如，按每字节 8 位）进行传送，即需要如图 4-52 所示的 m 位 $n-1$ 数据选择器，可利用传统 MSI 数据选择器拼接实现，但采用 Verilog HDL 建模更为方便。

【例 4-20】 建立一个 8 位 4-1 数据选择器的 Verilog HDL 模型。

解：可在例 4-17 中的 4-1 数据选择器 Verilog HDL 行为模型的基础上稍作修改，获得 8 位 4-1 数据选择器的 Verilog HDL 模型。

```
module  sel_8bit_4_1 (n_EN,sel,D0,D1,D2,D3,Y);
```

```
input   n_EN;                   //使能,低有效
input   [1:0]  sel;             //选择控制变量
input   [7:0]  D0,D1,D2,D3;     //8 位 4 路输入数据
output  [7:0]  Y;               //8 位输出
reg     [7:0]  Y;
    always  @(n_EN or sel or D0 or D1 or D2 or D3)
        if (! n_EN)
            case (sel)
                2'b00 : Y=D0;
                2'b01 : Y=D1;
                2'b10 : Y=D2;
                2'b11 : Y=D3;
            endcase
        else  Y=0;
endmodule
```

可以看出,只要修改输入数据和输出的位宽,就可以得到任意位的 4-1 数据选择器模型。

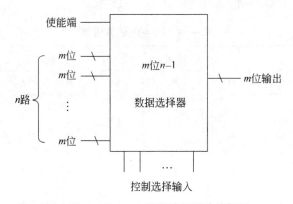

图 4-52　m 位 $n-1$ 数据选择器功能框图

4.4.5　三态缓冲器

当采用共用数据线或总线(BUS)传输数据时,任一时刻只能有一个设备占用总线传送数据,其他挂在总线上的设备的输出端必须处于高阻状态。因此,挂接总线的设备的输出结构中应采用三态缓冲器(Three-state Buffer)。

三态缓冲器又称三态门、三态驱动器,其三态输出受使能输入端的控制,当使能输入有效时,器件实现正常逻辑状态输出(逻辑 0、逻辑 1);当使能输入无效时,输出处于高阻状态,即等效于与所连接的电路断开。

图 4-53 给出几种三态缓冲器的逻辑符号。

三态缓冲器的 Verilog HDL 描述,其仿真如图 4-54 所示。

```
module  three_t (in, en, out);
    input   in;
```

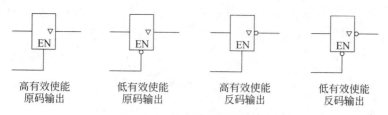

图 4-53 三态缓冲器的逻辑符号

```
input    en;
output   out;
    assign  out=(en==1)  ?  in : 1'bz;   //使能有效,out=in,否则,out 为高阻
endmodule
```

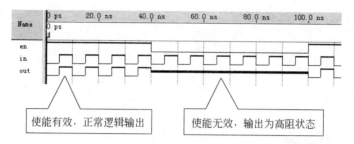

图 4-54 三态缓冲器仿真波形

图 4-55 是三态缓冲器的一个应用示例,当译码器的所有使能端有效时,SS_2 至 SS_0 的组合使/SELP～/SELW 在同一时刻只有一个有效,打开对应的三态门,此时其他三态门的输出均为高阻态,从而保证 8 个数据源 $P～W$ 中只有一个驱动 SDATA;当译码器使能端无效时,/SELP～/SELW 均为高电平,8 个三态门的输出均为高阻态。

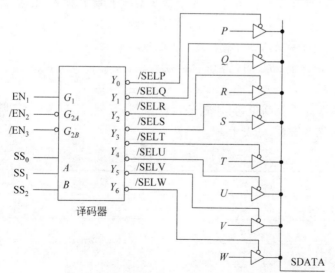

图 4-55 三态缓冲器用于多个数据源共享一根(组)共用数据线

【例 4-21】 建立一个具有三态输出的 4 位 4-1 数据选择器的 Verilog HDL 模型。

解："具有三态输出"是指当使能无效时,电路输出为高阻状态。

```
module  sel_8bit_4_1 (n_EN, sel, D0, D1, D2, D3, Y);
input  n_EN;                    //使能,低有效
input  [1:0]  sel;              //选择控制变量
input  [3:0]  D0, D1, D2, D3;   //4 位 4 路输入数据
output  [3:0]  Y;               //4 位输出
reg  [3:0]  Y;
    always  @  (n_EN or sel or D0 or D1 or D2 or D3)
        if (! n_EN)
            case  (sel)
                2'b00 : Y=D0;
                2'b01 : Y=D1;
                2'b10 : Y=D2;
                2'b11 : Y=D3;
            endcase
        else      Y=4'bzzzz;        //使能无效,输出高阻
endmodule
```

4.4.6　数值比较电路

对两个位数相同的二进制整数进行数值比较,并判断其大小关系的逻辑电路称为比较器。两数的大小关系分为大于($>$)、等于($=$)和小于($<$)。应从两数的高位开始比较,若高位已经比较出大小,则直接输出比较结果,此时不需要进行低位的比较了,只有在高位相等情况下,才进行低位的比较。

【例 4-22】 已知 $X=x_2x_1$ 和 $Y=y_2y_1$ 是两个二进制整数,写出 X 与 Y 的比较电路的输出表达式。

解：该电路有 4 个输入端,3 个输出端。框图见图 4-56。

设当 $x_2x_1>y_2y_1$ 时,$F_1=1$;否则 $F_1=0$。当 $x_2x_1<y_2y_1$ 时,$F_2=1$;否则 $F_2=0$。当 $x_2x_1=y_2y_1$ 时,$F_3=1$;否则 $F_3=0$。根据先比较高位,再比较低位的原则,可列出输出函数的简化真值表,见表 4-17。

图 4-56　例 4-22 框图

表 4-17　例 4-22 简化真值表

x_2	y_2	x_1	y_1	F_1	F_2	F_3
1	0	d	d	1	0	0
0	1	d	d	0	1	0
0	0	1	0	1	0	0
		0	1	0	1	0
		0	0	0	0	1
		1	1	0	0	1

续表

x_2	y_2	x_1	y_1	F_1	F_2	F_3
1	1	1	0	1	0	0
		0	1	0	1	0
		0	0	0	0	1
		1	1	0	0	1

根据简化真值表,直接写出各表达式。

$$F_1 = x_2\,\bar{y}_2 + \bar{x}_2\,\bar{y}_2 x_1\,\bar{y}_1 + x_2 y_2 x_1\,\bar{y}_1$$

$$F_2 = \bar{x}_2 y_2 + \bar{x}_2\,\bar{y}_2\,\bar{x}_1 y_1 + x_2 y_2\,\bar{x}_1 y_1$$

$$F_3 = \bar{x}_2\,\bar{y}_2\,\bar{x}_1\,\bar{y}_1 + \bar{x}_2\,\bar{y}_2 x_1 y_1$$
$$+ x_2 y_2\,\bar{x}_1\,\bar{y}_1 + x_2 y_2 x_1 y_1$$

对于这类电路的设计,通常采用便于级连扩展的迭代设计(模块化设计、重复电路)方法。满足迭代设计要求的基本电路模型如图 4-57 所示。

运用基本迭代电路可以构造更大规模的逻辑电路,如图 4-58 所示。

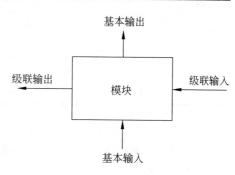

图 4-57　基本迭代电路模型

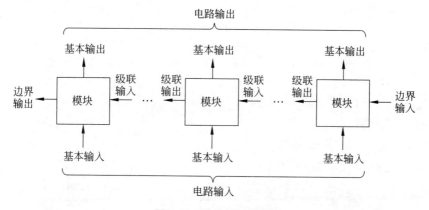

图 4-58　迭代设计模型

【例 4-23】　建立满足迭代设计要求的两个 4 位二进制数比较器的 Verilog HDL 模型。

解:电路模型如图 4-59 所示。设两个 4 位二进制数为 A[4∶1]和 B[4∶1],当 A>B

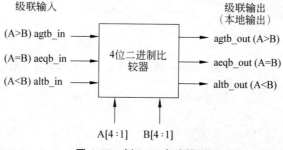

图 4-59　例 4-23 电路模型

或 A＜B 时，直接产生比较结果 agtb_out 或 altb_out；当 A＝B 时，比较结果取决于级联输入端(低端比较结果)的状态，其功能列于表 4-18。

表 4-18　两个 4 位二进制数比较器功能表

A[4:1]与 B[4:1] 的比较结果	级联输入(低位比较结果)			级联输出(比较结果)		
	agtb_in	aeqb_in	altb_in	agtb_out	aeqb_out	altb_out
A＞B	×	×	×	1	0	0
A＜B	×	×	×	0	0	1
A＝B	1	0	0	1	0	0
	0	1	0	0	1	0
	0	0	1	0	0	1

```
//两个 4 位二进制数比较器的 Verilog HDL 模型
module comparator(A, B,agtb_in,altb_in,aeqb_in,agtb_out,altb_out,aeqb_out);
input  [4:1] A,B;
input   agtb_in,altb_in,aeqb_in;
output  agtb_out,altb_out,aeqb_out;
reg     agtb_out,altb_out,aeqb_out;
    always  @(A or B or agtb_in or altb_in or aeqb_in)
        begin
            if(A>B) begin agtb_out=1;altb_out=0;aeqb_out=0;end
            if(A<B) begin agtb_out=0;altb_out=1;aeqb_out=0;end
            if(A==B){agtb_out,altb_out,aeqb_out}={agtb_in,altb_in,aeqb_in};
        end
endmodule
```

图 4-60 是两个 4 位二进制数比较器的 Verilog HDL 模型的功能仿真波形。

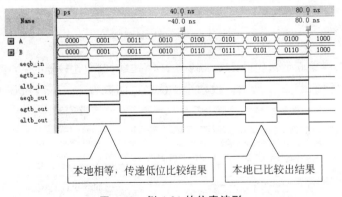

图 4-60　例 4-21 的仿真波形

上述两个 4 位二进制数比较器的 Verilog HDL 模型对应的逻辑符号如图 4-61 所示。显然，按照迭代设计思想可构造图 4-62 所示的两个 8 位二进制数比较器。其中，低端比较的级联输入 agtb_in、aeqb_in、altb_in 应置成 0、1、0,以保证 X[7:0]＝Y[7:0]时产生正确的比较输出。

　　需要指出的是,当迭代构造的电路规模较大时,会引发电路响应时间问题。例如,在图 4-62 所示的电路中,比较结果输出的 aeqb_out(A＝B 时)的建立取决于最低端的比较结果,电路的规模(二进制数的位数)越大,该信号建立的时间越长(响应越慢)。

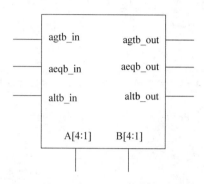

图 4-61　4 位二进制比较器逻辑符号

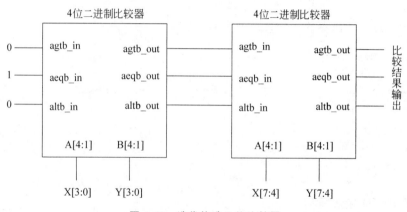

图 4-62　迭代构造 8 位比较器

4.4.7　加法器

　　能够实现两个多位二进制数相加的电路称为加法器。加法器有两种结构:串行进位加法器和超前进位加法器。现以 4 位二进制加法器的设计为例进行说明。

1. 串行进位加法器

　　串行进位加法器是由多个全加器级联构成的,低位全加器的进位输出连接到相邻高位全加器的进位输入,而最低位全加器的进位输入构成串行进位加法器的进位输入,最高位全加器的进位输出构成串行进位加法器的进位输出。

　　图 4-63 所示的电路就是由 4 个全加器级联构成的 4 位串行进位加法器。

　　这种加法器的特点是:虽然各位相加是并行完成的,但其进位信号是由低位向高位

向上进位

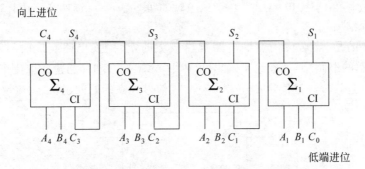

图 4-63　用全加器构成 4 位串行进位加法器

逐级传递的,只有当低位产生进位信号后,高位才能完成全加,因此其运算速度较慢。

$$
\begin{array}{ccccl}
A_4 & A_3 & A_2 & A_1 & \text{加数1} \\
B_4 & B_3 & B_2 & B_1 & \text{加数2} \\
+ & & & C_0 & \text{低端进位} \\
\hline
C_4 & S_4 & S_3 & S_2 & S_1 \\
\end{array}
$$

向上进位　　　本地和

4 位串行进位加法器的 Verilog HDL 描述如下。

```
module  ADDer_4bit  (A, B, C0, S, C4);
input   [4:1]  A, B;
input   C0;
output  [4:1] S;
output  C4;
    assign { C4, S }=A+B+C0;
endmodule
```

2. 超前进位加法器

为了提高加法运算的速度,在逻辑设计上采用所谓超前进位(也称先行进位)的设计方法,即每一位的进位根据各位的输入同时预先形成,而不需要等到低位的进位送来后才形成。

分析进位表达式

$$C_i = A_iB_i + (A_i \oplus B_i)C_{i-1}$$

可知,进位由两部分组成,A_iB_i 表示当 $A_i=1$ 且 $B_i=1$ 时,进位 $C_i=1$,它只与本位的输入 A_iB_i 有关,与低位的进位 C_{i-1} 无关;$(A_i \oplus B_i)C_{i-1}$ 表示当 A_i、B_i 中有一个为 1 时,且低位产生进位信号,则 $C_i=1$。令

$$G_i = A_iB_i$$
$$P_i = A_i \oplus B_i$$

则

$$C_i = G_i + P_iC_{i-1} \tag{4-2}$$

称 G_i 为第 i 位的进位生成项;称 P_i 为进位传递条件。

同时将 $S_i = A_i \oplus B_i \oplus C_{i-1}$ 写成

$$S_i = P_i \oplus C_{i-1} \tag{4-3}$$

式(4-2)和式(4-3)是超前进位加法器的两个基本公式,由这两个公式可以写出超前进位加法器中各位全加器的表达式。

图 4-64 给出了这个典型的超前进位设计的 4 位并行加法器的逻辑框图。

特别提示:前述典型超前进位设计的 4 位并行加法器就是传统 MSI 器件 74LS283。

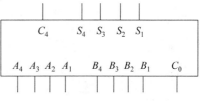

图 4-64 典型 4 位并行加法器

3. 并行加法器的应用

并行加法器除了用来实现两个二进制数相加外,还可用来设计代码转换电路、二进制加法器以及十进制加法器等。

【例 4-24】 分析图 4-65 所示电路中当 $X_3X_2X_1X_0$ 为 8421 码时实现的逻辑功能。

解:根据 4 位加法器的逻辑功能,可得

$$F_3F_2F_1F_0 = X_3X_2X_1X_0 + (0011)_2$$

又根据余 3 码=8421 码+$(0011)_2$,可知当 $X_3X_2X_1X_0$ 为 8421 码时,输出 $F_3F_2F_1F_0$ 是对应的余 3 码。所以该电路实现的逻辑功能为将输入的 8421 码转换成余 3 码输出。

【例 4-25】 分析图 4-66 所示电路在 M 的控制下实现的逻辑功能。

图 4-65 例 4-24 题图

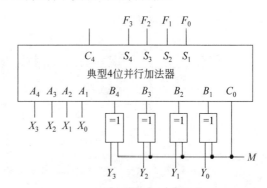

图 4-66 例 4-25 题图

解:在给定的电路中,M 连接 4 个异或门的输入端和加法器的低端进位输入端。

根据 $A \oplus 0 = A$ 可知,当 $M=0$ 时,加法器的输入端 $B_4B_3B_2B_1$ 接收到 $Y_3Y_2Y_1Y_0$ 的原码且 $C_0=0$,此时,加法器输出 $F_3F_2F_1F_0 = X_3X_2X_1X_0 + Y_3Y_2Y_1Y_0$。

又根据 $A \oplus 1 = \bar{A}$ 可知,当 $M=1$ 时,加法器的输入端 $B_4B_3B_2B_1$ 接收到 $Y_3Y_2Y_1Y_0$ 的反码且 $C_0=1$,此时,加法器输出 $F_3F_2F_1F_0 = X_3X_2X_1X_0 + \bar{Y_3}\bar{Y_2}\bar{Y_1}\bar{Y_0}+1$,而 $\bar{Y_3}\bar{Y_2}\bar{Y_1}\bar{Y_0}+1$ 即为 $[-Y_3Y_2Y_1Y_0]_\text{补}$ 的数值部分,由 $F_3F_2F_1F_0 = X_3X_2X_1X_0 + \bar{Y_3}\bar{Y_2}\bar{Y_1}\bar{Y_0}+1$ 可得到 $X-Y = X + [-Y]_\text{补}$ 的正确补数数值。

结论:当 $M=0$ 时,电路进行加法运算,$F_3F_2F_1F_0 = X_3X_2X_1X_0 + Y_3Y_2Y_1Y_0$;当 $M=1$ 时,电路进行减法运算,$F_3F_2F_1F_0 = X_3X_2X_1X_0 + \bar{Y_3}\bar{Y_2}\bar{Y_1}\bar{Y_0}+1$。

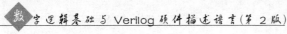

【例 4-26】 用 Verilog HDL 建模实现 1 位 8421 码加法器。

在某些数字系统中,希望直接以十进制数进行算术运算,其输入是十进制数的 BCD (例如 8421 码)形式,输出也是十进制数的 BCD 形式,这样可以省去二进制与十进制之间的转换。

```
module two8421add(in1,in2,cin,cout,sout,err);
input [4:1] in1,in2;                          //8421 码输入
input cin;
output [4:1] sout;                            //和数输出
output cout,err;                              //向上进位、伪码标志
reg err;
reg [5:1] temp;                               //定义中间变量
    assign {cout,sout}=temp;                  //结果分别输出
    always @ (in1 or in2 or cin)
        if(in1>4'b1001|in2>4'b1001)
            begin err=1;temp=0;end            //输入伪码时,出错
        else begin err=0;temp=in1+in2+cin;    //8421 码相加
                if(temp>9)temp=temp+4'b0110;  // 需修正时,加 6
            end
endmodule
```

图 4-67 是 1 位十进制(8421 码)加法器的 Verilog HDL 描述的仿真验证波形。

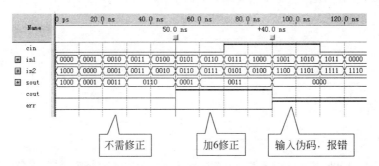

图 4-67　1 位十进制(8421 码)加法器的 Verilog HDL 描述的仿真验证波形

4.4.8　奇偶校验电路

在数字系统中,采用奇偶校验可以检测所传送的奇(偶)校验代码信息是否出现"单错"(指 1 位信息出错),检测的方法是:在发送数据端发送奇校验代码(或偶校验代码);在接收端,对接收到的代码进行检验,检查其奇偶性是否发生变化;若接收的代码和发送端送出代码的奇偶性一致,则认为信息传送过程中没有发生单错,否则便是发生了错误。

奇(偶)校验代码由 n 位数据信息和 1 位奇(偶)校验位组成。奇(偶)校验位的取值原则:当采用奇校验约定时,使 $n+1$ 位奇校验代码中 1 的个数为奇数;当采用偶校验约定时,使 $n+1$ 位偶校验代码中 1 的个数为偶数。

奇(偶)检验的示意图如图 4-68 所示。在数据发送端用来产生奇(偶)校验位的电路

称为奇(偶)校验发生器;而在接收端,对接收代码奇偶性进行检验的电路称为奇(偶)校验检测器。实际上,发生器和检测器并无区别,只是同一电路的不同应用,它们都是根据输入信息中含奇数个 1 或偶数个 1 决定输出值的。

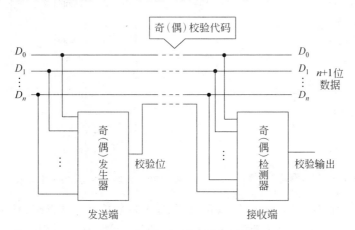

图 4-68　奇(偶)检验的示意图

奇偶校验的基本运算是异或运算。

设有 n 个输入变量 $X_1, X_2, \cdots, X_n$,则函数 $F = X_1 \oplus X_2 \oplus \cdots \oplus X_n$ 的逻辑功能为当输入变量为 1 的个数是奇数时,F 为 1;当输入变量为 1 的个数是偶数时,F 为 0。

实现这个功能的电路称为奇校验电路;输出端加一个非门,则可得到偶校验电路。通常合二为一,统称为奇偶校验电路。

【**例 4-27**】　设计一个具有 9 个输入的奇偶发生器/检测器。

解:利用 Verilog HDL 中"归约异或"运算,很容易按照题意建立电路模型。

```
module  odd_even (data, odd, even);
input  [9:1] data;
output  odd, even;
    assign odd=^data;
    assign even=~odd;
endmodule
```

该奇偶发生器/检测器的逻辑符号如图 4-69 所示。

由图 4-69 可知,该奇偶校验电路有奇偶校验两个输出标志,可用作发送端的奇(偶)校验位发生器;也可用作接收端的奇(偶)检验器,产生奇偶校验和。

一般情况下,若收发双方约定为奇校验,则采用偶校验输出产生发送端的校验位,而用奇校验电路在接收端检验数据的正确性;若收发双方约定为偶校验,则采用奇校验输出产生发送端的校验位,而用偶校验电路在接收端检验数据的正确性。

将例 4-27 设计的"奇偶发生器/检测器"用作 8 位数据发送端奇校验位发生器时的一种连接方式如图 4-70 所示。由于 data[9]被置为 1,所以当 $D[7:0]$ 中有奇数个 1 时,odd 输出 0;当 $D[7:0]$ 中有偶数个 1 时,odd 输出 1。此时,应以 odd 用作奇校验位,保证所传送的奇校验代码中含有奇数个 1。

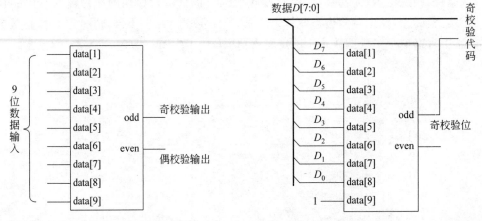

图 4-69   奇偶发生器/检测器的逻辑符号   图 4-70   奇偶发生器/检测器用作奇校验位发生器

将例 4-27 设计的"奇偶发生器/检测器"用作 8 位数据接收端奇校验检测器时的连接方式如图 4-71 所示,它是对由数据 $D[7:0]$ 和校验位一起构成的奇校验代码进行检测,用 odd 作为检测结果的输出,当 odd=1 时,表示符合奇校验的约定,传输正确;当 odd=0 时,说明传输过程中有错。

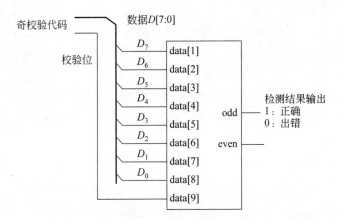

图 4-71   在接收端用作奇校验检测器

显然,该电路只能检测到 1 位出错或奇数个位出错,不能检测到偶数个位出错,且无法对错误进行定位,也就不具有自动校正错误能力。但由于电路简单,它仍被广泛用于误码率不高的信息传输和存储器存取检错的场合。

4.5   组合电路中的竞争与险象

前面对组合电路的逻辑分析与设计都是在理想条件下,研究电路输出与输入之间的稳态关系,既没有考虑器件的延迟时间的影响,也没有考虑由于种种原因引起的信号失真。

在实际电路中,信号的变化有一定的边沿时间;信号在电路中传输必定有导线上的传播时间;信号通过逻辑门也必定有时间延迟。注意到这些因素,当输入信号变化后的瞬间,输入/输出之间的关系不一定符合逻辑表达式所描述的逻辑状况。

在下面的讨论中,假设信号变化的边沿时间为零,且忽略信号在导线上的传播时间,仅考虑逻辑门的时延均为 t_d 时的情况。

4.5.1　竞争与险象

在组合电路中,由于器件(逻辑门)存在延迟时间,同一信号或同时变化的某些信号经过不同路径到达某一汇合点的时间有先有后,这种现象称为竞争。竞争是逻辑电路正常工作时也会出现的现象,有的竞争不会带来不良影响,而有的竞争却会导致逻辑错误。

由于竞争的存在,当输入信号变化时,在输出跟随输入的过程中引起电路输出发生瞬间错误的现象称为险象(冒险),其表现为在输出端出现了原设计中没有的窄脉冲,常称为"毛刺"。在组合电路中,"毛刺"不一定造成严重后果。但当组合逻辑与时序逻辑结合在一起时,险象就可能造成严重错误。例如,组合电路的输出信号用作时序电路的控制信号,"毛刺"就会引起时序电路的误动作。

有竞争的地方不一定会出现险象,而险象一定是竞争的结果。引起错误输出的竞争称为临界竞争;不会产生错误输出的竞争称为非临界竞争。

图 4-72 和图 4-73 是仅考虑门延迟时两个简单组合电路的输出情况。

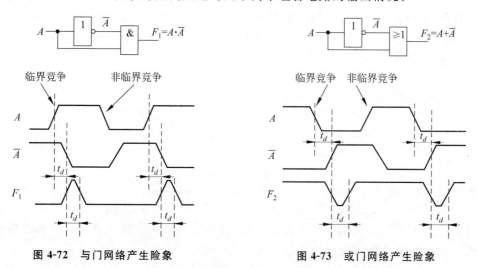

图 4-72　与门网络产生险象　　　　　　图 4-73　或门网络产生险象

图 4-72 所示的与门网络中,输入信号是由同一信号源提供的原变量 A 和反变量 $\overline{A}$,电路稳态输出表达式 $F_1 = A \cdot \overline{A} = 0$。当考虑门的延迟时间 t_d 后,A 和 $\overline{A}$ 不是同时变化的,所以 F_1 不是恒为低电平。图 4-72 中给出了 F_1 跟随 A 和 $\overline{A}$ 变化时的波形。当 A 从 $0 \rightarrow 1$ 时,由于门的延时,$\overline{A}$ 在 t_d 期间仍保持为 1,此时,$F_1 = A \cdot \overline{A} = 1$,产生了与稳态输出不符的 1 信号,即由于信号的临界竞争引发险象;当 A 从 $1 \rightarrow 0$ 时,由于门的延时,$\overline{A}$ 在 t_d 期间仍保持为 0,此时,$F_1 = A \cdot \overline{A} = 0$,信号的临界竞争不会引发险象。

同理,图 4-73 所示的或门网络中,输入信号是由同一信号源提供的原变量 A 和反变量 $\overline{A}$,电路稳态输出表达式 $F_2 = A + \overline{A} = 1$。当考虑门的延迟时间 t_d 后,A 和 $\overline{A}$ 不是同时

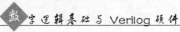

变化,所以 F_2 不是恒为高电平。图 4-73 中给出了 F_2 跟随 A 和 $\overline{A}$ 变化时的波形。当 A 从 0→1 时,由于门的延时,$\overline{A}$ 在 t_d 期间仍保持为 1,此时,$F_1 = A + \overline{A} = 1$,信号的临界竞争不会引发险象;当 A 从 1→0 时,由于门的延时,$\overline{A}$ 在 t_d 期间仍保持为 0,此时,$F_1 = A + \overline{A} = 0$,产生了与稳态输出不符的 0 信号,即由于信号的临界竞争引发险象。

4.5.2　险象的分类

从图 4-72 和图 4-73 中的波形图可以看出,由于临界竞争的存在,在输出端得到稳定输出之前,有一个短暂的错误输出(干扰),形成了险象。

1. 静态险象和动态险象

险象按产生的形式不同分为静态险象和动态险象。

在组合电路中,若输入信号变化前后的稳态输出值相同,但在输出端产生一个 1 或 0 的窄脉冲,则这种险象称为静态险象。

险象根据稳态输出是 0 还是 1,又分为静 0 险象和静 1 险象。例如,图 4-72 中 F_1 的稳态输出为 0,由于临界竞争引起输出端产生 0→1→0 的"毛刺",是静 0 险象;而图 4-73 中 F_2 的稳态输出为 1,由于临界竞争引起输出端产生 1→0→1 的"毛刺",所以是静 1 险象。

在组合电路中,若输入信号变化前后的稳态输出值不同,且在输出稳定之前,输出端经过暂时的 01 或 10 状态(即输出端出现 1→0→1→0 或 0→1→0→1),则这种险象称为动态险象,如图 4-74 所示。

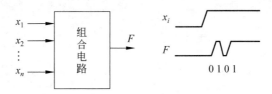

图 4-74　动态险象示意图

动态险象是由静态险象引起的,也是竞争的结果。换言之,输入变化的第一次会合只可能产生静态险象,只有产生了静态险象,输入变化的再一次会合才有可能产生动态险象。如果消除了静态险象,则动态险象就不会出现。

2. 功能险象和逻辑险象

静态险象根据产生的条件不同,分为功能险象和逻辑险象。

在组合电路中,当有两个或两个以上的输入信号同时发生变化时,在输出端产生了"毛刺",这种险象称为功能险象。

产生功能险象的原因是:两个或两个以上的输入信号实际上不可能同时发生变化,总会有先有后。例如,在如图 4-75 所示的卡诺图中,当输入信号 ABC 从 001 变成 010 时,B、C 两个变量要同时变化,且变化前后的函数值相同,均为 1。若变量 C 先于 B 变化,则输入信号 ABC 将由 $001 \rightarrow 000 \rightarrow 010$,所经路径的函数值相同,不会发生险象,如图 4-75(a)所示;若变量 B 先于 C 变化,则输入信号 ABC 将由 $001 \rightarrow 011 \rightarrow 010$,所经路径的函数值不相同,发生 1—0—1 险象,如图 4-75(b)所示。

(a) 变量 C 先于 B 变化 (b) 变量 B 先于 C 变化

图 4-75 输入变量变化路径引出的函数功能险象

由于电路输入信号变化组合是随机的,所以功能险象是逻辑函数的功能所固有的,无法通过改变设计消除,只能通过控制输入信号的变化顺序避免。

通过上面的分析,可得出组合电路中发生功能险象的条件是:

① K 个输入信号同时发生变化($K > 1$);

② 变化的 K 个变量组合对应在卡诺图上所占有的 2^K 个小方格中,必定既有 1,又有 0;

③ 输入信号变化前后的稳态输出值相同。

在组合电路中,当只有一个输入信号发生变化时,在输出端产生了"毛刺",这种险象称为逻辑险象。

以图 4-76(a)所示逻辑电路为例,逻辑表达式 $F = A\bar{C} + BC$,卡诺图如图 4-76(b)所示,设 $A = B = 1$,此时,不论 C 取何值,电路的稳态输出均为 1。但是,当考虑门延迟时,从图 4-76(c)的波形图中可以看到 C 由 $1 \rightarrow 0$ 时,输出 F 上出现了险象。显然,这个险象是由于同一个信号经过不同路径再次会合到同一个逻辑门上的临界竞争造成的。从卡诺图上的阴影部分可见,变化的变量 C 所占的 2 个小方格均为 1,这与功能险象不同。

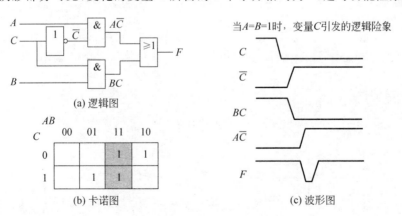

(a) 逻辑图

当 $A = B = 1$ 时,变量 C 引发的逻辑险象

(b) 卡诺图   (c) 波形图

图 4-76 逻辑险象示例

组合电路中发生逻辑险象的条件是:

① 仅有一个输入信号发生变化;

② 变化的变量对应在卡诺图上所占有的 2 个方格中,全为 1 或全为 0;

③ 输入信号变化前后的稳态输出值相同。

4.5.3 逻辑险象的判断

由于组合电路中的险象(毛刺)会对后续电路形成干扰,甚至可能引起误动作,所以在逻辑设计中如何发现并消除险象显得尤为重要。

判断电路是否可能产生逻辑险象的方法有逻辑代数法和卡诺图法。

1. 逻辑代数法

如果电路存在发生逻辑险象的可能,其逻辑表达式有如下特点:

* 当某一个变量同时以原变量和反变量的形式出现在逻辑表达式中,则该变量就具备了竞争的条件;

* 保留被研究变量,用某些定值消去其他变量;

* 若得到的表达式为下列形式之一,则有险象存在。

$F=A \cdot \overline{A}$——存在静 0 逻辑险象(如 A 从 0→1)

$F=A+\overline{A}$——存在静 1 逻辑险象(如 A 从 1→0)

【**例 4-28**】 判断函数 $F_1=AC+\overline{A}B+\overline{A}C$ 是否存在逻辑险象。

解:由函数表达式可知,变量 A、C 具有竞争条件。

研究 A,令 $B=C=1$,则 $F_1=A+\overline{A}$,在 A 从 1→0 时,存在静 1 险象。

研究 C,令 $A=1$,B 任意,则 $F_1=C$;令 $A=0$,$B=0$,则 $F_1=\overline{C}$。可见,变量 C 的竞争是非临界竞争,不会引起险象的发生。

【**例 4-29**】 判断函数 $F_2=(A+C)(\overline{A}+B)(\overline{A}+\overline{C})$ 是否存在逻辑险象。

解:这是一个或与表达式,变量 A、C 具有竞争条件。

研究 A,令 $B=C=0$,则 $F_2=A \cdot \overline{A}$,在 A 从 0→1 时,存在静 0 险象。

研究 C,令 $A=0$,B 任意,则 $F_2=C$;令 $A=1$,$B=1$,则 $F_2=\overline{C}$。可见,变量 C 的竞争是非临界竞争,不会引起险象的发生。

2. 卡诺图法

例 4-28 和例 4-29 逻辑函数的卡诺图如图 4-77 所示。

(a) $F_1=AC+\overline{A}B+\overline{A}C$ (b) $F_2=(A+C)(\overline{A}+B)(\overline{A}+\overline{C})$

图 4-77 函数的卡诺图

由图 4-77(a)F_1 的卡诺图可知,卡诺圈 AC 和 $\overline{A}B$ 的相切处(相邻但不相交)正是 $B=C=1$,A 由 1→0 时;而从卡诺圈 AC 到 $\overline{AC}$,虽然有 C 从 1→0,但两个卡诺圈不相切。

同理,由图 4-83(b)F_2 的卡诺图可知,卡诺圈 $(A+C)$ 和 $(\overline{A}+B)$ 的相切处(相邻但不相交)正是 $B=C=0$,A 由 0→1 时;而从卡诺圈 $(A+C)$ 到 $(\overline{A}+\overline{C})$,虽然有 C 从 0→1,但两个卡诺圈不相切。

所以在卡诺图上,如果存在卡诺圈的相切,就会存在险象。相切之处是哪个变量的交替面,就是该变量的变化引发了险象。显然,如果能使构成逻辑函数的卡诺圈之间不存在相切,则对应的逻辑电路就不存在险象。

4.5.4　逻辑险象的消除

消除逻辑险象的基本方法是修改设计、添加冗余项、消除险象。

仍以例 4-28 和例 4-29 的逻辑函数为例,在逻辑函数的卡诺图中,在卡诺圈相切处添加一个卡诺圈,将两个相邻但不相交的卡诺圈连接起来,如图 4-78 中的虚线卡诺圈。

(a) $F_1=AC+\overline{A}B+\overline{A}\overline{C}$　　　　(b) $F_2=(A+C)(\overline{A}+B)(\overline{A}+\overline{C})$

图 4-78　加冗余项,消除险象

此时,逻辑函数为 $F_1=AC+\overline{A}B+\overline{A}\overline{C}+BC$。使当 $B=C=1$ 时,$F_1=A+\overline{A}+1=1$,消除了 A 从 1→0 变化时的险象。

同理,$F_2=(A+C)(\overline{A}+B)(\overline{A}+\overline{C})(B+C)$。使当 $B=C=0$ 时,$F_1=A\cdot\overline{A}\cdot0=0$,消除了 A 从 0→1 变化时的险象。

显然,通过添加冗余项消除险象是以增加电路规模为代价的。

这里似乎存在一个矛盾。为了节省器件,要对逻辑函数进行化简,去掉多余项;而为了消除险象,又需要添加冗余项。如何处理呢? 首先,不考虑险象,将逻辑函数化简(这是必要的),然后再检查是否存在险象,若存在,则添加适当的冗余项消除它。

【**例 4-30**】 已知逻辑函数 $F=\sum m^4(2,3,5,7,8,9,12,13)$,试求无险象的"与或"表达式和"或与"表达式。

先用卡诺图进行函数的化简,如图 4-79 中实线圈所示。

求得最简表达式为

$$F=A\overline{C}+\overline{A}BD+\overline{A}\overline{B}C$$
$$\overline{F}=AC+\overline{A}B\overline{D}+\overline{A}\overline{B}C$$

为了消除险象,增加冗余项后,如图 4-79 中虚线圈所示,得到无险象的函数表达式。

$$F=A\overline{C}+\overline{A}BD+\overline{A}\overline{B}C+\overline{A}CD+BC\overline{D}$$
$$\overline{F}=AC+\overline{A}B\overline{D}+\overline{A}\overline{B}C+\overline{A}C\overline{D}+BC\overline{D}$$

所以,无险象的"与或"表达式为

$$F=A\bar{C}+\bar{A}BD+\bar{A}BC+\bar{A}CD+BCD$$

无险象的"或与"表达式

$$F=\bar{\bar{F}}=(\bar{A}+\bar{C})(A+\bar{B}+D)(A+B+C)(A+C+D)(\bar{B}+\bar{C}+D)$$

除了在逻辑设计中采用增加冗余项的方法消除险象外,还有在组合网络中增加"取样"脉冲避开险象或者在组合网络输出端连接阻容惯性环节等方法,可查阅相关资料。

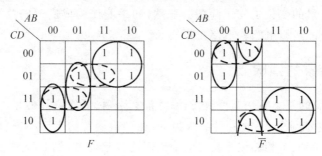

图 4-79　求无险象函数的卡诺图

本 章 小 结

组合电路一般由若干个基本逻辑单元组合而成,其特点是任何时刻电路的输出仅仅取决于该时刻的输入信号,而与电路原来所处的状态无关,它的基础是逻辑代数和逻辑门,在以 EDA 平台进行数字系统开发的时候,硬件描述语言具有更大的优势,采用硬件描述语言建模可以摆脱传统逻辑器件的限制与约束,设计自己的逻辑器件。

本章的重点内容是组合电路的逻辑分析、设计以及 Verilog HDL 建模方法。

组合电路的逻辑分析就是根据逻辑图,分析得到电路的逻辑功能,其分析步骤如下:

* 在逻辑图上用符号标注各级门的输出端;
* 逐级列出各级输出表达式,最后得到电路输出表达式;
* 利用代数化简法或卡诺图化简法对逻辑函数进行化简;
* 列真值表;
* 分析电路的逻辑功能或建 Verilog HDL 模型。

组合电路的逻辑设计就是根据设计要求,采用逻辑门、逻辑功能器件或 Verilog HDL 设计出符合要求的逻辑电路或描述模型,其设计步骤如下:

* 逻辑抽象,分析设计要求,确定输入变量和输出变量,明确输出函数与输入变量之间的逻辑关系;
* 列出真值表;
* 写出逻辑表达式,利用代数化简法或卡诺图化简法对逻辑函数进行化简;
* 或根据最简表达式,画逻辑电路图;
* 或根据最简表达式,建立 Verilog HDL 数据流模型(assign 语句);
* 或根据最简表达式,建立 Verilog HDL 行为模型(在 always 过程块中采用阻塞语句);

- 或根据真值表,建立 Verilog HDL 行为模型(在 always 过程块中采用 case 语句);
- 或根据输出函数与输入变量之间的逻辑关系,直接建立 Verilog HDL 行为模型(在 always 过程块中采用 case 语句、if-else 语句、for 语句、阻塞语句)。

具有特定功能的组合电路种类繁多,主要有编码器、译码器、数据选择器、数据分配器、比较器、奇偶校验器和加法器等。本章分别介绍了它们的逻辑功能和设计方法,特别是 Verilog HDL 建模方法,并侧重基于典型中规模集成电路所构成电路的分析及转换成 Verilog HDL 模型,简化了基于传统 MSI 器件的电路设计。

本章最后简单介绍了组合电路中的竞争与险象、险象的分类、险象的判别以及消除险象的基本方法。

思 考 题 4

1. 组合电路的特征是什么?
2. 对基于译码器和逻辑门构成的组合电路,如何进行分析?
3. 对基于数据选择器和逻辑门构成的组合电路,如何进行分析?
4. 对基于加法器和逻辑门构成的组合电路,如何进行分析?
5. 普通编码器和优先权编码器的区别是什么?
6. 为什么采用译码器或数据选择器能实现逻辑函数的功能?
7. 根据给定逻辑表达式,如何用逻辑代数的方法或卡诺图的方法判断是否存在险象?
8. 给定一个逻辑表达式,如何用卡诺图的方法求得无险象的与或式、或与式?
9. 由逻辑表达式 $F=AB+BC+AC$,如何采用 Verilog HDL 建立对应的门级描述模型、数据流描述模型、行为描述模型?
10. 采用 Verilog HDL 建立组合电路的行为描述模型,应注意哪些问题?
11. 采用 Verilog HDL 建立组合电路的行为描述模型,为什么一定采用阻塞赋值?

习 题 4

4.1　分析如题图 4-1 所示电路的逻辑功能。
4.2　写出如题图 4-2 所示电路的输出表达式,说明其功能。

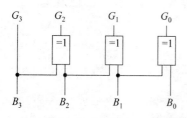

题图 4-1　习题 4.1 用图

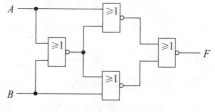

题图 4-2　习题 4.2 用图

4.3 写出如题图 4-3 所示电路的输出表达式 Y_1、Y_2,列真值表并说明其功能。

4.4 写出题图 4-4 所示组合电路的输出表达式,并判断能否化简,若能,则化简之,且画出用最少与非门实现的逻辑图。

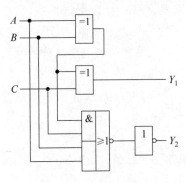

题图 4-3　习题 4.3 用图

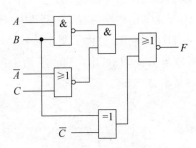

题图 4-4　习题 4.4 用图

4.5 测得某组合电路输入 A、B、C 及输出 F 之间对应的波形图如题图 4-5 所示。试写出 F 的表达式,并分析 F 所实现的逻辑功能。

4.6 分析如题图 4-6 所示多功能逻辑运算电路输出信号 F 与变量 A、B 的逻辑关系。如将图中 S_3、S_2、S_1、S_0 作为输入控制信号,随着它们的取值变化,可得 F 关于 A、B 的不同的函数关系,请用列真值表的方法进行说明。

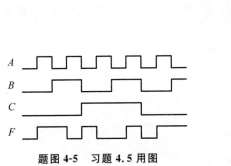

题图 4-5　习题 4.5 用图

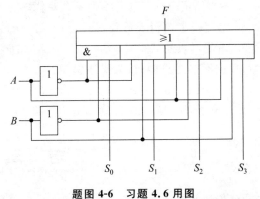

题图 4-6　习题 4.6 用图

4.7 化简下列函数,画出逻辑图。

(1) $F_1 = A\overline{B} + A\overline{C}D + \overline{A}C$

(2) $F_2 = \sum m^4(0,2,8,10,12,14,15)$

(3) $F_3 = \sum m^4(0,1,2,5,8,9) + \sum d(10,11,12,13,14,15)$

(4) $F_4 = \prod M^3(1,5,7) \cdot \prod d(2)$

4.8 根据题图 4-1 所示建立 Verilog HDL 门级结构模型。

4.9 根据题图 4-5 所示的波形,建立 Verilog HDL 的行为模型。

4.10 建立与题图 4-6 对应的 Verilog HDL 数据流描述模型。

4.11　采用 Verilog HDL 分别描述如下逻辑功能：

　　(1) 四变量的非一致电路；

　　(2) 五变量中有奇数个 1；

　　(3) 七人多数表决电路；

　　(4) 三变量一致电路。

4.12　某组合电路有 A、B、C、D 4 个输入，它的 3 个输出具有下列功能：

　　(1) 当输入中间没有 1，F_1 输出为 1；

　　(2) 当输入中间有两个 1，F_2 输出为 1；

　　(3) 当输入中间有奇数个 1，F_3 输出为 1。

　　请用 Verilog HDL 建模。

4.13　试为某水坝设计一个水位报警控制器，设水位高度用 4 位二进制数提供。当水位上升到 8m 时，白指示灯开始亮；当水位上升到 10m 时，黄指示灯开始亮；当水位上升到 12m 时，红指示灯开始亮，其他灯灭；水位不可能上升到 14m。采用 Verilog HDL 建模。

4.14　举重比赛有三个裁判，一个是主裁判 A，两个是副裁判 B 和 C。杠铃完全举上的裁决由每个裁判按一下自己面前的按钮决定。只有两个以上裁判(其中必须有主裁判)判明成功时，表示成功的灯才亮。使用 Verilog HDL 建模。

4.15　由典型 3-8 译码器及逻辑门构成的组合电路如题图 4-7 所示，其中输入信号 $A_7 \sim A_0$ 为地址变量。试写出译码器各位输出有效时所对应的十六进制地址编码。

4.16　分析题图 4-8 所示由典型 3-8 译码器及逻辑门构成的组合电路的逻辑功能。

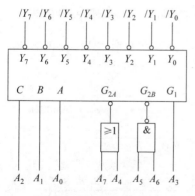

题图 4-7　习题 4.15 用图

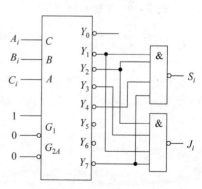

题图 4-8　习题 4.16 用图

4.17　在传统 MSI 集成电路器件中，典型的数据选择器除了 74LS151(8 选 1)之外，还有 74LS153，它是一个具有共用控制选择输入端、独立使能端的双 4 选 1 数据选择器。题表 4-1 和题表 4-2 是其功能表，试画出 74LS153 的逻辑符号图并用 Verilog HDL 对其进行建模。

题表 4-1 74LS153 功能表(1)			
输 入			输 出
$/E_0$	X_2	X_1	Y_0
1	d	d	0
0	0	0	a_0
0	0	1	a_1
0	1	0	a_2
0	1	1	a_3

题表 4-2 74LS153 功能表(2)			
输 入			输 出
$/E_0$	X_2	X_1	Y_0
1	d	d	0
0	0	0	b_0
0	0	1	b_1
0	1	0	b_2
0	1	1	b_3

4.18   写出题图 4-9 所示电路输出 F 的逻辑表达式,并求其最简与或式、或与式。

4.19   写出题图 4-10 所示电路的输出 $F(A,B,C)$ 的逻辑表达式,并分析其实现的逻辑功能。

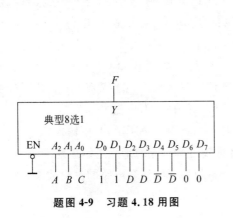

题图 4-9   习题 4.18 用图

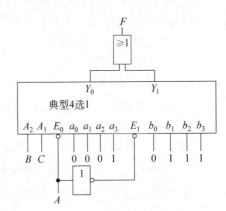

题图 4-10   习题 4.19 用图

4.20   某组合电路如题图 4-11 所示,当输入 $X_3X_2X_1X_0$ 为 2421 码时,分析电路实现的逻辑功能。

4.21   分析题图 4-12 所示电路实现的代码转换功能。

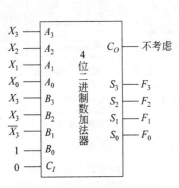

题图 4-11   习题 4.20 用图

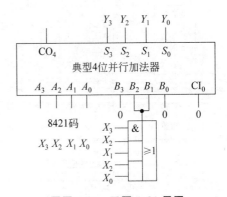

题图 4-12   习题 4.21 用图

4.22　设 b_1、b_2、b_3、b_4 构成 4 位二进制码,若发送时,电路采用奇校验约定,则校验位的逻辑表达式为_____。

(a) $b_1 + b_2 + b_3 + b_4 + 1$　　　　(b) $b_1 \oplus b_2 \oplus b_3 \oplus b_4 \oplus 1$

(c) $b_1 \cdot b_2 \cdot b_3 \cdot b_4 \cdot 1$　　　　(d) $b_1 \oplus b_2 \oplus b_3 \oplus b_4 \oplus 0$

4.23　用逻辑代数法判断 $F = AD + \overline{AB}C + BC\overline{D}$ 表示的电路是否存在逻辑险象。

4.24　化简下列函数,要求电路不能存在逻辑险象。

(1) $F_2 = \sum m^4(0,1,3,6,7,8,9,11,14,15)$

(2) $F_3 = \sum m^4(2,6,8,9,11,12,14)$

4.25　采用 Verilog HDL,分别完成下列逻辑功能的描述。

(1) 低有效使能的 4 位 4 选 1。

(2) 低有效使能且具有编码有效输出的 4-2 优先权编码器。

(3) 高有效使能且输出高有效的 3-8 译码器。

4.26　采用 Verilog HDL,分别建立下列代码转换电路的模型。

(1) 8421 码转换成余 3 码。

(2) 余 3 码转换成 8421 码。

(3) 2421 码转换成余 3 码。

(4) 余 3 码转换成 2421 码。

(5) 8421 码转换成 2421 码。

(6) 2421 码转换成 8421 码。

(7) 8421 码转换成格雷 BCD 码。

(8) 3 位自然二进制码转换成 3 位格雷码。

4.27　用 Verilog HDL 建模,实现如题表 4-3 所示的逻辑功能。

题表 4-3　习题 4.27 用表

S_1	S_2	F
0	0	$A+B$
0	1	AB
1	0	$\overline{A}B$
1	1	$A\overline{B}$

4.28　设 X、Y 均为 4 位二进制数,它们分别是一个组合电路的输入与输出,当 $0 \leqslant X \leqslant 4$ 时,$Y = X+1$;当 $5 \leqslant X \leqslant 9$ 时,$Y = X-1$;当 $X > 9$ 时,报错。试用 Verilog HDL 建立模型。

第5章

锁存器与触发器

【本章内容】 本章介绍数字系统中能够存储1位二值信号的双稳态元件——锁存器与触发器,重点讨论R-S锁存器、D锁存器、边沿D触发器、J-K锁存器、边沿J-K触发器外部逻辑功能、触发方式以及Verilog HDL模型,对内部电路结构仅作简单介绍,为后续时序电路的分析与设计打下基础。

5.1 概　　述

在介绍存储器之前,首先看一个生活中的例子,思考实现例中功能的实现电路和前面组合电路有什么不同。

【例5-1】 设计电梯的等待灯控制电路(为了简化问题理解,这里不考虑电梯的上下等功能),其功能框图如图5-1所示,当按上楼请求按钮后,等候指示灯亮,直到电梯到达后,控制指示灯灭,同时打开电梯门。

解:这里如果用组合电路实现,存在这样两个问题:

(1) 在电梯到达之前,指示灯一直亮,需要长按按键,显然不现实;

(2) 电梯到达后,控制指示灯灭,这隐含了一个前提条件,即指示灯此时是亮的,即有等候请求。

实际上这两个问题归纳在一起就是当有请求上楼信号输入后,即上楼按钮按下后,产生输出表示有请求电梯服务状态,控制指示灯亮,同时该信号作为输入控制指示灯一直亮或与电梯到达信号一起控制指示灯灭,其解决方案如图5-2所示。

图5-1　电梯等待灯控制电路框图

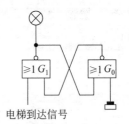

图5-2　电梯等待灯控制电路

分析该电路,假设有效电平为1,当上楼按钮按下同时电梯未到达时,即或非门G_0和

G_1 的输入信号分别为 1 和 0,通过两个或非门输出,$G_0=0$,该信号反馈给门 G_1,与电梯到达信号 0 相或非,G_1 输出为 1,控制电梯等待灯亮;该信号同时反馈到非门 G_0,此时按钮按下状态即使取消,该反馈信号仍然控制门 G_0 的输出为 0,保证门 G_1 的输出为高电平,灯一直亮。当电梯到达信号有效后,控制门 G_1 的输出为 0,灭掉指示灯,并控制下一次上楼请求按键按下之前,一直处于灭灯状态。

这类电路和组合电路不同,其电路存在反馈,输出信号的状态被记忆下来,并作为电路的输入。这类有记忆单元的逻辑电路,称为时序逻辑电路。

实际上,数字逻辑电路有两大类,一类是无记忆单元的组合逻辑电路,另一类是有记忆单元的时序逻辑电路。第 4 章介绍的逻辑电路均属于组合电路,其特点是:电路某一时刻的输出只与该时刻的输入有关,与以前的输入无关,即电路的输入立刻影响输出,或电路的输出随时跟随输入。

数字系统中另一类电路称为时序电路,它与组合电路有着本质的区别。电路某一时刻的输出不仅与该时刻的输入有关,还和电路的原来状态(以前的输入)有关,能够保存电路原来状态的基本电路称为双稳态元件。

双稳态元件是构成存储电路的基本模块,具有记忆功能,通常指锁存器和触发器。为了实现记忆 1 位二值信号的功能,双稳态元件必须具备如下特点。

① 有两个互补的输出端 Q 和 $\bar{Q}$。

② 有两个稳定状态。$Q=1$ 称为 1 状态;$Q=0$ 称为 0 状态。当输入信号不发生变化时,输出状态保持不变。

③ 在一定输入信号作用下,可从一个稳定状态转移到另一个稳定状态。输入信号作用前的状态称为现态,记作 Q_t(或简记为 Q),输入信号作用后的状态称为次态,记作 Q_{t+1}。

双稳态元件按数据输入端的名称及其逻辑功能不同,分为 R-S 型、D 型、J-K 型和 T型。了解和掌握锁存器和触发器的外部特性和逻辑功能有助于时序电路的分析与设计。

5.2　锁　存　器

5.2.1　基本 R-S 锁存器

基本 R-S 锁存器是构成其他锁存器或触发器的最基本单元。

电梯等待灯控制电路由两个或门组成,通过交叉反馈回路构成了一个基本锁存器(见图 5-2),这里分别用 R、S 标记输入端,其中 S(置位)和 R(复位),如图 5-3(b)所示,称为基本 R-S 锁存器。锁存器也可由与非门构成如图 5-3(a)所示基本 R-S 锁存器。通常将 Q 端的状态定义为锁存器的状态,即当 $Q=1$ 时,称锁存器处于 1 状态;当 $Q=0$ 时,称锁存器处于 0 状态。电路具有两个稳态:当 $Q=0$ 时,$\bar{Q}=1$;当 $Q=1$ 时,$\bar{Q}=0$。

表 5-1　基本 R-S 锁存器的功能表

R	S	Q	$\bar{Q}$
0	0	保持不变	
0	1	1	0
1	0	0	1
1	1	(a) 1	1
1	1	(b) 0	0

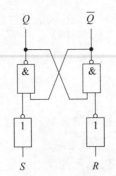 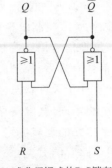

(a) 与非门组成的R-S锁存器   (b) 或非门组成的R-S锁存器

图 5-3   基本 R-S 锁存器

根据组合电路的分析方法,可得到基本 R-S 锁存器的功能表如表 5-1 所示。由功能表应能体会到,当 $RS=00$ 时,锁存器的下一个状态(次态 Q_{t+1})仍保持原来的状态(现态 Q_t)不变;当 $RS=01$ 时,不管原来的状态如何,锁存器的下一个状态将变为 1 状态;当 $RS=10$ 时,不管原来的状态如何,锁存器的下一个状态将变为 0 状态;当 $RS=11$ 时,与非门构成的锁存器的两个输出端都为 1,或非门构成的锁存器的两个输出端都为 0,不符合双稳态元件的输出必须具备互补性的要求,所以,正常使用 R-S 锁存器时,不允许 $RS=11$。另外,当 RS 从 11 变为 00 时,由于竞争的存在,锁存器的最终状态不定(有可能为 1,也有可能为 0)。总之,锁存器状态的改变(次态)不仅与当前的输入有关,还与锁存器原来的状态(现态)有关。采用次态真值表(又称特性表)可以准确地描述次态与现态及输入之间的关系。表 5-2 是基本 R-S 锁存器的次态真值表,该表也可简化成表 5-3。

表 5-2   次态真值表

R	S	Q_t	Q_{t+1}	R	S	Q_t	Q_{t+1}
0	0	0	0	1	0	0	0
0	0	1	1	1	0	1	0
0	1	0	1	1	1	0	d
0	1	1	1	1	1	1	d

表 5-3   简化的次态真值表

R	S	Q_{t+1}
0	0	Q_t
0	1	1
1	0	0
1	1	d

由次态真值表可得到图 5-4 所示的次态卡诺图,进而求得基本 R-S 锁存器的次态方程为

$$\begin{cases} Q_{t+1} = S + \bar{R}Q_t \\ R \cdot S = 0 \end{cases}$$

其中,$R \cdot S = 0$ 为约束条件,即不允许 R、S 同时为 1。基本 R-S 锁存器的逻辑符号见图 5-5。

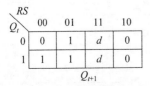

图 5-4   次态卡诺图

图 5-5   基本 R-S 锁存器的逻辑符号

图 5-6 是基本 R-S 锁存器的典型时序图,图 5-7 是基本 R-S 锁存器状态转换图。

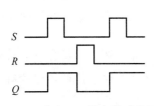

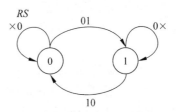

图 5-6　基本 R-S 锁存器时序图　　　　　图 5-7　基本 R-S 锁存器状态转换图

5.2.2　带控制端的 R-S 锁存器

基本 R-S 锁存器的主要特点是结构简单,具有置 0、置 1 和保持功能,但它存在输入直接影响输出的问题,并且输入端 S 和 R 之间有约束,会给应用带来不便,抗干扰能力低。

在实际工作中,常常要求锁存器按照一定的时间节拍工作,这就需要用一个使能输入端(EN)进行控制,即只有当使能输入信号有效时,才允许输入影响输出。带使能端的 R-S 锁存器的电路结构及特性如图 5-8 所示。当 EN=0 时,门 G_1、G_2 的输出为 1,输入信号 R、S 不会影响输出,故锁存器保持原状态不变;当 EN=1 时,锁存器的状态跟随输入

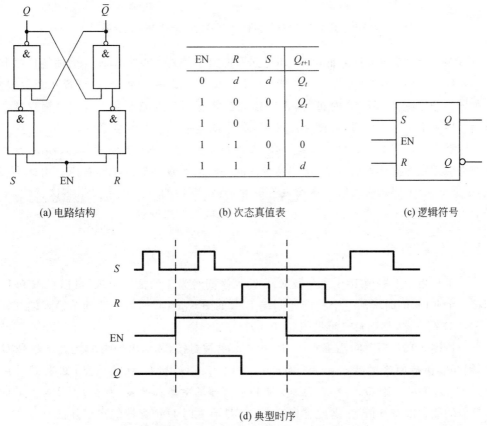

EN	R	S	Q_{t+1}
0	d	d	Q_t
1	0	0	Q_t
1	0	1	1
1	1	0	0
1	1	1	d

(a) 电路结构　　　　　　　(b) 次态真值表　　　　　　　(c) 逻辑符号

(d) 典型时序

图 5-8　带使能端的 R-S 锁存器的电路结构及特性

信号 R、S 的变化而改变,此时的次态真值表及次态方程与基本 R-S 锁存器相同。

值得注意的是,若 EN$=1$ 且 $RS=11$ 时,锁存器的输出 $Q=\overline{Q}=1$,而当 EN 由 1 变 0 后,锁存器可能处于 1 态,也可能处于 0 态,即状态不定。所以,输入信号同样需要满足 $RS=0$ 的约束条件。

在使用带使能端的 R-S 锁存器的过程中,有时需要在 EN 信号有效之前将锁存器预先置为指定状态。所以,在实用的带使能端的 R-S 锁存器电路上往往还设置有专门的异步置位输入端和异步复位输入端,如图 5-9 所示。

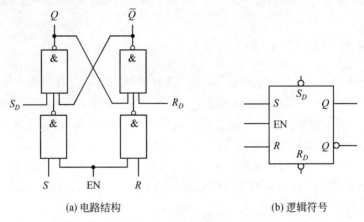

(a) 电路结构　　　　　　　　(b) 逻辑符号

图 5-9　具有异步置位、复位功能的带使能端 R-S 锁存器

只要在 $/S_D$ 或 $/R_D$ 加入低电平,即可立即将锁存器置 1 或置 0,而不受使能信号和输入信号控制。因此,将 $/S_D$ 称为异步置位(置 1)端,将 $/R_D$ 称为异步复位(置 0)端。显然,这种异步操作应在 EN$=0$ 时进行,否则预置的状态不一定能保存下来。当锁存器在使能信号控制下正常工作时,应使 $/S_D$ 和 $/R_D$ 处于高电平。

综上所述,当 EN$=0$ 时,锁存器的状态保持不变;当 EN$=1$ 期间,输入端 R、S 的变化都将引起锁存器状态的改变,这就是带使能端的 R-S 锁存器的动作特点。由此不难想象,如果 EN$=1$ 期间输入信号多次发生变化,则锁存器的状态也会发生多次变化,这就降低了电路的抗干扰能力,并且仍未解决 S、R 之间的约束问题。

5.2.3　D 锁存器

为了从根本上避免 R-S 锁存器 R、S 输入端同时为 1 的情况出现,可以在 S 和 R 之间接一个非门,同时增加一个使能控制端 EN,如图 5-10(a)所示。这种单输入端的锁存器称为 D 锁存器,其逻辑符号见图 5-10(b)。

分析图 5-10(a)可知,当 EN$=0$ 时,门 G_1、G_2 被封锁,其输出均为 1,与输入信号 D 无关,锁存器保持原来的状态不变;当 EN$=1$ 时,锁存器接收 D 的信息,如果 $D=1$,则 $Q_{t+1}=1$;若 $D=0$,则 $Q_{t+1}=0$。表 5-4 是 D 锁存器的次态真值表,表 5-5 是 EN 有效时 D 锁存器的简化次态真值表,据此可直接求得 EN 有效时 D 锁存器的次态方程为

$$Q_{t+1} = D$$

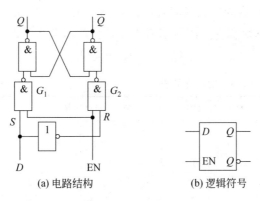

(a) 电路结构　　　　　(b) 逻辑符号

图 5-10　D 锁存器

所以,D 锁存器的逻辑功能可归纳为:在 EN 有效时,将输入数据 D 存入锁存器,当 EN 无效时,保存该数据不变,只有当 EN 再次有效时,才将新的数据存入锁存器而改变原来存储的数据。显然,当 D 锁存器正常工作时,应保证 EN 有效期间 D 端数据保持不变。

<table>
<tr><td colspan="4" align="center">表 5-4　次态真值表</td><td colspan="4"></td><td colspan="2" align="center">表 5-5　简化次态真值表</td></tr>
<tr><td>EN</td><td>D</td><td>Q_t</td><td>Q_{t+1}</td><td>EN</td><td>D</td><td>Q_t</td><td>Q_{t+1}</td><td>D</td><td>Q_{t+1}</td></tr>
<tr><td>0</td><td>d</td><td>0</td><td>0</td><td>1</td><td>0</td><td>1</td><td>0</td><td>0</td><td>0</td></tr>
<tr><td>0</td><td>d</td><td>1</td><td>1</td><td>1</td><td>1</td><td>0</td><td>1</td><td>1</td><td>1</td></tr>
<tr><td>1</td><td>0</td><td>0</td><td>0</td><td>1</td><td>1</td><td>1</td><td>1</td><td></td><td></td></tr>
</table>

图 5-11 给出了 D 锁存器的典型时序,图 5-12 是 D 锁存器的状态转换图。

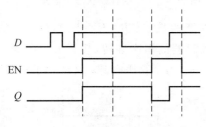

图 5-11　D 锁存器典型时序图

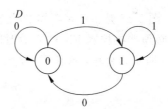

图 5-12　D 锁存器状态转换图

5.2.4　J-K 锁存器

R-S 锁存器的输入端 $R=S=1$ 时,锁存器的次态不确定,这一因素限制了其应用。为了解决这个问题,根据双稳态元件两个输出端互补的特点,用 Q 和 $\bar{Q}$ 反馈控制输入信号,并用 J 代替 S,用 K 代替 R,构成如图 5-13 所示的 J-K 锁存器。由图 5-13 可知,在 EN=1 期间,当 $Q=0$ 时,封住门 G_2,无须利用 $K(R)$ 进行置 0 操作,此时 $\bar{Q}=1$,打开门 G_1,允许利用 $J(S)$ 的置 1 操作;而当 $Q=1$ 时,$\bar{Q}=0$ 封住门 G_1,无须利用 $J(S)$ 进行置 1 操作,此时门 G_2 打开,允许利用 $K(R)$ 的 0 操作。这样就保证了当 $J=K=1$ 时,门 G_1、G_2 的输出不同时为 0,并可在 EN 的控制下使 Q 从 0 翻转为 1 或从 1 翻转为 0。

表 5-6 是 J-K 锁存器的次态真值表,表 5-7 是 J-K 锁存器在 EN＝1 时的简化次态真值表,由图 5-14 所示的次态卡诺图可求得 J-K 锁存器的次态方程为

$$Q_{t+1} = J\bar{Q}_t + \bar{K}Q_t$$

表 5-6　次态真值表

EN	J	K	Q_t	Q_{t+1}	EN	J	K	Q_t	Q_{t+1}
0	d	d	0	0	1	0	1	1	0
0	d	d	1	1	1	1	0	0	1
1	0	0	0	0	1	1	0	1	1
1	0	0	1	1	1	1	1	0	1
1	0	1	0	0	1	1	1	1	0

表 5-7　简化次态真值表

J	K	Q_{t+1}	说明
0	0	Q_t	保持
0	1	0	置 0
1	0	1	置 1
1	1	$\bar{Q}_t$	翻转

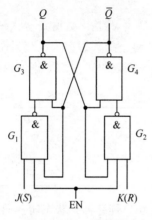

图 5-13　J-K 锁存器

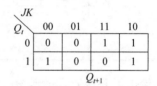

图 5-14　J-K 锁存器状态卡诺图

图 5-15 是 J-K 锁存器的状态转换图。值得注意的是,当 $J=K=1$ 时,$Q_{t+1}=\bar{Q}_t$,此时,必须严格控制 EN 的有效时间,否则将引起锁存器的多次翻转,甚至引起振荡,如图 5-16 所示。显然,这种要求对于它的应用过于苛刻。为了克服空翻,又产生了利用脉冲

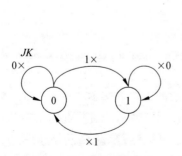

图 5-15　状态转换图

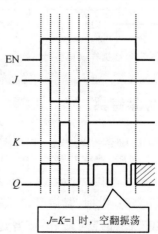

图 5-16　J-K 锁存器空翻震荡现象举例

和边沿进行控制的新的双稳态元件结构,称为触发器,这里只对边沿触发器进行介绍。

5.3　触　发　器

5.3.1　正边沿 D 触发器

D 锁存器要求 EN 有效期间数据输入端 D 保持稳定,这给实际应用带来了不便,一则 D 端变化可能锁存错误数据,二则影响系统速度。而边沿 D 触发器的状态变化仅仅取决于有效沿前一时刻 D 端的值,不仅抗干扰性能好,且利于提高系统速度。

图 5-17 是正边沿 D 触发器的电路结构图与逻辑符号,它包括 1 个带使能端的 R-S 锁存器(由 G_1、G_2、G_3、G_4 构成)和 2 个信号接收门(由 G_5、G_6 构成,用于生成 D、$\overline{D}$)以及 3 条反馈线。反馈线①称为置 1 维持线,反馈线②称为置 0 阻塞线,反馈线③称为置 0 维持线。下面分析正边沿 D 触发器的工作过程。

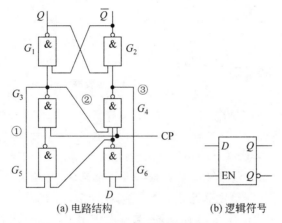

(a) 电路结构　　　　(b) 逻辑符号

图 5-17　正边沿 D 触发器

当 CP 为 0 时,G_3、G_4 的输出为 1,R-S 锁存器保持状态不变。G_6 输出为 $\overline{D}$,G_5 输出为 D。

当 CP 为 ↑ 时,G_3 将 G_5 输出的 D 传递输出为 $\overline{D}$。若 $D=1$,则 G_3 输出为 0,使 $Q=D=1$,并通过置 1 维持线①反馈至 G_5 输入,确保 G_5 门稳定输出 1,不再受 G_6 的输出影响,即不再受输入端 D 的影响。同时通过 G_3 至 G_4 门的置 0 阻塞线②确保 G_4 输出仍为 1,也不再受输入端 D 的影响。若 $D=0$,则 G_3 输出为 1,与 G_6 输出的 1 共同使 G_4 输出为 0,有 $\overline{Q}=1$ 且 $Q=D=0$,并通过 G_4 至 G_6 门的置 0 维持线③封锁输入端 D 的影响。

当 CP 为 1 时,在 3 条反馈线的作用下,不受输入端 D 的影响,触发器的状态保持不变。

当 CP 为 ↓ 时,G_3、G_4 的输出变为 1,触发器的状态保持不变。

通过以上分析可知,正边沿 D 触发器的次态仅取决于时钟上升沿前一时刻 D 的值,时钟的其他时间 D 的值都可以变化,所以抗干扰能力强,得到了广泛应用。

5.3.2 负边沿 J-K 触发器

图 5-18 为负边沿 J-K 触发器的电路结构和逻辑符号，在逻辑符号中，∧ 表示边沿触发，"小圆圈"表示负边沿（下降沿）。负边沿 J-K 触发器的逻辑功能、次态真值表（特性表）、次态方程与 J-K 锁存器相同，其主要原理是利用状态翻转的"雪崩效应"和信号传输时的时间差异（竞争）引导触发。

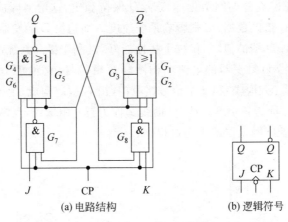

(a) 电路结构　　　　(b) 逻辑符号

图 5-18　负边沿 J-K 触发器

由图 5-18(a)可见，两个与或非门构成 RS 锁存器，G_7、G_8 是引导门。时钟信号除直接作用于 G_2、G_6 外，还经 G_7、G_8 延时后影响 G_3、G_5，显然，这一影响具有滞后性。

设当前 $J=K=1$，$Q=0$，CP 作用后，触发器应由 0 变成 1。下面分析这一变化过程。

当 CP 为 0 时，G_7、G_8 均被封住，不受 $J=K=1$ 的影响，其输出为 1。这时用与或非门组成的锁存器处于稳态，即触发器保持原态不变，$G_5=1$，$Q=0$，$\overline{Q}=1$。

当 CP 由 0 向 1 变化的上升沿时，CP=1 首先作用于 G_6，在此时 $\overline{Q}=1$ 的共同作用下，G_6 输出 1，或非门 G_4 输出 0，保证 $Q=0$ 不变。此时的 CP=1 也作用于 G_7、G_8，但 $Q=0$ 封住了 K 的影响，使 G_8 输出仍为 1，虽然 $\overline{Q}=1$ 和 $J=1$ 使 G_7 输出 0，但这个延时的输出通过 G_5 对或非门 G_4 的影响落后于 G_6，即此时 $J=1$ 的影响失效，$Q=0$ 不变。所以，当 CP 由 0 向 1 变化的上升沿时，触发器状态不受 J、K 的影响而保持不变。

当 CP=1 期间，因 $Q=0$ 封锁了 K 的影响，而 $\overline{Q}=1$ 使 $G_6=1$，$G_5=0$，保证了 $Q=0$ 不变。所以，CP=1 期间 J、K 的变化不影响触发器的状态。

当 CP 由 1 向 0 变化的负边沿（下降沿）时，K 仍因 $Q=0$ 被封锁，CP 的变化率先使 G_6 输出变为 0，于是 Q 的输出取决于 G_5，而此时的 G_5 已因 CP=1 期间 $J=1$ 和 $\overline{Q}=1$ 输出 0，所以 G_4 立刻输出 1，即触发器的状态由 0 变 1，$\overline{Q}$ 也因"雪崩效应"变为 0，并封锁 G_5、G_6 使 Q 保持 1。虽然 CP 由 1 到 0 也会使 G_7 输出 1 影响 G_5，但这一延时的输出已被此时的 $\overline{Q}=0$ 封锁而失效。所以，决定 Q 值的是 G_5 原来的输出，即 CP 下降沿之前的 J 值确定的值。

所以，当 $J=K=1$ 时，在 CP 的下降沿可将触发器由 0 翻转成 1。同理可分析出当 $J=K=1$ 时，在 CP 的下降沿，也可将触发器由 1 翻转成 0。

关于触发器在 $JK=00$、01、10 时的情况,可用同样的方法进行分析。

综上所述,负边沿 J-K 触发器具有保持、置 0、置 1 和翻转功能,并且触发器的次态仅取决于时钟下降沿前一时刻 J、K 的值,时钟的其他时间 J、K 的值都可以变化,所以抗干扰能力强。

图 5-19 是具有负边沿 J-K 触发器的典型时序图。

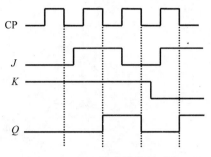

图 5-19 J-K 触发器典型时序

5.3.3 T 触发器和 T′触发器

如果将 J-K 触发器的两个输入端 J、K 连接在一起并命名为 T,就构成了 T 触发器,如图 5-20 所示。T 触发器又称计数触发器,当 $T=1$ 时,每来一个时钟脉冲,触发器就翻转一次,计一次数;当 $T=0$ 时,停止计数。

由 J-K 触发器的次态方程很容易得到 T 触发器的次态方程为

$$Q_{t+1} = T\bar{Q}_t + \bar{T}Q_t = T \oplus Q_t$$

如果将 T 触发器的输入端 T 恒接逻辑 1,则构成 T′触发器。T′触发器是 $T=1$ 时的特例。

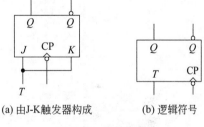

(a) 由J-K触发器构成   (b) 逻辑符号

图 5-20 T 触发器

5.3.4 带有复位/置位功能的触发器

在使用触发器的过程中,有时需要将触发器预先置成指定的状态。所以,触发器电路上往往还设置有专门的置位输入端和复位(清零)输入端。该复位/置位功能又可分为异步复位/置位和同步复位/置位,区别在于复位/置位功能是否需要受控于时钟信号 CP。以 D 触发器为例,图 5-21(a)给出了具有异步置位、异步复位功能正边沿 D 触发器的电路结构,图 5-21(b)给出了具有同步置位、同步复位功能正边沿 D 触发器的示意电路结构;这两种电路的逻辑符号是一样的,如图 5-21(c)所示,但二者的典型时序图不一样,图 5-21(d)中给出了二者的区别时序图,其中 Q_a 表示异步(asynchronous)复位/置位 D 触发器的时序图,Q_s 表示同步(synchronous)复位/置位 D 触发器的时序图。

图 5-21(b)中,/SD、/RD 信号与 D 信号相组合得到信号 D',由原 D 触发器的激励端输入,则置位/复位只能在时钟信号的有效沿到来时才能作用,从而实现同步置位/复位。

读者可根据第 4 章中的知识实现其中的组合逻辑电路。

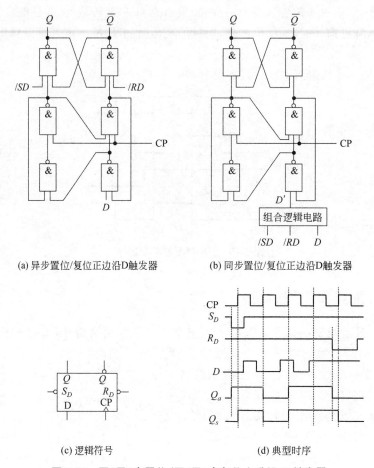

(a) 异步置位/复位正边沿D触发器　　　　(b) 同步置位/复位正边沿D触发器

(c) 逻辑符号　　　　　　　(d) 典型时序

图 5-21　同(异)步置位/同(异)步复位上升沿 D 触发器

5.4　锁存器和触发器的区别

锁存器是利用电平控制数据的输入,它包括不带使能控制的锁存器(输入信号直接影响输出)和带使能控制的锁存器(仅当使能端有效时,输入信号才直接影响输出);触发器是利用有效沿控制数据的输入(仅在有效沿发生的时刻,输入信号才直接影响输出),如维持阻塞结构的正边沿 D 触发器。

这里以带使能端的 D 锁存器和边沿 D 触发器进行比较,如图 5-22 所示,锁存器和触发器的使能端和时钟端连接到同一脉冲信号端,这里避免有任何语义,将其命名为 Ctr_pls,数据端相连,若输入信号波形如图 5-22 所示,则锁存器和触发器的输出分别为 Q_2 和 Q_1。可以看出其区别主要发生在 Ctr_pls 在高电平期间,如果输入信号发生变化,则锁存器的输出会随之改变,而触发器只在边沿时刻读取信号,不会发生改变。因此触发器工作更稳定可靠,锁存器常用在缓变信号的系统中,以确保使能端有效期间数据是稳定的,保证数据读入的正确性。

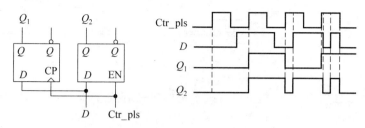

图 5-22 D 触发器与 D 锁存器的比较

5.5 触发器的 Verilog HDL 模型

边沿型触发器的可靠性高,对输入信号的要求较低,有利于提高系统速度。现代数字系统设计时,普遍利用 EDA 平台进行系统开发,然后下载到大规模可编程逻辑器件(PLD)中物理实现,而 PLD 均采用单输入端的 D 触发器构造时序电路。有了 EDA 平台和 HDL,可以不受传统触发器器件的限制,设计(描述)出满足系统要求的各种类型的触发器。

5.5.1 D 触发器的 Verilog HDL 模型

【例 5-2】 用 Verilog HDL 实现图 5-17 中上升沿 D 触发器的建模。

该模型有 4 个端口,功能为在时钟上升沿控制下,将输入值赋给输出端,其余时刻处于保持状态,因而对应的 Verilog HDL 模型如下。

```
module  Dff_p (clk, d, q,n_q);
input clk , d;
output q,n_q;
reg q ,n_q;
always @ (posedge clk)   //监视 clk 上升沿
 begin
      q<=d;               //非阻塞赋值描述功能
      n_q<=~d;
 end
endmodule
```

从该描述中可知,只有当 clk 上升沿到来时,才采集并计算 d 值,然后赋值给 q;其他时刻 d 不影响输出,q 为寄存器型,具有保持特性,直到下一个上升沿到来,其功能仿真波形图如图 5-23 所示,该模块同时输出两个互补的信号。

对图 5-21(a)中具有异步置位、异步复位功能的上升沿触发 D 触发器进行 Verilog HDL 描述。设计中考虑触发器的工作状态不仅受控于时钟上升沿,还受控于置位和复位信号,因此其敏感信号包括 3 个,考虑到 Verilog HDL 模型中敏感信号类型的一致性,

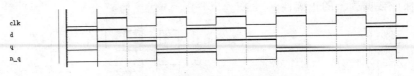

图 5-23　上升沿有效 D 触发器仿真图

置位和复位信号也采用边沿敏感信号,由于是低电平有效,因此采用下跳沿敏感类型,具体模型如下。

```
module  Dff_p (clk, Reset,Set,d, q,n_q);
input clk , d , Reset,Set;
output q,n_q;
reg q ,n_q;
always @ (posedge clk or negedge Reset or negedge Set)
    if(!Reset)
          begin q<=0;n_q<=1; end
    else if (!Set)
              begin q<=1;n_q<=0; end
                else
                begin q<=d; n_q<=~d; end
endmodule
```

该模型的功能仿真图如图 5-24 所示,实现了具有异步清零和置位功能的上升沿 D 触发器。

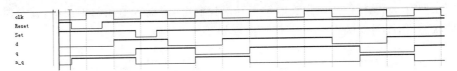

图 5-24　具有异步清零和置位功能的上升沿有效 D 触发器功能仿真图

用硬件描述语言描述时序器件的基本方法如下。

- 一般采用 always 过程,其敏感表中只能用 posedge、negedge 监视时钟或异步信号的有效沿;
- 异步(同步)清零、置位操作优先于器件的正常操作,通常用 if-else 描述,并注意异步时信号有效级匹配;
- 应使用非阻塞赋值(<=)语句进行赋值操作,以符合先采样计算、最后一起赋值的时序描述规范;
- 根据简化次态真值表,使用相应语句描述器件在时钟作用下的工作状态。

5.5.2　J-K 触发器的 Verilog HDL 模型

对具有异步置位、异步复位功能的负边沿 J-K 触发器建立 Verilog HDL 模型。

与 J-K 触发器的功能芯片相对应,Verilog HDL 模型设置了与其一致的端口列表,并通过关键字 input 和 output 声明其端口类型,同时说明变量类型,这里需要注意的是互补 Q 输出端的描述,采用和主功能描述的 always 进程并行的赋值语句设计实现,根据数据流赋值语句语法要求,输出数据端 n_q 为 wire 型,可以默认。

在功能描述部分,由于功能单元为异步清零和置位端,因此 always 敏感事件列表中除了 negedge n_clk 外,还有 negedge n_reset 和 negedge n_set,与 if-else 配合,只要 n_reset,n_set 为低电平,触发器就被清零或置 1。只有当 n_reset,n_set 为高时,才在 n_clk 下降沿,按照此时 J、K 的状态完成触发器的操作(case 语句)。

具体功能描述根据表 5-7 的简化真值表,其 Verilog HDL 模型如下。

```
module  JKff_n (n_clk, n_reset, n_set, j, k, q,n_q);
input n_clk , j, k, n_reset, n_set;
output q, n_q;
reg q;
assign n_q=~q;
always @ (negedge n_clk or negedge n_reset or negedge n_set)
        begin
            if (!n_reset)  q<=0;          //异步清零
            else if (!n_set)  q<=1;
            else case ({ j, k })          //用 case 语句描述功能
                2'b00 : q<=q;             //保持
                2'b01 : q<=0;             //置 0
                2'b10 : q<=1;             //置 1
                2'b11 : q<=~q;            //翻转
            endcase
        end
endmodule
```

该模型功能仿真结果如图 5-25 所示,分别分析异步清零、置位和 J-K 触发器功能,可以看出该模型实现了要求具有异步清零和置位功能的下降沿有效 J-K 触发器功能。

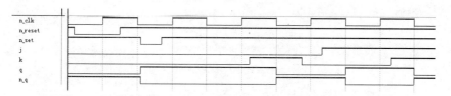

图 5-25　具有异步清零和置位功能的下降沿有效 J-K 触发器功能仿真图

有了 EDA 平台和 HDL,可以不受传统触发器器件的限制,设计(描述)出满足系统要求的各种类型的触发器。

【例 5-3】　建模具有同步清零的正边沿 J-K 触发器。

解:根据描述,待建模触发器端口设置如图 5-26 所示,这里需要说明的是,由于清零信号受控于时钟信号,因此敏感信号为 clk 信号,在逻辑功能实现描述语句中,当 clk 上升沿到来时,配合 if-else 语句首先检测清零信号 n_reset 是否为 0,当 n_reset 非 0 时,实

现 J-K 触发器功能。

具体模型描述如下。

```
module   JKff_n (clk, n_reset, j, k, q);
input clk , j, k, n_reset;
output q;
reg q;
always @ (posedge clk)
        begin
            if (!n_reset)  q<=0;              //同步清零
            else case ({ j, k })              //用 case 语句描述功能
                    2'b00 : q<=q;             //保持
                    2'b01 : q<=0;             //置 0
                    2'b10 : q<=1;             //置 1
                    2'b11 : q<=~q;            //翻转
            endcase
        end
endmodule
```

图 5-26　具有同步清零的 J-K 触发器

其功能仿真结果如图 5-27 所示,分析可以看出该模块实现了功能要求,特别注意清零信号,当其有效时,状态 q 并不马上变换,等到时钟上升沿来时才清零,即同步清零。

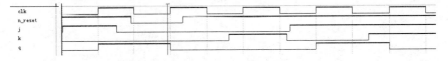

图 5-27　同步清零正边沿 J-K 触发器仿真图

【例 5-4】　下降沿触发、高有效同步清零 T 触发器的 Verilog HDL 描述。

```
module   Tff_n (n_clk, reset, T, q);
input n_clk , reset, T;
output q;
reg q;
        always @ (negedge n_clk)               //监视 n_clk 下降沿
            begin
                if (reset) q<=0;               //同步清零
                else   if (T ==1)  q<=~q;      //翻转
                    else  q<=q;                //保持
            end
endmodule
```

从该模型中进一步体会出,由 reset 控制的清零操作是在 n_clk 的作用下完成的(敏感表中没有 posedge reset),所以称为同步清零;同步清零操作优先于触发器的正常操作(利用 if-else),其功能仿真结果如图 5-28 所示。

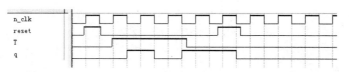

图 5-28 具有同步清零的下降沿有效 T 触发器功能仿真图

5.6 不同类型触发器之间的转换

不同类型触发器之间可以转换,其转换模型如图 5-29 所示。转换后的触发器由给定触发器和变换逻辑组成。变换逻辑是组合电路,是触发器转换电路实现的关键,即实现转换后的触发器输入端(激励端)以及现态到给定触发器输入端(激励端)的逻辑转换。

【**例 5-5**】 分析图 5-30 中 D 触发器转换成 J-K 触发器的转换电路。

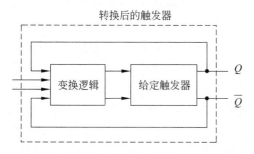

图 5-29 不同类型触发器之间的转换模型

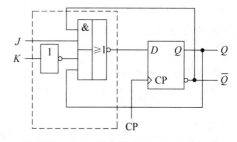

图 5-30 由 D 触发器构成的 J-K 触发器

解:① 写出 D 触发器的激励方程,由虚线框中组合逻辑实现 J、K 输入与现态到激励端 D 的转换逻辑。

$$D = J\overline{Q}_t + \overline{K}Q_t$$

② 将激励代入 D 触发器的特性方程,求出转换后触发器的次态方程。

$$Q(t+1) = D = J\overline{Q} + \overline{K}Q$$

③ 写出次态真值表,如图 5-31 所示,可以看出增加转换逻辑电路后,实现了 D 触发器到 J-K 触发器的转换。

J	K	Q_t	Q_{t+1}	J	K	Q_t	Q_{t+1}
0	0	0	0	1	0	0	1
0	0	1	1	1	0	1	1
0	1	0	0	1	1	0	1
0	1	1	0	1	1	1	0

图 5-31 例 5-5 次态真值表

本 章 小 结

本章按照提出问题、分析问题、解决问题的思路介绍了时序电路中能够存储记忆二值信息的双稳态元件。

从生活中实际问题出发,引出了基本 R-S 锁存器,通过将输出信号反馈到输入端实现了对前一时刻状态的记忆。以基本 R-S 锁存器为基本单元构成 D 锁存器/触发器、J-K 锁存器/触发器以及 T 触发器。D 锁存器没有约束问题,可用于数据锁存,但要求使能有效期间输入保持不变,否则会锁存错误数据;J-K 锁存器提出了反馈封锁输入的解决方案,但使能有效期间,$J=K=1$ 时的翻转甚至振荡问题使其不能实用;边沿型 J-K 触发器、边沿型 D 触发器是应用广泛、可靠性较高的双稳态元件,它们的次态仅仅取决于时钟有效沿前一时刻的输入值,其他时间输入的变化不影响输出;边沿型 T 触发器和边沿型 T' 触发器实际上是边沿型 J-K 触发器的特例。另外,边沿型 D 触发器是现代数字系统设计中 PLD 器件的基本时序元件。

本章还讨论了各种类型触发器之间的转换原理以及触发器的 Verilog HDL 建模方法。

描述双稳态元件的基本工具有次态真值表(特性表)、次态卡诺图、简化次态真值表、次态方程(特性方程)、状态转换图、时序图和硬件描述语言。

思 考 题 5

1. 由下面 3 个触发器的逻辑符号,你能想到什么?

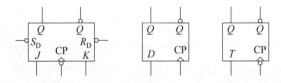

2. 为什么说 D 锁存器只能用于锁存数据?

3. 为什么说 J-K 锁存器实用?

4. 边沿型触发器可靠性好,主要体现在哪里?

5. 边沿型 D 触发器是现代数字系统设计中 PLD 器件的基本时序元件,为什么?

6. 用 Verilog HDL 建立触发器模型的基本方法是什么?

7. 如何体会 Verilog HDL 中 case 语句的语法格式和简化次态真值表存在的对应关系?

8. 试分析以下电路图是否可以实现同步复位/同步置位的 D 触发器功能,为什么?

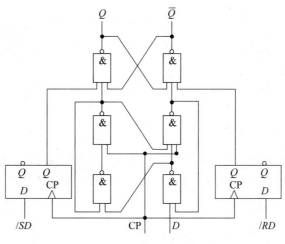

图 5-32 思考题电路图

习 题 5

5.1 分别写出 J-K 触发器、D 触发器和 T 触发器的简化次态真值表及次态方程。

5.2 根据题图 5-1 给定的波形,画出高有效使能 D 锁存器和上升沿 D 触发器初始状态均为 0 时的输出波形。

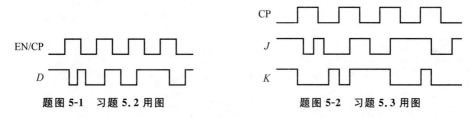

题图 5-1 习题 5.2 用图   题图 5-2 习题 5.3 用图

5.3 根据题图 5 2 给定的波形画出下降沿 J-K 触发器初始状态为 0 时的输出波形。

5.4 画出 T 触发器的状态转移图。

5.5 用 Verilog HDL 描述下列触发器。

(1) 具有低有效的异步置位、异步清零功能的下降沿 D 触发器。

(2) 具有高有效的同步置位、同步清零功能的上升沿 J-K 触发器。

(3) 具有高有效异步清零功能的上升沿 T 触发器。

5.6 设如题图 5-3 所示各触发器的初态均为 0,画出在 CP 作用下各触发器的输出波形。

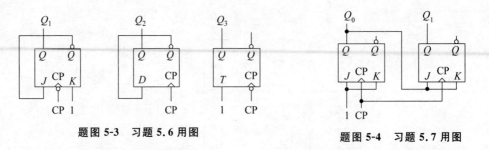

题图 5-3 习题 5.6 用图   题图 5-4 习题 5.7 用图

5.7 设题图 5-4 中触发器的初态 $Q_1Q_0 = 00$,画出在 CP 作用下 Q_0、Q_1 的时序波形,并说明经过 3 个时钟脉冲后,Q_1Q_0 将是变成 00、01、10 还是 11 状态。

第6章

chapter 6

时序电路概要和同步时序电路分析

【本章内容】 本章根据时序电路的特点,针对时序电路的结构模型建立相关的概念;运用同步时序电路的分析方法,对基于触发器的同步时序电路进行实例分析;讨论如何建立与其对应的 Verilog HDL 模型;分析时序电路中的"挂起"现象及消除方法。

6.1 概 述

日常生活中由于信息存在需求不同,人们接触到的电子设备设计逻辑上也有差异。例如允许分次付款和一次性付款的投币售货机。一次性付款只需要实现控制单元实现当前投币额和商品价格比较,控制出货,或提示付款额不够,控制退币。这部分电路根据投币金额直接生成后续控制信号,不需要数据记忆,因此用组合逻辑完成控制信号生成电路的设计;允许分次付款则不同,每次付款数必须由存储单元记忆下来和后续投币进行加和,直到总额大于货物价格后出货,因此其实现电路包括两部分,一部分由组合逻辑生成控制信号,另一部分由存储逻辑完成上一次投币额的数据存储。

下面分析比较例图 6-1 所示的串行加法器电路与第 4 章所学的并行加法器。

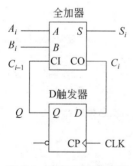

图 6-1 串行加法器电路

先介绍一下串行加法的原理,在实现两个多位数相加时,每个时刻只对一位数进行运算,多位加数采用由低位到高位逐位相加的方式完成加法运算。显然每一位(例如第 i 位)相加的结果(S_i)不仅取决于本位的两个加数 A_i 和 B_i,还和低一位相加时的进位(C_{i-1})有关,所以完整的串行加法电路除了具有将两个加数和来自低位的进位相加的能力,还应具有记住本位相加后的进位结果的功能,以供高位相加时使用,其实现框图如图 6-1 所示,串行加法器包括两部分,一部分用一个全加器执行 A_i、B_i 和 C_{i-1} 的相加运算;另一部分用一个 D 触发器记住每次相加后的进位结果。整个电路在时钟信号 CLK 的控制下完成串行加法运算。与之相比,并行加法器同时对 n 位数进行运算,低位进位信号不需要被记忆,直接传送给高位相加的运算单元,输出计算结果。

上述两种特点的加法器分别属于两类典型逻辑电路,一类是第 4 章中已讨论过的组合电路,其特点是电路在任一时刻的输出仅仅取决于该时刻的输入(或者说输入随时影响输出);另一类是时序电路,其特点是电路在任一时刻的输出不仅取决于该时刻的输入,还取决于电路原来的状态(或者说还与以前的输入有关)。

时序电路在结构上有两个显著特点。第一,时序电路通常由组合电路和存储电路两部分组成,而存储电路是必不可少的。第二,存储电路的输出必须反馈到组合电路的输入端,与其他输入信号一起决定组合电路的输出;而组合电路的输出又反馈形成存储电路的输入,在时钟的作用下改变存储电路的输出。

6.1.1　时序电路的基本结构

时序电路的基本结构模型如图 6-2 所示。从不同的角度,图 6-2 中各信号的含义有所不同。

从组合电路的角度看,$X_1 \sim X_n$ 是外部输入,$Q_1 \sim Q_k$ 是内部输入;$Z_1 \sim Z_m$ 是外部输出,$Y_1 \sim Y_k$ 是内部输出。

从存储电路的角度看,$Y_1 \sim Y_k$ 是它的输入(来自组合电路内部输出),$Q_1 \sim Q_k$ 是它的输出(构成组合电路的内部输入)。

对于整个时序电路,将 $X_1 \sim X_n$ 称为输入,$Z_1 \sim Z_m$ 称为输出,$Y_1 \sim Y_k$ 称为激励(或驱动),$Q_1 \sim Q_k$ 称为状态。状态的改变是在时钟信号的作用下完成的,一般用现态和次态描述状态的改变。现态为变化前的状态(当前状态),次态为变化后的状态(下一次将要进入的状态)。相对时钟 CP 而言,有效沿前一时刻的状态是时序电路的现态 $Q_{1(t)} \sim Q_{n(t)}$,有效沿之后的状态是时序电路的次态 $Q_{1(t+1)} \sim Q_{n(t+1)}$。现态和次态是相对一次变化而言的。

如图 6-3 所示,相对第一次变化,A 是现态,次态为 B;相对第二次变化,B 是现态,次态为 C;以此类推。

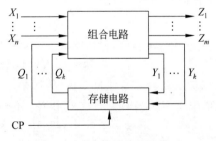

图 6-2　时序电路的结构模型

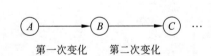

图 6-3　现态与次态相对性示意图

6.1.2　时序电路的逻辑函数表达式

根据时序电路结构的特点,可用 3 个方程描述时序电路中组合电路和存储电路的输出信号与输入信号之间的逻辑关系。

1. 输出方程

时序电路的输出是输入和现态的函数,可表示为

$$Z_i = f_i(输入,现态) \quad (i = 1,2,\cdots,m)$$
$$= f_i(X_1\cdots X_n, Q_{1(t)}\cdots Q_{k(t)})$$

2. 激励方程(驱动方程)

激励既是组合部分的输出,又是存储部分的输入,它也是输入和现态的函数,可表示为

$$Y_i = g_i(输入,现态) \quad (i = 1,2,\cdots,k)$$
$$= g_i(X_1\cdots X_n, Q_{1(t)}\cdots Q_{k(t)})$$

3. 状态方程(次态方程)

时序电路状态的变化取决于 CP 作用前的激励条件,同样是输入和现态的函数,即

$$Q_{i(t+1)} = h_i(Y_i) \quad (i = 1,2,\cdots,k)$$
$$= h_i(g_i(输入,现态))$$
$$= h_i(输入,现态)$$
$$= h_i(X_1\cdots X_n, Q_{1(t)}\cdots Q_{n(t)})$$

对时序电路的研究就是通过输入的变化规律找出状态的变化规律,从而得到输出的变化规律。

6.1.3　时序电路的分类

按照引起状态发生变化的控制方式不同,时序电路分为同步时序电路和异步时序电路。

同步时序电路:其状态的改变受同一个时钟脉冲控制,即电路在统一的时钟作用下同步改变状态,在两个时钟脉冲之间,输入信号的变化不会引起电路状态的改变。

异步时序电路:其状态的改变受两个以上时钟脉冲控制或不受时钟脉冲控制。

时序电路按照输出特性分为 Mealy 型和 Moore 型。

图 6-4 是 Mealy 型时序电路和 Moore 型时序电路的结构模型。Mealy 型时序电路的输出不仅与电路的状态有关,而且与输入有关,即 Mealy 型输出 $Z_i = f_i(输入,现态)$;Moore 型时序电路的输出仅与电路的状态有关,即 Moore 型输出 $Z_i = f_i(现态)$。

6.1.4　时序电路的描述方法

时序电路的逻辑功能除了用前面提到的状态方程和输出方程表示外,还可以用次态真值表、次态卡诺图、状态转换表、状态/输出表、状态转换图、时序图以及硬件描述语言模型等形式表示。时序电路次态都与时钟脉冲作用前的电路状态(上一个时钟作用后的状态)有关,如果能把在一系列时钟信号操作下电路状态转换的全过程都找出来,那么电路的逻辑功能和工作情况便一目了然了。状态转换表、状态/输出表、状态转换图、时序图等都是描述时序电路状态转换的全过程的方法,它们之间可以相互转换。

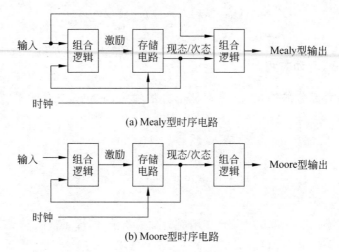

(a) Mealy型时序电路

(b) Moore型时序电路

图 6-4　Mealy 型及 Moore 型时序电路结构模型

1. 状态方程和输出方程

由存储电路的特性可以确定次态和激励之间的关系,根据组合电路可以确定激励与现态及输入之间的关系,因此可以得到次态与现态及输入的关系为

$$次态 = F(输入,现态) \quad 即$$
$$Q_{i(t+1)} = F_i(X_1 \cdots X_n, Q_{1(t)} \cdots Q_{k(t)}) \quad (i = 1, 2, \cdots, k)$$

同时,根据时序电路的输出类型可以列出 Mealy 型输出方程或 Moore 型输出方程。

2. 次态真值表和次态卡诺图

将输入和现态列在真值表的左边,并给出自然二进制的所有取值组合,代入状态方程计算出每种取值组合下的次态,填在真值表的右边,即可构成次态真值表。

由次态真值表可以得到次态卡诺图。

3. 状态转换表

有时,次态真值表不能清晰反映电路状态的变化规律,而状态转移表可以反映电路状态转换的全过程。首先将给定的(或设定的)电路初态作为现态,并与此时的输入取值分别代入状态方程和输出方程,即可计算出电路的次态和现态下的输出;以得到的次态作为新的现态,并与这时的输入取值一起再代入状态方程和输出方程进行计算,又得到一组新的次态和输出。如此继续下去,把全部的计算结果按顺序列成表 6-1 所示的形式,就得到了状态转换表(也称状态转移表)。特别应指出的是,状态转换表是利用硬件描述语言建立时序电路模型的基础。

表 6-1　状态转换表

输入现态	次态	输出
初态 A	B	输出 1
现态 B	C	输出 2
现态 C	D	输出 3
⋮		

4. 状态 / 输出表

由表 6-1 状态转换表的结构可以看出，它不能独立地表示出该时序电路是 Mealy 型还是 Moore 型。状态/输出表是状态转换表的另一种形式，也是用表格的形式反映次态、输出与输入、现态之间的关系，它以该电路的状态（以标识符表示或编码表示）作为行，以输入的取值组合作为列，在行列相交的方格中填写电路对应于现态及输入的次态。由于 Mealy 型与 Moore 型电路的输出条件不同，因此在状态/输出表中标注输出的位置也不同。

表 6-2 是无外部输出时的状态表结构，表 6-3 是 Mealy 型输出时的状态/输出表结构，表 6-4 是 Moore 型输出时的状态/输出表结构。

表 6-2 无输出状态表

S_t \ X	0	1
A	B	D
B	C	A
C	D	B
D	A	C

S_{t+1}（次态）

表 6-3 Mealy 型输出状态表

S_t \ X	0	1
A	$B/0$	$D/1$
B	$C/0$	$A/0$
C	$D/0$	$B/0$
D	$A/1$	$C/0$

S_{t+1}/Z（次态/输出）

表 6-4 Moore 型输出状态表

S_t \ X	0	1	输出 Z
A	B	D	0
B	C	A	0
C	D	B	0
D	A	C	1

S_{t+1}（次态）

状态/输出表是一种矩阵形式的表格，不仅可以清楚地描述电路的状态转换情况，也可以清楚地表示出电路的输出类型。

5. 状态转换图

状态转换图是状态/输出表的图形表示方式，能更加形象、直观地显示出时序电路的逻辑功能。在状态转换图中，用圆圈表示状态，圆圈内填写状态名或状态值；用带箭头的连线表示状态之间的转换方向；连线的旁边标注状态转换的输入条件（表达式或取值）。当电路为 Mealy 型时，输出应和输入一起以"输入/输出"的形式标注在连线的旁边；当电路为 Moore 型时，输出应和状态名一起以"状态/输出"的形式标注在圆圈中。

图 6-5 是表 6-3 对应的状态转换图，图 6-6 是表 6-4 对应的状态转换图。

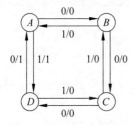

图 6-5 Mealy 型状态图

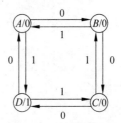

图 6-6 Moore 型状态图

6. 时序图

为了便于实验观察和电路逻辑功能的检验,往往需要根据状态转换表、状态/输出表或状态转换图画出电路在时序脉冲序列作用下电路状态和输出随时间变化的时序波形图。

画时序图时,首先确认时钟信号的有效沿,并按照"有效沿时输入保持稳定"的要求画出输入信号的波形和电路的初态;然后,根据有效沿前一时刻的现态和输入查表(图),一步一步地画出次态转换的波形;最后,按照组合逻辑的特点正确画出输出波形。具体见 6.3 节的实例分析。

7. 硬件描述语言模型

根据状态转换表、状态/输出表或状态转换图可以建立时序电路的硬件描述语言(例如 Verilog HDL)模型,利用 EDA 平台进行仿真调试,或下载到 PLD 器件进行物理测试。

6.2　同步时序电路的分析方法与步骤

时序电路由组合逻辑与存储电路两部分构成,存储电路由若干个触发器构成的,当时钟信号连接到所有触发器的时钟控制端时,就构成了同步时序电路,即在时钟信号有效沿的作用下,所有触发器的状态同步变化。

同步时序电路的分析就是针对"给定的逻辑图",研究其在一系列输入和时钟信号的作用下,电路将产生怎样的新状态和输出及有什么规律,进而理解整个电路的功能。分析的关键是确定电路状态的变化规律,核心问题是借助触发器的次态方程得到电路的状态方程组并建立该电路的状态转换表、状态/输出表或状态转换图。

由于构成存储电路的触发器特性是已知的,所以应从产生触发器输入端激励信号和时序电路输出信号的组合电路入手,进行同步时序电路的分析。

同步时序电路分析的一般步骤如下。

① 从给定的逻辑图中列出每个触发器输入端的激励函数(驱动方程、控制方程)。

$$激励函数 = G(输入、现态)$$

② 根据逻辑图写出电路的输出函数表达式。

$$Mealy 型输出函数 = F(输入、现态)$$

$$Moore 型输出函数 = F(现态)$$

③ 将激励函数代入相应触发器的特性方程,得到每个触发器的次态方程,进而得到由这些次态方程组成的整个时序电路的状态方程组。

④ 安排好状态变量的顺序(这对分析功能很重要),建立状态转换表或状态/输出表,即将电路外部输入与各触发器原状态的每种取值组合代入状态方程组求出对应的新状态及输出。

⑤ 根据状态转换表或状态/输出表画出状态转换图。

⑥ 根据要求画出时序图,或进行电路特性描述,或确定其逻辑功能,或建立对应的硬件描述语言模型实现再设计。

⑦ 进行电路自启动性能的检查。

上述分析步骤不一定在每个同步时序电路的分析时一一进行,可根据需要灵活进行。

6.3 同步时序电路分析举例

【例 6-1】   试分析图 6-7 所示时序电路,画出 $X=101101$ 的时序图,并建立对应的 Verilog HDL 模型。

解: 由给定电路可知,它是一个 Mealy 型同步时序电路,存储部分由一个上升沿触发的 D 触发器构成,异或门产生激励函数,与非门产生输出。

① 激励函数表达式为
$$D = X \oplus Q_t$$

② 电路的输出表达式为
$$Z = \overline{X \cdot Q_t}$$

③ 根据 D 触发器的特性方程 $Q_{t+1}=D$ 可得电路的状态方程为
$$Q_{t+1} = X \oplus Q_t$$

④ 计算和建立如表 6-5 所示的状态/输出表。

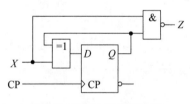

图 6-7   例 6-1 时序电路图

表 6-5   例 6-1 状态/输出表

Q_t \ X	0	1
0	0/1	1/1
1	1/1	0/0

Q_{t+1}/Z

⑤ 画出状态转换图,如图 6-8 所示。

⑥ 设电路初态为 0,画出 $X=101101$ 的时序图,如图 6-9 所示。

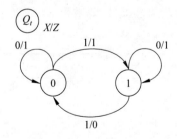

图 6-8   例 6-1 的状态图

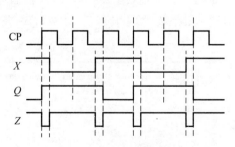

图 6-9   例 6-1 的时序图

标注时钟信号的有效沿后,当画给定 X 序列的波形时,应在有效沿(本例为上升沿)时保持稳定。然后,根据有效沿前一时刻的状态(Q_t)和输入(X)的值查状态/输出表得到次态,画出 Q_{t+1} 的波形并保持到下一个有效沿。重复这个过程,即可画出状态变化的波形 Q。最后,只有按组合逻辑特性才能正确画出输出 Z 的波形。

【例 6-2】 分析图 6-10 所示同步时序电路的逻辑功能,并画出 $X=11110000$ 的时序图。

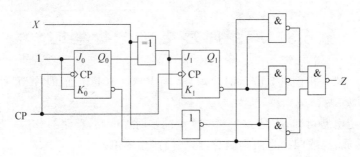

图 6-10　例 6-2 时序电路图

解:该同步时序电路的存储部分有两个下降沿 J-K 触发器,按 Q_1Q_0 顺序作为整个电路的状态。电路类型为 Mealy 型。为了简洁,将现态 $Q_{i(t)}$ 简写为 Q_i。

① 两个 J-K 触发器的激励函数表达式为

$$J_0 = K_0 = 1 \quad J_1 = K_1 = X \oplus Q_0$$

② 电路的输出表达式为

$$Z = \overline{\overline{Q_1\,\overline{Q_0}} \cdot \overline{\overline{X}\,Q_1} \cdot \overline{\overline{X}\,\overline{Q_0}}}$$
$$= Q_1\overline{Q_0} + \overline{X}Q_1 + \overline{X}\,\overline{Q_0}$$

③ 将激励函数代入 J-K 触发器的特性方程 $Q_{t+1} = J\overline{Q} + \overline{K}Q$ 可得电路的状态方程组为

$$\begin{cases} Q_{1(t+1)} = \overline{X}\,\overline{Q_1}Q_0 + X\overline{Q_1}\,\overline{Q_0} + \overline{X}Q_1\,\overline{Q_0} + XQ_1Q_0 \\ Q_{0(t+1)} = \overline{Q_0} \end{cases}$$

④ 计算和建立状态/输出表。根据状态方程和输出方程分别代入对应输入和现态取值,计算相应的次态和输出,填写状态/输出表。

该步骤中,由于状态方程的形式较为复杂,不易计算,可采用先求出激励,再根据 J-K 触发器的特性表确定状态转换特性,并根据现态直接判断次态。具体过程如下:采用建表 6-6 所示的激励/状态转换表,计算激励,推断次态,然后再建立状态/输出表,见表 6-7。

表 6-6　激励/状态转换表

X	Q_1	Q_0	J_1	K_1	J_0	K_0	$Q_{1(t+1)}$	$Q_{0(t+1)}$
0	0	0	0	0	1	1	0	1
0	0	1	1	1	1	1	1	0
0	1	0	0	0	1	1	1	1
0	1	1	1	1	1	1	0	0
1	0	0	1	1	1	1	1	1
1	0	1	0	0	1	1	0	0
1	1	0	1	1	1	1	0	1
1	1	1	0	0	1	1	1	0

⑤ 电路的状态转换图如图 6-11 所示。

表 6-7 状态/输出表

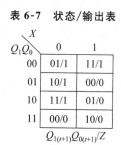

Q_1Q_0 \ X	0	1
00	01/1	11/1
01	10/1	00/0
10	11/1	01/0
11	00/0	10/0

$Q_{1(t+1)}Q_{0(t+1)}/Z$

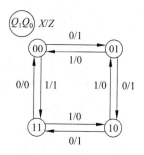

图 6-11 例 6-2 状态转换图

⑥ 由状态转换图可清晰地看出,当 $X=0$ 时,电路完成加 1 计数功能,并计满 $Q_1Q_0=11$,$Z=0$;当 $X=1$ 时,电路完成减 1 计数功能,并减到 $Q_1Q_0=00$,$Z=1$。所以,这是一个 2 位的二进制数可逆计数器电路。

⑦ 设电路初态 $Q_1Q_0=00$,当 $X=11110000$ 时的波形图见图 6-12。

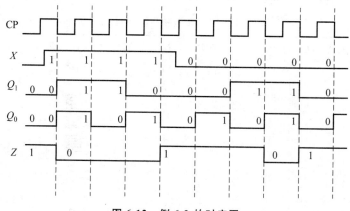

图 6-12 例 6-2 的时序图

在第 1 个时钟下降沿到来时,$XQ_1Q_0=100$,查状态/输出表可知,$Q_{1(t+1)}Q_{0(t+1)}$ 将变为 11,并保持到下一个有效沿。

在第 2 个时钟下降沿到来时,$XQ_1Q_0=111$,查状态/输出表可知,$Q_{1(t+1)}Q_{0(t+1)}$ 将变为 10,并保持到下一个有效沿。以此类推,可一步步画出 Q_1、Q_0 的整个时序图。

应最后画输出 Z 的时序图,并严格按组合逻辑特征画图。必须注意,一般情况下,时序电路输出(本例为 Z)的时序图不能根据状态/输出表或状态转换图直接画出,否则会出错。

【例 6-3】 试分析图 6-13 所示电路($D_0 = D_{00} \cdot D_{01}$)的逻辑功能,并讨论自启动特性。

解:观察给定电路可见,它由 4 个上升沿 D 触发器连接成左移方式,即在时钟的作用下,$Q_2 \rightarrow Q_3$,$Q_1 \rightarrow Q_2$,$Q_0 \rightarrow Q_1$,Q_0 的次态取决于组合逻辑产生的激励。电路的状态就是电路输出是一个 Moore 型同步时序电路。

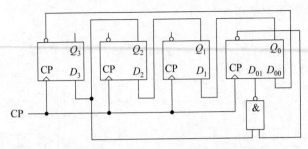

图 6-13 例 6-3 时序电路图

① 根据 D 触发器特性可直接写出电路的状态方程组为

$$\begin{cases} Q_{3(t+1)} = Q_2 \\ Q_{2(t+1)} = Q_1 \\ Q_{1(t+1)} = Q_0 \\ Q_{0(t+1)} = D_{00} \cdot D_{01} = \bar{Q}_3 \cdot \overline{Q_2 \bar{Q}_0} \end{cases}$$

② 设电路初态为 0000，建立如表 6-8 所示的激励/状态转换表。

表 6-8 例 6-3 激励/状态转换表

Q_3	Q_2	Q_1	Q_0	D_3	D_2	D_1	D_{00}	D_{01}	$Q_{3(t+1)}$	$Q_{2(t+1)}$	$Q_{1(t+1)}$	$Q_{0(t+1)}$
0	0	0	0	0	0	0	1	1	0	0	0	1
0	0	0	1	0	0	1	1	1	0	0	1	1
0	0	1	1	0	1	1	1	1	0	1	1	1
0	1	1	1	1	1	1	1	1	1	1	1	1
1	1	1	1	1	1	1	0	1	1	1	1	0
1	1	1	0	1	1	0	0	0	1	1	0	0
1	1	0	0	1	0	0	0	0	1	0	0	0
1	0	0	0	0	0	0	0	1	0	0	0	0
1	0	0	1	0	0	1	0	1	0	0	1	0
0	0	1	0	0	1	0	1	1	0	1	0	1
0	1	0	1	1	0	1	1	1	1	0	1	1
1	0	1	1	0	1	1	0	1	0	1	1	0
0	1	1	0	1	1	0	1	0	1	1	0	0
1	1	0	1	1	0	1	0	1	1	0	1	0
1	0	1	0	0	1	0	0	1	0	1	0	0
0	1	0	0	1	0	0	1	0	1	0	0	0

由激励/状态转换表可知，电路由初态 $Q_3 Q_2 Q_1 Q_0 = 0000$，经过 0001、0011、0111、1111、1110、1100、1000 后又转回 0000，构成了一个电路正常工作时的 8 个有效状态的循环。然而，4 个状态变量有 16 种状态组合，另外 8 个状态不在有效循环之内，电路一旦进入这 8 个无效状态会如何动作，所以应继续计算 8 个无效状态的次态，列于表的下方。可发现，当电路进入无效状态 $Q_3 Q_2 Q_1 Q_0 = 1001$，经过 0010、0101、1011、0110 后，能够回到有效循环的 1100 状态；当电路进入无效状态 $Q_3 Q_2 Q_1 Q_0 = 1101$，经过 1010、0100 后，也

能够回到有效循环的 1000 状态。这种当电路进入无效状态,经过有限节拍后能够自动回到有效循环的特性称为时序电路的自启动性。

③ 画出该同步时序电路的状态转换图,见图 6-14,可更加清楚地看出该电路具有自启动特性。

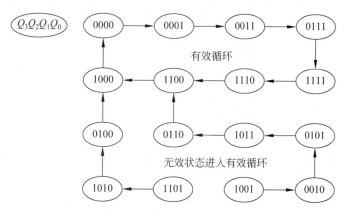

图 6-14 例 6-3 状态转换图

④ 进一步分析有效循环中的 8 个状态,可以看出,任意相邻状态之间只有一位不同,因此它是一种可靠性代码,属于格雷码的一种(称为步进码)。该电路具有按格雷码编码方式对时钟脉冲计数的功能,称为步进码计数器(也称 Johnson 计数器)。

再看有效循环中的状态变化规律,在时钟脉冲的作用下,4 个触发器的状态不断向左移动,且 Q_3 反相后移入 Q_0。因此,该电路又称扭环型移位计数器。

综合其具有自启动特性,这是一个自启动的左移步进码八进制计数器。

【例 6-4】 试分析如图 6-15 所示的同步时序电路,建立状态/输出表和状态转换图,说明逻辑功能。

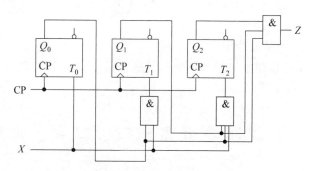

图 6-15 例 6-4 同步时序电路图

解:这是一个由 T 触发器构成的 Moore 型同步时序电路。

① 激励方程:

$$T_0 = X \quad T_1 = X \cdot Q_0 \quad T_2 = X \cdot Q_1 \cdot Q_0$$

② 输出方程:

$$Z = Q_2 \cdot Q_1 \cdot Q_0$$

③ 建立激励矩阵和状态/输出表,分别见表 6-9 和表 6-10。

表 6-9 激励矩阵

$Q_2Q_1Q_0$ \ X	0 $T_2T_1T_0$	1 $T_2T_1T_0$
000	000	001
001	000	011
011	000	111
010	000	001
110	000	001
111	000	111
101	000	011
100	000	001

表 6-10 状态/输出表

$Q_2Q_1Q_0$ \ X	0 $Q_{2(t+1)}Q_{1(t+1)}Q_{0(t+1)}$	1 $Q_{2(t+1)}Q_{1(t+1)}Q_{0(t+1)}$	Z $Q_{2(t+1)}Q_{1(t+1)}Q_{0(t+1)}$
000	000	001	0
001	001	010	0
011	011	100	0
010	010	011	0
110	110	111	0
111	111	000	1
101	101	110	0
100	100	101	0

④ 分析状态/输出表可知,当 $X=0$ 时,电路状态保持不变。因此,画出当 $X=1$ 时的状态图,见图 6-16,然后进一步分析。

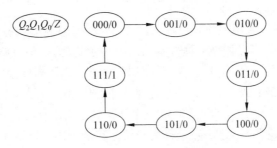

图 6-16　$X=1$ 时状态转换图

从状态转换图可以看出,当 $X=1$ 时,电路具有加 1 计数功能,当加到 111 时,循环进位标志 $Z=1$,其他状态下 $Z=0$。

所以,该电路是一个带使能端的 3 位二进制计数器,当使能信号 $X=1$ 时允许计数,当计满 111 时产生循环进位输出信号 $Z=1$;当使能信号 $X=0$ 时停止计数,保持原来计数值不变。

6.4　同步时序电路中的"挂起"现象

如果将图 6-13(例 6-3)中的与非门取消,即 $D_{01}=1$,电路的状态方程组变为

$$\begin{cases} Q_{3(t+1)} = Q_2 \\ Q_{2(t+1)} = Q_1 \\ Q_{1(t+1)} = Q_0 \\ Q_{0(t+1)} = D_{00} \cdot D_{01} = \bar{Q}_3 \end{cases}$$

这时,电路变成了单纯的扭环移位寄存器,其状态转换图如图 6-17 所示。

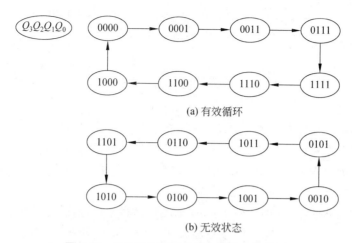

(a) 有效循环

(b) 无效状态

图 6-17　单纯的扭环移位寄存器状态转换图

　　图 6-17(a)中的状态变化规律符合可靠性编码特性,故为有效循环序列。此时,无效状态也构成了一个循环。如果由于某种原因使电路进入无效状态,则电路将陷入无效循环,不能自动返回有效循环,失去了自启动功能,这种现象称为"挂起"。

　　为防止电路处于"挂起",一是电路加电初始化时,利用触发器的异步置 1 端和异步清零端强制进入有效循环;二是在电路设计时增加"校正网络",图 6-13 中的与非门就是为克服"挂起"现象而设计的。

　　电路出现"挂起"的根本原因是没有将 n 个触发器的 2^n 种状态全部用作有效状态,即真值表(卡诺图)中存在无关项。在设计时,根据化简的需要,某些无关项 d 作为 1 包含在卡诺圈中,未被包含的无关项 d 作为 0,造成本来是无关的那些"无关项次态"就有了确定的值。如果取舍得当,那么这些"无关项次态"就不会构成"无效循环",电路就不会"挂起";否则就可能出现"挂起"现象。因此,在设计时合理使用无关项是解决电路"挂起"问题的关键。

　　解决"挂起"的方法如下。

　　① 无效序列的次态全部指向电路初态(一般为 0)。这种方法的优点是效率高、速度快,只经一个时钟脉冲即可返回有效序列,但其缺点也很明显,没有利用无关项简化设计,可能导致每个触发器的输入端都要设计"校正网络"。在以逻辑器件最少、连线最少为目标的传统逻辑电路设计中,多数情况下不采用这种方法。但是在现代数字系统设计中,通常以硬件描述语言为建模工具,以大规模可编程逻辑器件(PLD)为载体,逻辑门的数量已不是主要因素,这种方法常被采用。例如,在 Verilog HDL 的描述中可以用 if-else 语句或 case 语句中的 default 分支将所有无效状态指向初态。

　　② 打断"无效序列循环链",令其指向有效序列中的状态。这种方法使设计的改动小,但若"指向有效序列中的状态"选择不当,仍可能涉及多个触发器输入端出现"校正网络"。

　　③ 分析真值表(卡诺图),尽可能只改变电路中某一个触发器的输入网络,同时进行最简设计,如图 6-13 所示(自启动的左移步进码八进制计数器的设计)。

关于如何在设计时解决电路"挂起"问题将在第 7 章"典型同步时序电路的设计与应用"中进行讨论。

本 章 小 结

时序电路包含组合电路和由触发器构成的存储电路，按照存储电路的受控方式不同分为同步时序电路和异步时序电路。本书内容仅涉及同步时序电路。事实上，异步时序电路可以分化为同步时序电路。在现代数字系统设计中，大多采用硬件描述语言建模，将异步时序转换为模块化的同步描述。

同步时序电路的状态转换受一个共同的时钟信号控制，存储电路寄存了电路的当前状态（现态），该状态与外部输入信号一起又作为组合电路的输入，而组合电路的输出一方面产生整个电路的输出，另一方面产生存储电路输入端的激励，该激励在时钟有效沿到来时决定着存储电路的新状态（次态）。当同步时序电路的输出仅和当前状态有关时，称其为 Mooer 型，否则称其为 Mealy 型。同步时序电路的特性可用 3 个方程表述：输出方程、激励方程和状态方程。由此可转化出多种描述方法——次态真值表、次态卡诺图、状态转换表、状态/输出表、状态转换图、时序图以及硬件描述语言模型。

同步时序电路的分析就是根据外部输入的变化从电路的初态入手，利用激励的变化研究电路在时钟作用下电路状态的变化规律和输出的变化规律，进而分析出电路的功能和特性。本章给出了同步时序电路分析的一般步骤，但在具体电路分析时会有一些形式上的变化。特别值得注意的是，当存在无效状态时，一定要研究它们的次态变化情况，即分析有无"挂起"现象，存在"挂起"的电路是不实用的。

思 考 题 6

1. 时序电路与组合电路的区别是什么？
2. 怎样理解同步时序电路中的现态和次态？
3. 次态真值表与状态转换表的区别是什么？
4. Mooer 型状态/输出表和 Mealy 型状态/输出表在结构上有什么不同？
5. 画状态转换图时应注意哪些问题？
6. 如何画时序波形图？画电路的输出波形时应注意什么？
7. 分析一个同步时序电路时，有时可以采用卡诺图形式的状态/输出表，为什么？
8. 什么样的同步时序电路具有自启动特性？
9. 怎样理解时序电路中的"挂起"现象？
10. 如何根据状态转换表，建立例 6-3 的 Verilog HDL 模型？

习 题 6

6.1 分析如题图 6-1 所示的电路。写出电路的状态方程和输出方程;画出状态/输出表和状态转换图;设触发器初态 $Q_1Q_0 = 00$,画出 X 输入序列为 101101 的时序图。

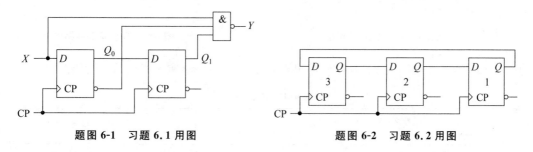

题图 6-1 习题 6.1 用图   题图 6-2 习题 6.2 用图

6.2 画出如题图 6-2 所示的电路从初态 $Q_3Q_2Q_1 = 001$ 时的状态转换表,并用状态转换图说明该电路是否具有自启动特性。

6.3 列出如题图 6-3 所示的电路的次态真值表,说明电路功能。

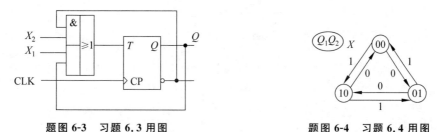

题图 6-3 习题 6.3 用图   题图 6-4 习题 6.4 用图

6.4 根据如题图 6-4 所示的同步时序电路的状态转换图,分析该电路的逻辑功能。

6.5 试分析如题图 6-5 所示的时序电路,写出激励方程和输出方程;列出激励/状态转换表;画出当电路初态 $Q_2Q_1 = 00$ 且输入 X 为 11110000 时 Q_2、Q_1、Z 的波形图;分析电路的逻辑功能。

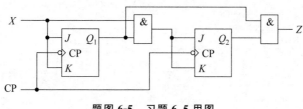

题图 6-5 习题 6.5 用图

6.6 分析如题图 6-6 所示的同步时序电路的逻辑功能。

6.7 分析如题图 6-7 所示的同步时序电路,设初态为 0,画出 $X = 01101010$ 的时序波形图。

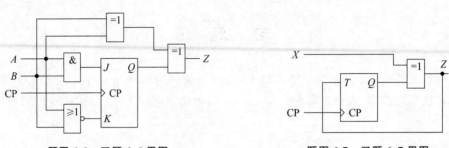

题图 6-6　习题 6.6 用图　　　　　　题图 6-7　习题 6.7 用图

6.8　已知某同步时序电路的状态/输出表如题表 6-1 所示,画出它的状态转换图。

题表 6-1　状态/输出表

现态 S ＼ 输入 X	0	1	输出 Z
A	C	B	0
B	C	D	0
C	D	B	0
D	B	A	1

chapter 7

第7章

典型同步时序电路的设计与应用

【本章内容】 本章介绍计数器、寄存器、移位寄存器、移位型计数器、节拍分配器和序列信号发生器等典型同步时序电路的功能、Verilog HDL 设计及其应用。

7.1 概　述

在计算机和其他具有存储单元或按照存储信息执行一系列操作的数字系统称为时序机,应采用时序逻辑建模并实现其电路设计。时序电路中具有存储单元,以二进制编码形式存储信息,记忆输入作用下电路过去的状态,用状态转移图(State Transfer Graph,STG)表示状态之间的转移关系。如赛跑用的 2 位十进制秒表计数器在起跑输入命令 START 控制下开始计时,运动员跑到终点停止计时,即 STP 信号有效,显示所用时间 Timer。在任何状态下,清零信号 RST 控制状态回到初始状态。这里以秒单元的计数过程为例,其状态转移图(STG)如图 7-1 所示,秒单元计数最多记忆 99 个状态,若每一个状态下若没有 STP 信号,则在时钟信号控制下向下一个状态转移,若 STP 信号有效,则停止计时,状态保持在该状态,输出 Timer。当按下复位按键时,状态回到初始状态 State0。

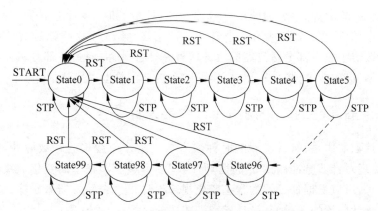

图 7-1　2 位十进制秒表计数器的状态转移图

在建立状态转移图的基础上,应用 Verilog 硬件描述语言实现时序电路建模是本书

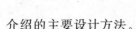

介绍的主要设计方法。

本书将同步时序电路的设计划分为典型与一般时序电路分别介绍。典型同步时序电路是指电路的状态数量是已知的,其转换明确,规律性强,一般不用化简,较容易进行状态分配。在第 8 章将介绍的一般时序电路的设计主要讨论原始状态图的建立、状态的化简、状态的分配等问题。

下面以计数器、寄存器、移位寄存器、移位型计数器、节拍分配器和序列信号发生器等典型同步时序电路的设计为例,了解基于状态转移图的硬件描述语言建模方法。同时介绍这些典型时序逻辑功能单元构成的应用电路分析方法。

7.2　计 数 器

计数器是一种能对输入脉冲进行计数的逻辑电路,计数器的状态个数称为计数器的模,它的状态转换图构成一个环,如图 7-2 所示,若环中状态数为 m,则称之为模 m 计数器。

计数器的应用非常广泛,几乎每一个数字系统都会用到计数器,如在计算机中常用来构成时序发生器、时间分配器、分频器、程序计数器、指令计数器等。在生活中,如电了表的时分秒计数器、交通灯时长计数器等。

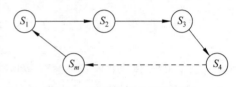

图 7-2　计数器状态转换模型

计数器的种类繁多,可以从不同的角度进行分类。

按照数制分类,可分为二进制计数器、十进制计数器、任意进制计数器。

从逻辑功能的角度,可分为加法计数器、减法计数器、可逆计数器等。加法计数器的状态变化与数的依次累加相对应;减法计数器的状态变化与数的依次递减相对应;可逆计数器则由控制信号决定,进行加法计数或减法计数。

从码制的角度,可构造任意编码计数器,例如格雷码计数器。

根据进位方式分类,可分为同步计数器(并行计数)和异步计数器(串行计数)两类。同步计数器中的所有触发器共用一个时钟脉冲信号,该时钟脉冲就是被计数的输入脉冲。异步计数器中只有部分触发器的时钟信号是计数脉冲,而另一部分触发器的时钟信号来自其他触发器(或电路)的输出,电路的状态更新不是同时完成的。

7.2.1　基于触发器的二进制同步计数器设计

在同步计数器中,所有触发器的时钟输入端连接在一起接收计数脉冲,控制触发器状态变化,实现对计数脉冲的模 m 的循环计数,由于触发器状态的变化取决于当前激励输入端的状态,所以根据计数器的状态变化规律设计出每个触发器激励输入端的激励网络是设计同步计数器的关键,其设计模型如图 7-3 所示。

下面以 4 位二进制同步计数器和不同编码计数器的设计为例,介绍基于 D 触发器经典设计方法,并重点介绍 Verilog HDL 模型。

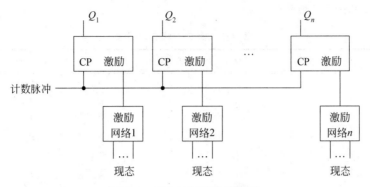

图 7-3　同步计数器设计模型

基于触发器的典型同步时序电路设计步骤如下：

① 根据已知的状态数画出状态图；

② 确定触发器数量对状态进行编码；

③ 画出编码后的卡诺图形式的状态表(状态矩阵)；

④ 写出状态方程；

⑤ 选择触发器类型，例如 D 触发器或 J-K 触发器；

⑥ 求出触发器的最简激励方程；

⑦ 画出规范的电路图；

⑧ 进行必要的讨论。

【例 7-1】　试用 D 触发器设计一个 4 位二进制同步加 1 计数器。

解：① 4 位二进制加 1 计数器共有 16 种状态，可画出如图 7-4 所示的状态转换图。

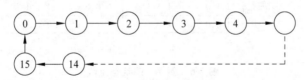

图 7-4　例 7-1 的状态图

② 设所需 4 个触发器的顺序为 $Q_4 Q_3 Q_2 Q_1$，按加 1 规律对状态进行编码，如图 7-5 所示。

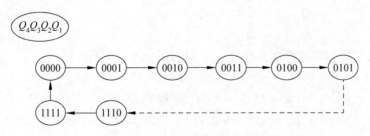

图 7-5　例 7-1 的编码状态图

③ 根据状态图可建立状态转移表(次态真值表)和卡诺图形式的状态表(状态矩阵)，

分别如表 7-1 和图 7-6 所示。

表 7-1　例 7-1 状态转移表

Q_4	Q_3	Q_2	Q_1	$Q_{4(t+1)}$	$Q_{3(t+1)}$	$Q_{2(t+1)}$	$Q_{1(t+1)}$
0	0	0	0	0	0	0	1
0	0	0	1	0	0	1	0
0	0	1	0	0	0	1	1
0	0	1	1	0	1	0	0
0	1	0	0	0	1	0	1
0	1	0	1	0	1	1	0
0	1	1	0	0	1	1	1
0	1	1	1	1	0	0	0
1	0	0	0	1	0	0	1
1	0	0	1	1	0	1	0
1	0	1	0	1	0	1	1
1	0	1	1	1	1	0	0
1	1	0	0	1	1	0	1
1	1	0	1	1	1	1	0
1	1	1	0	1	1	1	1
1	1	1	1	0	0	0	0

Q_4Q_3 \\ Q_2Q_1	00	01	11	10
00	0 0 0 1	0 0 1 0	0 1 0 0	0 0 1 1
01	0 1 0 1	0 1 1 0	1 0 0 0	0 1 1 1
11	1 1 0 1	1 1 1 0	0 0 0 0	1 1 1 1
10	1 0 0 1	1 0 1 0	1 1 0 0	1 0 1 1

$$Q_{4(t+1)}Q_{3(t+1)}Q_{2(t+1)}Q_{1(t+1)}$$

图 7-6　例 7-1 的状态矩阵

④ 分别求得 4 个触发器的次态方程。

$$Q_{4(t+1)} = \bar{Q}_4 Q_3 Q_2 Q_1 + Q_4 \bar{Q}_3 + Q_4 \bar{Q}_2 + Q_4 \bar{Q}_1$$

$$Q_{3(t+1)} = Q_3 \bar{Q}_2 + Q_3 \bar{Q}_1 + \bar{Q}_3 Q_2 Q_1$$

$$Q_{2(t+1)} = \bar{Q}_2 Q_1 + Q_2 \bar{Q}_1$$

$$Q_{1(t+1)} = \bar{Q}_1$$

⑤ 根据 D 触发器的特性方程 $Q_{t+1} = D$ 可得到 4 个激励方程。

$$D_4 = \bar{Q}_4 Q_3 Q_2 Q_1 + Q_4 \bar{Q}_3 + Q_4 \bar{Q}_2 + Q_4 \bar{Q}_1$$

$$D_3 = Q_3 \bar{Q}_2 + Q_3 \bar{Q}_1 + \bar{Q}_3 Q_2 Q_1$$

$$D_2 = \bar{Q}_2 Q_1 + Q_2 \bar{Q}_1$$

$$D_1 = \bar{Q}_1$$

整理可得

$$D_4 = (Q_3 Q_2 Q_1) \oplus Q_4$$

$$D_3 = (Q_2 Q_1) \oplus Q_3$$
$$D_2 = Q_2 \oplus Q_1$$
$$D_1 = \bar{Q}_1$$

⑥ 画出采用上升沿 D 触发器的逻辑电路图,如图 7-7 所示。

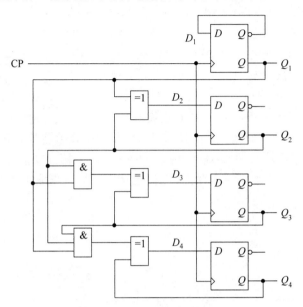

图 7-7　例 7-1 逻辑电路图

⑦ 进一步分析 4 个激励方程可知,当采用 D 触发器构造二进制同步加 1 计数器时,随着位数的增加,触发器输入端 D 的表达式结构是有规律的,即任意位二进制同步加 1 计数器采用 D 触发器设计时,满足

$$D_i = (Q_{i-1} \cdot Q_{i-2} \cdot \cdots \cdot Q_1) \oplus Q_i \quad i \neq 1$$
$$D_1 = \bar{Q}_1$$

上式说明,当 $Q_{i-1}, Q_{i-2}, \cdots, Q_1$ 均为 1 时,若再来一个计数脉冲,则产生第 i 位的进位信号,Q_i 变反;否则 Q_i 保持不变。

由此可推断,在二进制同步减 1 计数器中,当 $\bar{Q}_{i-1}, \bar{Q}_{i-2}, \cdots, \bar{Q}_1$ 均为 1 时,若再来一个计数脉冲,则产生第 i 位的借位信号,Q_i 变反;否则 Q_i 保持不变,即任意位二进制同步减 1 计数器采用 D 触发器设计时,满足

$$D_i = (\bar{Q}_{i-1} \cdot \bar{Q}_{i-2} \cdot \cdots \cdot \bar{Q}_1) \oplus Q_i \quad i \neq 1$$
$$D_1 = \bar{Q}_1$$

例 7-1 介绍的基于触发器设计时序电路的方法称为状态方程法,它是在利用卡诺图形式的状态矩阵求得电路状态方程的基础上根据触发器类型及其特性方程进行状态方程的变换,进而得到各触发器的激励方程。

7.2.2　同步二进制计数器的 Verilog HDL 描述

随着可编程器件和 EDA 技术的发展,基于 HDL 的硬件电路建模,即硬件的软件化

设计模式成为了现代数字电路设计主流，设计人员无需过多考虑物理电路特性，主要从电路功能实现角度应用软件语言实现电路行为建模。这里，时序电路的功能分析和描述成为了设计的关键。

【例 7-2】　建立 4 位二进制同步加 1 计数器的 Verilog HDL 模型。

解：首先抽象出模块框图（见图 7-8），确定端口信息，这里，时钟 CP 为输入端，状态变量 Q 是位宽为 4 的输出端。然后根据 Verilog HDL 语法申明模块，说明端口类型和数据类型。在模块框架搭建基础上进行功能描述。这里介绍两种基于行为建模的功能描述方法。

图 7-8　4 位二进制同步加 1 计数器的模块框图

解法一：基于 STG 的 Verilog HDL 建模方法。

在例 7-1 中，步骤(1)(2)建立了 4 位二进制同步加 1 计数器状态图，其含义是当时钟有效时判断当前状态是什么，并控制电路进入下一个状态，因此功能描述采用 case 语句，完成当前状态判断前提下对下一个状态赋值，建立二进制同步加 1 计数器 Verilog HDL 模型，具体实现如下。

```verilog
module counter (cp, Q);
    input        cp;
    output [3:0] Q;
    reg    [3:0] Q;
    always @(posedge cp)        //上升沿有效
        case (Q)                //判断当前状态
            4'b0000: Q<=4'b0001;
            4'b0001: Q<=4'b0010;
            4'b0010: Q<=4'b0011;
            4'b0011: Q<=4'b0100;
            4'b0100: Q<=4'b0101;
            4'b0101: Q<=4'b0110;
            4'b0110: Q<=4'b0111;
            4'b0111: Q<=4'b1000;
            4'b1000: Q<=4'b1001;
            4'b1001: Q<=4'b1010;
            4'b1010: Q<=4'b1011;
            4'b1011: Q<=4'b1100;
            4'b1100: Q<=4'b1101;
            4'b1101: Q<=4'b1110;
            4'b1110: Q<=4'b1111;
            4'b1111: Q<=4'b0000;
            default: Q<=4'b0000;
        endcase
endmodule
```

解法二：基于电路行为抽象表述的建模方法。

根据加 1 计数功能，采用如下更简洁的描述方法。这里为增加变量定义的可理解性,输出状态变量用 dataout 代替 Q 表示。

```
module counter (cp, dataout);
    input        cp;
    output [3:0] dataout;
    reg    [3:0] dataout;
        always  @(posedge  cp)
            dataout<=dataout +1;  //加 1 计数
endmodule
```

图 7-9(a)和图 7-9(b)分别给出了两种解法的功能仿真波形,分析可得两个模块都实现了 4 位二进制同步加 1 计数器的功能(观察解法一和解法二的代码,解法二基于电路行为抽象描述的方法明显优于解法一,在具体工程实践中,推荐用基于电路行为的描述方法进行建模,其代码更简洁,更接近人类的思维行为,方便后续维护)。

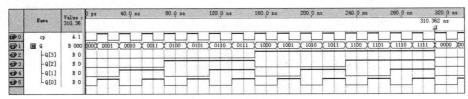

(a) 方法1功能仿真结果

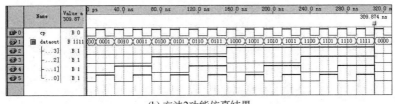

(b) 方法2功能仿真结果

图 7-9　4 位二进制同步加 1 计数器的功能仿真

【例 7-3】　二进制模 5 计数器的状态图如图 7-10 所示,请用 Verilog HDL 建模实现。

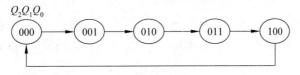

图 7-10　例 7-3 题图

解: 根据状态图在 always 语句中运用 case 语句,完成状态转移关系的描述,实现功能设计。这里需要考虑的是电路自启动,实现方法采用 default 语句让所有无关态返回一个有效状态,如初态。具体 Verilog HDL 描述如下。

```
module  M5_counter (clk, state);
    input    clk;
    output  [2:0] state;
```

```
reg      [2:0] state;
always @(negedge  clk)
    case (state)                    //基于状态转换表进行描述
        3'b000 : state<=3'b001;
        3'b001 : state<=3'b010;
        3'b010 : state<=3'b011;
        3'b011 : state<=3'b100;
        3'b100 : state<=3'b000;
        default : state<=3'b000;    //无关态均返回 000
    endcase
endmodule
```

图 7-11 是模 5 计数器的完全状态转换图,可以看出,它满足了自启动要求。图 7-12 是该模块的功能仿真图,分析表明该模块实现了模 5 计数器。

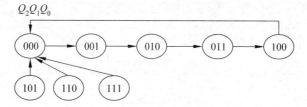

图 7-11　模 5 计数器完全状态图

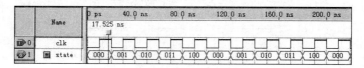

图 7-12　模 5 计数器功能仿真图

7.2.3　多种编码十进制计数器的 Verilog HDL 参数化设计模型

十进制计数器的一般状态转换模型如图 7-13 所示。其中,S_0 是计数器的初态,经过一个计数脉冲进入 S_1,再经过一个计数脉冲进入 S_2……第 10 个计数脉冲后,由 S_9 回到 S_0。显然,10 个状态需要四变量组合编码,有 6 个无关状态需要处理,有效方法是让它们均回到初态 S_0。

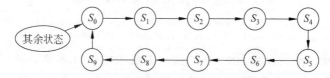

图 7-13　十进制计数器状态转换模型

如果按需要对 S_0,S_1,…,S_9 进行编码,则可得到任意编码十进制计数器的状态图。例如,图 7-14 是余 3 码计数器的状态转换图,图 7-15 是格雷 BCD 码计数器的状态转换图。

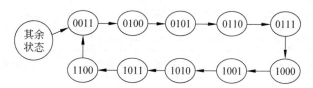

图 7-14　余 3 码计数器的状态图

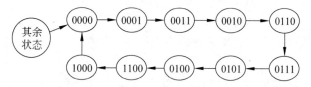

图 7-15　格雷 BCD 码计数器的状态图

根据图 7-13,用状态名表述的是任意编码的十进制计数器,具有一般性,但在具体电路实现时,需要进行状态分配,赋值具体的二进制码。具有通用性设计模块采用参数化设计建立 Verilog HDL 模型,用标识符常量定义状态,根据需要对 parameter 中定义的符号常量(如 S0…S9)重新取值,即可到得任意编码十进制计数器的 Verilog HDL 模型。下面为格雷 BCD 码计数器的实现代码。

```
module  M10_counter (clk, reset, state);
  parameter  S0=4'b0000, S1=4'b0001, S2=4'b0011,
             S3=4'b0010, S4=4'b0110, S5=4'b0111,
             S6=4'b0101, S7=4'b0100, S8=4'b1100, S9=4'b1000;
  input    clk, reset;
  output   [3:0] state;
  reg      [3:0] state;
    always @ (posedge  clk)
         if (!reset)  state<=S0;       //低有效,同步复位
         else  case (state)            //状态转移表描述
             S0 : state<=S1;
             S1 : state<=S2;
             S2 : state<=S3;
             S3 : state<=S4;
             S4 : state<=S5;
             S5 : state<=S6;
             S6 : state<=S7;
             S7 : state<=S8;
             S8 : state<=S9;
             S9 : state<=S0;
             default :state<=S0; //其他状态处理
         endcase
endmodule
```

其功能仿真图如图 7-16 所示,分析可知该模块实现了格雷 BCD 码计数器功能。

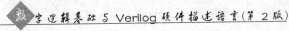

图 7-16　4 位二进制同步加 1 计数器的功能仿真

【例 7-4】　用 Verilog HDL 建模一个 2 位的二进制数可逆计数器。要求增加一个输出端标识位,标志一次循环计数过程结束。

解:提示:例 6-2 介绍过基于触发器构成的该功能单元的分析方法。

方法 1。

① 如图 7-17 所示,确定端口信号、类型等,建立 Verilog HDL 框架。

```
module bi_counter(clk,Ctl,state,RCO);
input clk,Ctl;
output [1:0] state;
output RCO;
 //功能描述
 endmodule
```

② 建立状态图(STG)。根据计数器功能确定状态个数为 4,按照可逆计数器定义确定其状态转移分别按 2 位二进制码编码规律进行加 1 或减 1 计数,需要增加一个控制端 X,当 $X=0$ 时加 1 计数;当 $X=1$ 时减 1 计数。在计数过程中输出标识位,具体状态转换图如图 7-18 所示。

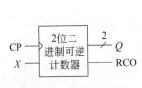

图 7-17　例 7-4 框图

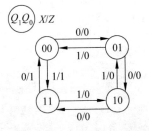

图 7-18　例 7-4 状态转换图

③ 完成基于 Verilog HDL 建模。

```
module bi_counter(clk,x,state,RCO);
input clk,x;
output [1:0] state;
output RCO;
reg [1:0]state;                    //根据建模方法申明数据类型
always@(posedge clk)
  case(state)
    2'b00: begin if(x==0) state<=2'b01; else state<=2'b11; end
```

```
    2'b01: begin if(x==0) state<=2'b10; else state<=2'b00; end
    2'b10: begin if(x==0) state<=2'b11; else state<=2'b01; end
    2'b11: begin if(x==0) state<=2'b00; else state<=2'b10; end
  endcase
  assign RCO=((x==0 && state==2'b11)? 1:0)| ((x==1 && state==2'b00)? 1:0);
endmodule
```

其功能仿真结果如图 7-19 所示,分析可得:$X=0$ 时实现了加 1 计数,当一次计数过程完成,在状态为 11 时刻,RCO 输出计数完成标识位;$X=1$ 时实现了减 1 计数,当一次计数过程完成,在状态为 00 时刻,RCO 输出计数完成标识位。

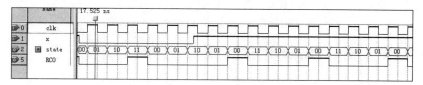

图 7-19 例 7-4 方法 1 的功能仿真图

方法 2。

考虑到时序电路结构,该方法设计了两个过程分别实现用于状态存储的数据通道以及生成次态/输出的控制单元,建立 Verilog HDL 模型的具体方法如下。

```
module  example_6_2  (x, clk, z);
  input  x, clk;
  output  z;
  reg  [1:0]  now_state, next_state;        //电路状态变量
  reg  z;
    /*数据通道*/
    always @ (posedge  clk)
        now_state<=next_state;              //实现现态的存储逻辑
    /*控制单元,描述状态转移和输出的控制逻辑*/
    always @ (x  or  now_state)
        case ({ x, now_state })
            3'b000 : begin  next_state=2'b01; z=1; end
            3'b001 : begin  next_state=2'b10; z=1; end
            3'b010 : begin  next_state=2'b11; z=1; end
            3'b011 : begin  next_state=2'b00; z=0; end
            3'b100 : begin  next_state=2'b11; z=1; end
            3'b101 : begin  next_state=2'b00; z=0; end
            3'b110 : begin  next_state=2'b01; z=0; end
            3'b111 : begin  next_state=2'b10; z=0; end
        endcase
endmodule
```

图 7-20 为方法 2 的功能仿真波形,分析可知同样实现了可逆计数器功能。

至此,可以总结归纳出基于 Verilog HDL 建立同步时序电路模型的一般设计模板如下。

```
module    模块名(端口名列表);
    parameter           //定义参数
    input               //定义输入
    output              //定义输出
    reg                 //定义 always 中的被赋值变量
        //描述组合部分
        门元件例化       //门级描述组合部分
        assign          //数据流描述
        always @(组合输入信号列表) //行为描述
            begin
                阻塞赋值(=)
                if-else、case、for 行为语句
            end
        //时序部分描述
        always @(边沿信号列表)
            begin
                非阻塞赋值(<=)
                if-else、case、for 行为语句
            end
endmodule
```

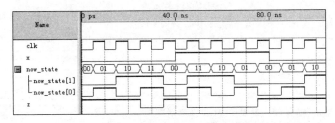

图 7-20   例 7-4 的方法 2 功能仿真波

7.2.4   多功能 4 位二进制加法计数器模块及应用电路分析

1. 多功能 4 位二进制加法计数器

例 7-2 的 4 位二进制同步加 1 计数器的 Verilog HDL 模型可以抽象或元件化为逻辑元件,元件的逻辑符号如图 7-21 所示,它只实现了计数器的基本计数功能,缺乏实用性。例如,计数器的初态如何确定;能否预置(改变、加载)计数器状态;能否暂时停止计数并重新恢复计数。显然,要想实现这些"辅助"功能,需要增加外部输入信号进行控制。另外,标识一次循环计数结束的循环进位输出也是重要的"辅助"信号。具有上述"辅助"功能的多功能 4 位二进制加法计数器的逻辑符号如图 7-22 所示。

图 7-21　4 位二进制同步加 1 计数器逻辑符号

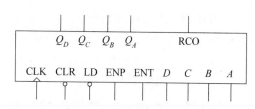

图 7-22　多功能 4 位二进制加法计数器逻辑符号

对图 7-22 中各信号进行如下定义：CLK 是上升沿有效的计数脉冲输入端；$Q_D Q_C Q_B Q_A$ 是计数器的输出，Q_D 为高位；CLR 为低有效的同步清零控制输入端，只要它为逻辑 0，在 CLK 的作用下，就使 $Q_D Q_C Q_B Q_A = 0000$；LD 为低有效的数据加载控制输入端，当它为逻辑 0 时，在 CLK 的作用下，将输入端 $DCBA$ 的值传送到 $Q_D Q_C Q_B Q_A$（即 $Q_D Q_C Q_B Q_A = DCBA$）；ENP 和 ENT 是两个计数使能控制输入端，高有效，仅当 ENP＝ENT＝1 时，才在 CLK 的作用下进行加 1 计数，即 $Q_{D(t+1)}\ Q_{C(t+1)}\ Q_{B(t+1)}\ Q_{A(t+1)} = Q_{D(t)}\ Q_{C(t)}\ Q_{B(t)}\ Q_{A(t)} + 1$，否则，计数器的输出保持不变；RCO 是计数器的循环进位（模溢出）输出信号，它的产生条件为 $Q_D Q_C Q_B Q_A = 1111$ 且 ENT＝1，这些逻辑功能可归纳为表 7-2。

表 7-2　4 位二进制加 1 计数器功能表

/CLR	/LD	ENP	ENT	CLK	$Q_D Q_C Q_B Q_A$	RCO	说明
0	×	×	×	↑	0 0 0 0	0	清零
1	0	×	×	↑	$D\,C\,B\,A$	*	并行预置
1	1	1	1	↑	计数	*	加 1 计数
1	1	0	×	×	$Q_D Q_C Q_B Q_A$	*	保持
1	1	×	0	×	$Q_D Q_C Q_B Q_A$	0	保持

*：当计数器为 1111，且 ENT＝1 时，RCO＝1。

下面是该计数器的 Verilog HDL 描述，图 7-23 是其仿真波形。

```
module  v163 (clrn, clk, enp, ent, ldn, din, qout, rco);
 input  clrn, clk, ent, enp, ldn;
 input  [3:0] din;                    //对应输入 DCBA
 output  [3:0] qout;                  //对应输出 Q_D Q_C Q_B Q_A
 output  rco;
 reg    [3:0] qout;
    always  @ (posedge  clk)
      begin
       if  (~clrn)  qout<=0;          //同步清零
       else  if  (!ldn) qout<=din;    //同步置数
           else  if (enp && ent ==1)  qout<=qout +1;   //使能有效,计数
               else  qout<=qout;      //使能无效,保持
      end
    assign   rco = (qout ==4'b1111 && ent) ? 1 : 0;   //循环进位描述
```

```
endmodule
```

也可在例 7-1 的基础上改进设计,实现附加功能;而在例 7-2 模型基础上进行修改和添加会更加便捷,体现出硬件描述语言的优势。

实际上,这个名为 v163 的 Verilog HDL 模型所描述的逻辑功能就是传统中规模集成电路(MSI)计数器 74LS163 的功能。

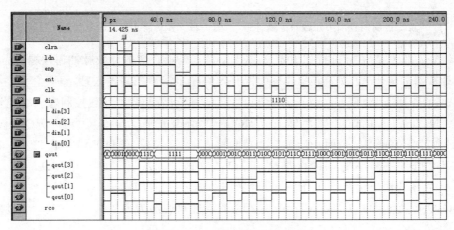

图 7-23　v163 的功能仿真波形

2. 基于 4 位二进制计数模块实现小模数($m<16$)计数器电路分析

4 位二进制计数器最大的模数为 16,即从 $0000\to0001\to\cdots\to1110\to1111\to0000\to\cdots$。如果通过增加输出到输入的反馈逻辑,有效利用它的同步清零和同步置数功能,则可以构造实现 $m<16$ 的计数器电路。

【例 7-5】 试分析图 7-24 所示电路,写出初态为 0000 时的状态转移序列,并说明它的逻辑功能。

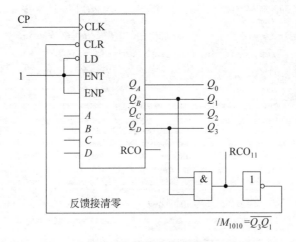

图 7-24　例 7-5 电路图

解：由给定电路分析控制端信号，计数使能端始终有效（ENP＝ENT＝1）；置数控制端 LD＝1 说明该电路未使用置数功能；电路输出经与非网络将/M_{1010}反馈接到同步清零端，说明当计数器计到某一状态时，会使/M_{1010}为 0 加载到 CLR 端，在下一个 CP 脉冲到来时，将计数器的输出清为 0000。

电路分析思路：从初态开始，判断每一状态对应的反馈网络输出，根据产生的控制端信号判断计数器的工作状态，确定下一状态，以此类推，直到回到某个已有状态构成循环，得到状态转移序列。具体过程：当初态为 0000 时，M_{1010}＝1，电路加 1 计数到 0001，此时仍有 M_{1010}＝1，电路继续加 1 计数到 0010……直到计数器输出 $Q_3Q_2Q_1Q_0$＝1010 时，/M_{1010}＝0，即 CLR 端为 0，在下一个 CP 脉冲到来时，电路不再加 1 计数，而是返回到 0000，开始新的计数循环。因此，可得到如下状态转移序列。

$$
\begin{array}{cccc}
Q_3 & Q_2 & Q_1 & Q_0 \\
0 & 0 & 0 & 0 \\
0 & 0 & 0 & 1 \\
0 & 0 & 1 & 0 \\
0 & 0 & 1 & 1 \\
0 & 1 & 0 & 0 \\
0 & 1 & 0 & 1 \\
0 & 1 & 1 & 0 \\
0 & 1 & 1 & 1 \\
1 & 0 & 0 & 0 \\
1 & 0 & 0 & 1 \\
1 & 0 & 1 & 0
\end{array}
$$

在状态转移序列中共有 11 个状态，因此该电路是一个模 11 二进制同步加 1 计数器，而 RCO_{11} 是一次循环完成标识信号，即循环进位输出。

通过上述分析，可以总结出这类同步时序电路的分析方法如下。

① 确定电路的初态，一般由启动清零获得，也可进行设定；

② 将初态（现态）代入反馈逻辑进行计算，得到此时的反馈网络输出；

③ 根据反馈信号与电路输入的连接查功能表，确定下一步应进行的操作；

④ 获得电路的次态（操作结果）；

⑤ 将该次态作为现态，重复②③④，直到出现状态循环，其中的状态数就是计数器的模。

【例 7-6】 分析如图 7-25 所示的电路，并说明它的逻辑功能。

解：ENP＝ENT＝1 说明电路计数使能端始终有效，/CLR 接 1 说明未使用清零端。当状态进入 1111，输出 RCO＝1 经非门产生预置位信号，反馈接到/LD 输入端，在下一个 CP 脉冲到来时，将输入端 $DCBA$ 信号 0110 赋给计数器。具体过程：从初态为 0110 开始，/LD＝1，电路加 1 计数到 0111，此时仍有/LD＝1，电路继续加 1 计数到 1000……直到计数器输出 $Q_3Q_2Q_1Q_0$＝1111 时，RCO＝1，/LD＝0，在下一个 CP 脉冲到来时，电路不再加 1 计数，而是将预置输入端 $DCBA$ 信号 0110 赋给计数器的状态端 $Q_3Q_2Q_1Q_0$，状态

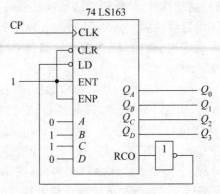

图 7-25　例 7-6 电路图

返回到 0110,开始新的计数循环。因此,可得到如下状态转移序列。

Q_3	Q_2	Q_1	Q_0
0	1	1	0
0	1	1	1
1	0	0	0
1	0	0	1
1	0	1	0
1	0	1	1
1	1	0	0
1	1	0	1
1	1	1	0
1	1	1	1

该电路实现从 0110 到 1111 的十进制计数器。

【**例 7-7**】　分析图 7-26 所示电路,并说明它的逻辑功能。

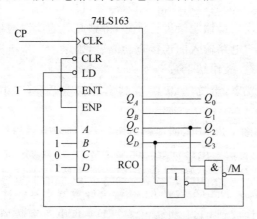

图 7-26　例 7-7 电路图

解:由给定电路分析控制端信号,计数使能端始终有效(ENP=ENT=1);清零控制端/CLR＝1 说明该电路未使用清零功能；预置端/LD 接反馈网络的信号/M＝$\overline{Q_3 \cdot Q_2}$，当 Q_3＝0 且 Q_2＝1 时，预置端/LD＝0，下一个脉冲时钟，将预置输入端 $DCBA$ 信号 1011 赋给计数器的状态端 $Q_3 Q_2 Q_1 Q_0$。从初态 0000 开始分析状态转移序列如下。

$$
\begin{array}{cccc}
Q_3 & Q_2 & Q_1 & Q_0 \\
0 & 0 & 0 & 0 \\
0 & 0 & 0 & 1 \\
0 & 0 & 1 & 0 \\
0 & 0 & 1 & 1 \\
0 & 1 & 0 & 0 \\
1 & 0 & 0 & 1 \\
1 & 1 & 0 & 0 \\
1 & 1 & 0 & 1 \\
1 & 1 & 1 & 0 \\
1 & 1 & 1 & 1 \\
\end{array}
$$

分析状态转移序列，该电路实现编码为 2421 码的十进制计数器。

3. 基于 4 位二进制计数模块的大模数（$m>16$）计数电路

当计数器的模 $m>16$ 时，可采取多个 4 位二进制计数模块级联扩展的方法，如图 7-27 所示，利用循环进位输出端 RCO 和计数使能输入端 ENT 和 ENP 将多个 4 位二进制计数器级联扩展为 $n \times 4$ 位（n＝2,3,…）二进制计数器。

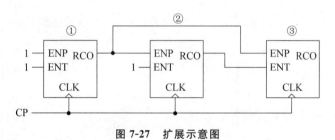

图 7-27　扩展示意图

【**例 7-8**】 分析图 7-28 所示的电路，并说明它的逻辑功能。

解：由给定电路分析控制端信号，模块①计数使能端始终有效（ENP＝ENT＝1），模块②计数使能端 ENT＝ENP 连接模块①的 RCO 端，当模块①的 $Q_3 Q_2 Q_1 Q_0$＝1111 即一次计数循环结束时，RCO＝1，模块②的使能端有效，在下一个脉冲时钟时加 1 计数，其他时候，模块②处于保持状态，则模块①和②级联构成 8 位二进制计数器（模为 256），其计数输出为 $Q_7 Q_6 Q_5 Q_4 Q_3 Q_2 Q_1 Q_0$。模块①和②的/LD 端＝1 说明预置功能未使用，/CLR 端接 $Q_5 Q_3 Q_2 Q_1 Q_0$ 与非，当状态＝$(47)_{10}$＝$(00101111)_2$ 时，清零端有效，状态回到 0000000 状态，分析状态转移序列，该电路实现从 0000000 到 00101111 的模 48 计数器。

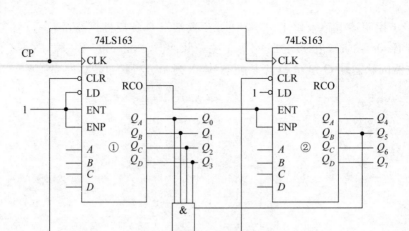

图 7-28   模 48 计数器电路图

4. 4 位二进制计数模块的其他应用

4 位二进制计数模块除用于计数外,还可用作寄存器、移位寄存器、分频器等。

(1) 用作寄存器。

应用多功能 4 位二进制计数器的预置功能可实现寄存器功能。如图 7-29 所示,将置数控制输入端/LD 恒接 0,则当 CLK 有效沿到来时,数据输入端 D_3、D_2、D_1、D_0 的状态就被寄存,反映在 $Q_D Q_C Q_B Q_A$。 此时,4 位二进制计数模块作为上升沿有效且具有同步清零功能的 4 位数据寄存器。

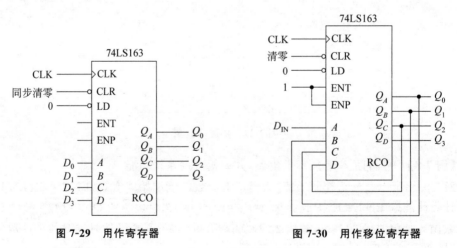

图 7-29   用作寄存器   图 7-30   用作移位寄存器

(2) 用作移位寄存器。

按照图 7-30 所示进行电路连接,则可用 4 位二进制计数模块构成串行输入、并行输出的移位寄存器,即在时钟的控制下,上一次寄存的数据左移一位,最低位移入串行输入端 D_{IN} 的状态。因此,可将串行输入的数据转换成并行数据。移位过程如下。

Q_3	Q_2	Q_1	Q_0	
0	0	0	0	清零
0	0	0	D_{IN0}	移入 D_{IN0}
0	0	D_{IN0}	D_{IN1}	左移,移入 D_{IN1}
0	D_{IN0}	D_{IN1}	D_{IN2}	左移,移入 D_{IN2}
D_{IN0}	D_{IN1}	D_{IN2}	D_{IN3}	左移,移入 D_{IN3}

(3) 用作时钟信号分频器。

在图 7-31 中,将 74LS163 的/CLR、/LD、ENT、ENP 均恒接 1,其输出 Q_3、Q_2、Q_1、Q_0 的输出波形如图 7-32 所示。由波形可知,从 Q_0、Q_1、Q_2、Q_3 输出的信号频率分别相当于 CLK 的二分之一、四分之一、八分之一和十六分之一。

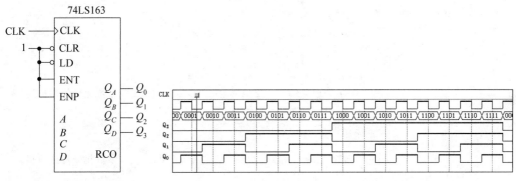

图 7-31　用作分频器　　　　　　　　　图 7-32　分频器仿真波形

【例 7-9】　请分析如图 7-33 所示电路的逻辑功能。

解:从启动清零开始,根据电路连接及功能表,求得 Q_D、Q_C、Q_B、Q_A 的计数循环如下。

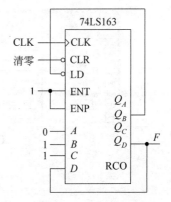

图 7-33　例 7-9 题图

Q_D	Q_C	Q_B	Q_A
0	0	0	0
0	1	1	0
0	1	1	1
1	0	0	0
1	1	1	0
1	1	1	1

分析:每 6 个 CLK,F 输出一个占空比(高电平所占时间与信号周期的比例)为 50% 的方波信号。所以,F 的输出信号频率是 CLK 的六分之一,或称 F 是 CLK 的六分频。

7.2.5　任意模数加 1 计数器的 Verilog HDL 参数化设计模型

参数化建模可提高模块设计的一般性、可重用性。设计一个任意模数加 1 计数器的

Verilog HDL 模型,通过定义标识符常量建立行为描述加以实现,这里用 parameter 定义 3 个常量：din_width 为置数操作时的数据输入位宽；qout_width 为计数器输出位宽；counter_size 为计数器的模数,具体模型如下。

```verilog
module counter_M (clrn, clk, enp, ent, ldn, din, qout, rco);
 parameter   din_width = 'd7;
 parameter   qout_width = 'd7;
 parameter   counter_size ='d100;   //模 100
 input    clrn, clk, ent, enp, ldn;
 input  [din_width-1 : 0]   din;    //参数化定义位宽
 output [qout_width-1 : 0]  qout;  //参数化定义位宽
 output  rco;
 reg    [qout_width-1 : 0]   qout;
   always @ (posedge clk)
     begin
      if (~clrn)  qout<=0;
      else if (!ldn)  qout<=din;
           else if (enp && ent==1)
                  if (qout==counter_size-1) qout<=0;   //参数化模控制描述
                     else  qout<=qout +1;
                 else  qout<=qout;
     end
   assign  rco=(qout==counter_size-1 && ent) ? 1 : 0;    //参数化循环进位描述
endmodule
```

图 7-34 为该设计在 Altera Quartus Ⅱ 中的功能仿真波形,图 7-35 为生成的参数化逻辑符号,通过修改逻辑符号右上方的参数表,重新编译即可得到一个新模数的计数器。

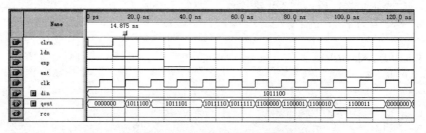

图 7-34　counter_M 模 100 仿真波形

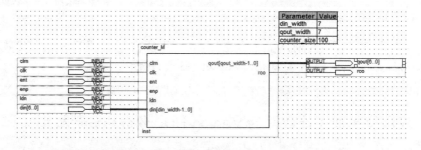

图 7-35　counter_M 参数化逻辑符号

7.3 寄存器及其 Verilog HDL 模型

数字系统中经常使用寄存器存放二进制代码,如地址寄存器、指令寄存器、数据寄存器、控制寄存器、状态寄存器等。寄存器是由一组触发器构成的,信息在统一的时钟脉冲作用下存入寄存器。

图 7-36 所示的电路是一个简单的 4 位寄存器,在 CP 的上升沿将输入端 $ABCD$ 存入寄存器,Q_A、Q_B、Q_C、Q_D 是寄存器的输出。

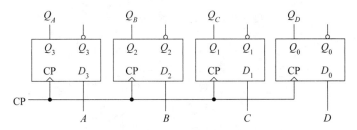

图 7-36　简单的寄存器

图 7-37 是具有控制功能的 4 位寄存器电路,当/RESET 有效时,通过异步清零端将寄存器置为 0000,在 CP 上升沿,数据输入端($ABCD$)的信息写入寄存器,只有在控制信号 $M=1$ 时才送到输出端(Q_A、Q_B、Q_C、Q_D)。具有三态输出端的寄存器模块可以挂接到公共总线上,如图 7-38 所示,其功能为在时钟的有效沿将数据端的信息并行存入寄存器;在三态输出控制端控制下,或将寄存数据并行输出到总线,或将输出端置为高阻状态,相当于从总线断开。

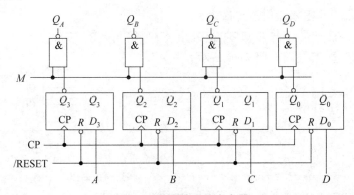

图 7-37　具有控制的寄存器

在某些寄存器的应用中,要求存入的数据必须在某个时间段内保持,然后在时钟有效沿到来时才能将数据存入寄存器。这类模块通常设计了一个数据输入使能端,如低有效使能端 G,当 $G=0$ 时,时钟的上升沿将输入端信息存入寄存器;当 $G=1$ 时,寄存器内的数据保持不变。图 7-39 为带使能输入寄存器。

寄存器的 Verilog HDL 模型根据不同功能要求,应用行为建模加以设计,其核心功

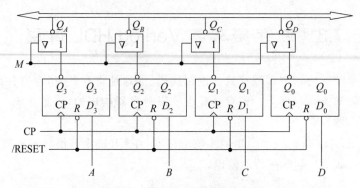

图 7-38　具有三态输出的寄存器

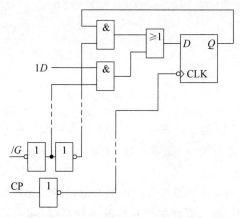

图 7-39　带使能输入寄存器

能是数据存储采用非阻塞赋值语句描述。

【例 7-10】　设计一个异步清零、上升沿寄存、输出具有三态功能的 8 位寄存器的
Verilog HDL 描述,其框图如图 7-40 所示。

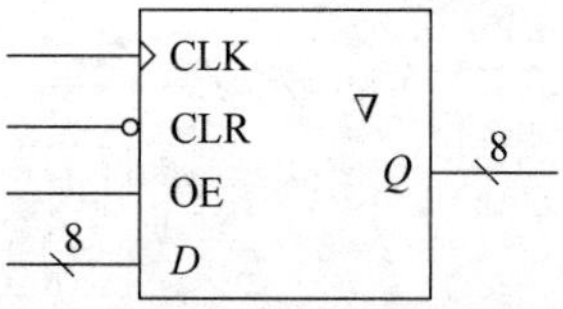

```
module myreg_8 (data, clk, reset, oe, q);
  input   clk, reset, oe;
   input   [7:0] data;
   output  [7:0] q;
   reg     [7:0] temp;              //内部寄存变量
   assign q = (oe==1) ? temp : 8'hzz;  //oe=0 时,输出高阻
     always @ (posedge clk or negedge reset)
   begin
     if (!reset)  temp<=8'h00;      //异步清零
     else  temp<=data;              //寄存数据
   end
endmodule
```

图 7-40　寄存器框图

从仿真结果图 7-41 分析,在输出允许信号 OE 控制下读取寄存器数据,例如清零信
号有效的零数据,上升沿时刻数据通道的数据。当 OE 无效时,输出为高阻状态。

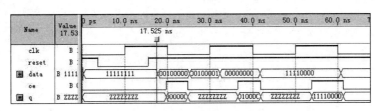

图 7-41 例 7-10 的功能仿真图

7.4 移位寄存器

移位寄存器是一种既能存储数据,又能对所存数据在时钟信号的作用下按位向高位(或低位)顺移的寄存器。按照逻辑功能,移位寄存器可分为串行输入-串行输出、串行输入-并行输出、并行输入-串行输出 3 类。按移位方式,移位寄存器可有单向移位、双向移位、循环移位、扭环移位等。

利用移位操作可实现简单的乘除法。例如,将原寄存器中的数据向高位移一位(左移一位),相当于乘以 2;向低位移一位(右移一位),相当于除以 2。在数字通信系统中,移位寄存器广泛用于并行数据和串行数据之间的转换。

7.4.1 串行输入-串行输出结构的移位寄存器

图 7-42 为串行输入-串行输出结构的右移移位寄存器。串行数据加载到串行输入端 SERIN 上,每来一个时钟有效沿,寄存器中的数据就向右顺移一位,最左边的一位存入 SERIN 端的新数据。如果寄存器由 n 个触发器构成,则 SERIN 端的新数据经过 n 个时钟节拍之后就会出现在串行输出 SEROUT 端,这种电路常用来进行信号的延时。

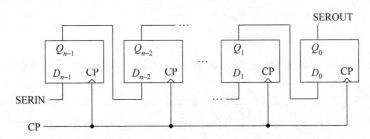

图 7-42 串行输入-串行输出结构的右移移位寄存器

【例 7-11】 用 Verilog HDL 描述一个串行输入-串行输出结构的 4 位右移移位寄存器。
解:描述移位操作必须采用非阻塞赋值,否则无法得到预期的结果。

```
module  shifter_R (SERIN, CP, SEROUT);
  input    SERIN, CP;
  output   SEROUT;
  reg      [3:0] Q;          //定义寄存器变量
    always @ (posedge CP)
```

```
        begin                  //下面的移位描述不能采用阻塞赋值
            Q[3]<=SERIN;
            Q[2]<=Q[3];
            Q[1]<=Q[2];
            Q[0]<=Q[1];
        end
    assign SEROUT=Q[0];  //串行输出描述
endmodule
```

从图 7-43 所示的仿真结果可以看到,4 个时钟后,在输出信号上输出串行输入信号
100101……

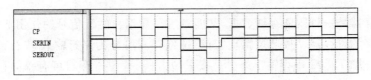

图 7-43   例 7-11 的功能仿真图

7.4.2   串行输入-并行输出结构的移位寄存器

图 7-44 为串行输入-并行输出结构的 4 位右移移位寄存器。当串行输入 SERIN 端的数据经过 4 个时钟脉冲后,顺序移入寄存器,可在 RD 控制下将寄存器中的数据并行输出。显然,这种寄存器可用于将串行数据转换成并行数据。

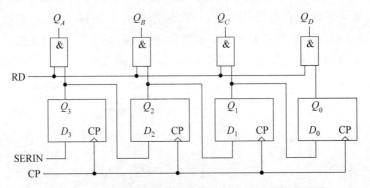

图 7-44   串行输入-并行输出结构的 4 位右移移位寄存器

【例 7-12】 用 Verilog HDL 描述一个串行输入-并行输出结构的 4 位右移移位寄存器。
解:采用移位运算符和非阻塞赋值描述移位操作。

```
module  shifter_R (SERIN, CP, RD, OUT);
  input    SERIN, CP, RD;
  output   [3:0] OUT;
  reg      [3:0] Q;
    always @ (posedge CP)
      begin
```

```
            Q<=Q>>1;
            Q[3]<=SERIN;
        end
    assign OUT=(RD==1)？Q：0;    //并行输出描述
endmodule
```

其仿真结果如图 7-45 所示,4 个时钟后串行输入信号存储于 4 个寄存器单元,当读信号有效时,可并行读取 4 位数据。

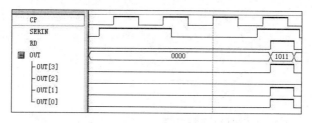

图 7-45 例 7-12 的功能仿真图

7.4.3 并行输入-串行输出结构的移位寄存器

图 7-46 是一个并行输入-串行输出结构 4 位右移移位寄存器电路。其中的 LD/SHIFT 是一个置数/移位控制信号,当 LD/SHIFT 为 1 时,在 CP 的作用下,从输入端 A、B、C、D 并行接收数据;当 LD/SHIFT 为 0 时,在 CP 的作用下,将寄存器中的数据顺序移出,空位由输入端 SIN 补充。这种寄存器常用来进行并行数据到串行数据的转换。

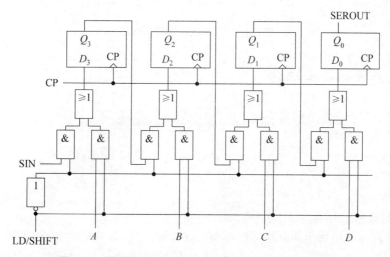

图 7-46 并行输入-串行输出结构 4 位右移移位寄存器

【例 7-13】 用 Verilog HDL 描述一个并行输入-串行输出结构的 4 位右移移位寄存器。

解:应在充分理解图 7-46 所示电路功能的基础上进行功能描述。注意其功能描述不受其电路结构的限制,即其 Verilog HDL 建模独立于电路内部结构,仅关注外部功能和端口设置。

```verilog
module  shifter_R (CP, LD, Data, SEROUT);
   input    CP , LD;
   input    [3:0] Data;
   output   SEROUT;
   reg      [3:0] Q;
      always @ (posedge CP)
         if   (LD==1)    Q<=Data;      //并行输入
         else                          //移位
            begin
            Q[3]<=0;
            Q[2]<=Q[3];
            Q[1]<=Q[2];
            Q[0]<=Q[1];
            end
      assign  SEROUT=Q[0];             //串行输出
endmodule
```

其功能仿真结果如图 7-47 所示,同步 LD 信号下并行读入数据,在时钟控制下右移,从低位串行输出数据。如图 7-47 中先并行读入 1011 后,在时钟控制下串行输出 1,1,0,1;同样,并行读入 0010,串行输出 0,1,0,0。

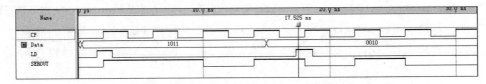

图 7-47　例 7-13 的功能仿真图

7.4.4　多功能移位寄存器

如何设计满足下列功能要求的移位寄存器?
① 低有效异步清零;
② 保持;
③ 右移一位;
④ 左移一位;
⑤ 并行置数。

在设计具有上述功能的多功能移位寄存器建模之前,先分析图 7-48,由图 7-48 可知,各触发器的激励网络是一个 4 选 1 电路,在选择控制变量 $S_1 S_0$ 的控制下,分别选中 Q_i、Q_{i+1}、Q_{i-1} 和 IN$_i$,实现保持、右移、左移和并行置数的功能,如图 7-48 所示。通过控制触发器的异步清零端可以实现异步清零功能。

该电路封装后,即是 MSI 中的 74LS194,一个通用 4 位多功能移位寄存器,具有异步清零、状态保持、右移、左移以及并行置数等综合功能,图 7-49 是它的逻辑符号。其中,CLK 是上升沿有效的时钟信号;/CLR 是低有效的异步清零输入端;S_1、S_0 是工作方式选

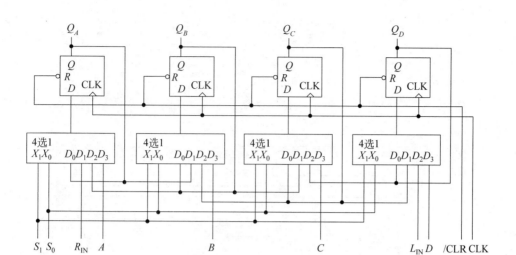

图 7-48 多功能移位寄存器原理图

择控制输入端；R_{IN} 是右移时的串行输入端；L_{IN} 是左移时的串行输入端；A、B、C、D 是并行置数时的数据输入端；Q_D 是右移时的串行输出端；Q_A 是左移时的串行输出端；Q_A、Q_B、Q_C、Q_D 是并行输出端。74LS194 的逻辑功能见表 7-3。

表 7-3　74LS194 功能表

/CLR	S_1	S_0	CLK	$Q_{A(t+1)}$	$Q_{B(t+1)}$	$Q_{C(t+1)}$	$Q_{D(t+1)}$	功能
0	X	X	X	0	0	0	0	异步清零
1	0	0	↑	Q_A	Q_B	Q_C	Q_D	保持
1	0	1	↑	R_{IN}	Q_A	Q_B	Q_C	右移
1	1	0	↑	Q_B	Q_C	Q_D	L_{IN}	左移
1	1	1	↑	A	B	C	D	置数

　　该多功能移位寄存器用 Verilog HDL 建模，其端口设置和功能要求参考图 7-49 和表 7-3，模块设计如下。

```
module  my_194 (clr, clk, data, Rin, Lin, sel,
Qout);
 input   clr, clk, Rin, Lin;
 input   [1:0] sel;
 input   [3:0] data;
 output  [3:0] Qout;
 reg     [3:0] Qout;
    always @ (posedge clk or negedge clr)
     if  (!clr) Qout<=4'b0000;
     else
      case (sel)
       2'b00 : Qout<=Qout;
       2'b01 : begin Qout<=Qout>>1;Qout[3]<=Rin; end
```

图 7-49　74LS194 逻辑符号

```
        2'b10 : begin Qout<=Qout<<1;Qout[0]<=Lin; end
        2'b11 : Qout<=data;
    endcase
endmodule
```

其功能仿真波形如图 7-50 所示。在控制端控制下实现了异步清零、置数、左移和右移功能。

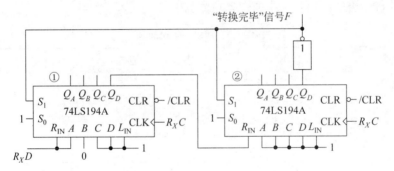

图 7-50　多功能移位寄存器的功能仿真波形

【**例 7-14**】　分析图 7-51 所示电路的逻辑功能。其中,R_XD 为 7 位一组的串行输入信号。

图 7-51　例 7-14 电路图

解：从给定电路的结构看,第①片的右移输出端连接到第②片的右移输入端,第②片的右移输出端经非门产生 F 并反馈连接到两片的 S_1,它们的 S_0 恒为 1。所以,该电路由两片 74LS194 构成 8 位串入右移移位寄存器。由于 S_0 固定,因此当第②片的右移输出端为 0 时,电路将进行置数操作;为 1 时,进行右移一位操作。

设 R_XD 端 7 位一组的串行数据为 $A_6A_5A_4A_3A_2A_1A_0(A_0$ 先进入),时钟信号 R_XC 用 $CP_i(i=0,1,2\cdots)$ 表示,按照"获得初态、计算反馈、查功能表、获得次态"的分析方法,分析 8 位输出的状态变化,如表 7-4 所示。

电路通过 /CLR 启动清零后,$S_1S_0=11$,在 CP_0 作用下将 $A_0 0111111$ 并行置入寄存器;此时,$S_1S_0=01$,在 CP_1 的作用下,上次寄存器内容右移一位,并将 A_1 移入,寄存器内容变为 $A_1A_0 011111$;仍有 $S_1S_0=01$,重复上次操作……直到 CP_6 作用后,寄存器内容为 $A_6A_5A_4A_3A_2A_1A_0 0$,7 位串行数据均被移入转换成并行数据,此时的右移输出端为 0,即 $F=1$(此前 F 均为 0),形成转换完毕的有效信号,后续电路可据此取走转换结果。$F=1$ 使得 $S_1S_0=11$,在 CP_7 的作用下置数,开始下一组 7 位串行数据的转换。

表 7-4　例 7-14 状态转换表

步骤	功能	$S_1 S_0$	输　　出							
/CLR	清零	$\times\times$	0	0	0	0	0	0	0	0
CP_0	并入	11	A_0	0	1	1	1	1	1	1
CP_1	右移	01	A_1	A_0	0	1	1	1	1	1
CP_2	右移	01	A_2	A_1	A_0	0	1	1	1	1
CP_3	右移	01	A_3	A_2	A_1	A_0	0	1	1	1
CP_4	右移	01	A_4	A_3	A_2	A_1	A_0	0	1	1
CP_5	右移	01	A_5	A_4	A_3	A_2	A_1	A_0	0	1
CP_6	右移	01	A_6	A_5	A_4	A_3	A_2	A_1	A_0	0
CP_7	并入	11	A_0	0	1	1	1	1	1	1

因此,该电路的逻辑功能为将 7 位串行数据转换成并行数据,F 是高有效的转换结束信号。

7.5　移位寄存器型计数器

如果将移位寄存器的输出以某种方式反馈到串行输入端,则可得到连接简单、编码别具特色、用途广泛的移位寄存器型计数器。

显然,移位寄存器型计数器的输出与计数脉冲的个数没有数值上的对应关系,一般采用循环移位方式,用不同的状态表示脉冲的个数。

图 7-52 给出了基于右移循环移位的计数器模型。下面介绍根据不同反馈方式构成的常用的 3 种移位寄存器型计数器:环形计数器、扭环形计数器和最大长度计数器。

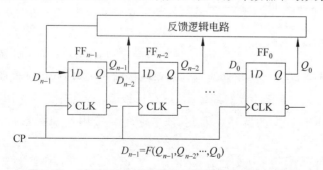

$$D_{n-1}=F(Q_{n-1},Q_{n-2},\cdots,Q_0)$$

图 7-52　(右移)移位寄存器型计数器电路结构示意图

7.5.1　环形计数器

环形计数器的反馈电路为 $D_{n-1}= Q_0$,并构成自循环的移位寄存器。现以 $n=4$ 为例分析其特性。图 7-53 给出了 4 位环形计数器的逻辑图。由于 $D_3=Q_0$,所以在连续不断的时钟脉冲作用下,寄存器中的数据循环右移。

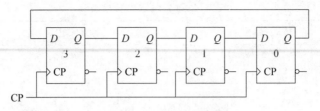

图 7-53　4 位环形计数器

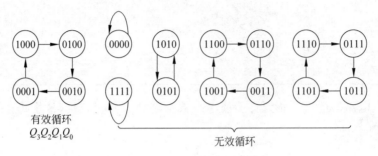

有效循环
$Q_3Q_2Q_1Q_0$

无效循环

图 7-54　电路的状态转换图

环形计数器具有两种类型,循环 0 的环形计数器和循环 1 的环形计数器。以图 7-53 所示构成的 4 位右移环形计数器为例,其状态转换图如图 7-54 所示,通常取 $1000 \rightarrow 0100 \rightarrow 0010 \rightarrow 0001 \rightarrow 1000$ 或 $1110 \rightarrow 0111 \rightarrow 1011 \rightarrow 1101$ 对应循环作为有效循环,图 7-54 中取前者,即 1000、0100、0010、1000 构成的循环,作为有效循环,称为循环 1 的环形计数器,有效状态中每个状态只有一个 1。如图 7.53 所示电路是不能自启动的。为了保证电路能够自启动,必须打破无效循环,调整反馈逻辑 $D_3 =$

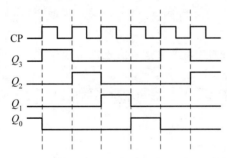

图 7-55　4 位环形计数器的输出波形

$\overline{Q_3+Q_2+Q_1}$,读者可以自行画出修改反馈后电路的状态转换图,验证电路的自启动特性。

图 7-55 是该 4 位环形计数器的输出波形,可以看出,在时钟的作用下,触发器 $Q_3Q_2Q_1Q_0$ 顺序输出与 CP 等宽的脉冲。因此,该电路可直接用作如控制系列操作的节拍发生器。

取 1110、0111、1011、1101 对应循环作为有效循环,称为循环 0 的环形计数器,有效状态中每个状态只有一个 0。可以用作需要负脉冲控制的节拍发生器。

用 Verilog HDL 建模环形计数器,可采用 STG 方法,根据功能描述建立状态转换图,需要考虑的是环形计数器只用到部分状态,无效状态需要回到有效状态,使电路能够自启动。

【例 7-15】　4 位右循环一个 1 的环形计数器 Verilog HDL 描述。

解:按题意,有效循环由 1000、0100、0010、0001 构成,其有效状态转移图如图 7-56 所示,可用 case 语句描述,并用 default 控制无关态。

```
module   R_shift_1 (clr, clk, Q);
  input   clr, clk;
  output  [3:0] Q;
  reg     [3:0] Q;
  always @ (posedge clk or negedge clr)
     if  (!clr)  Q<=4'b1000;
     else  case  (Q)
          4'b1000 : Q<=4'b0100;
          4'b0100 : Q<=4'b0010;
          4'b0010 : Q<=4'b0001;
          4'b0001 : Q<=4'b1000;
          default : Q<=4'b1000;
        endcase
endmodule
```

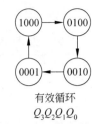

有效循环
$Q_3Q_2Q_1Q_0$

图 7-56　电路的状态转换图

仿真结果如图 7-57 所示,实现了 4 位右循环一个 1 的环形计数器,且具有异步清零信号,用于初态的设置。

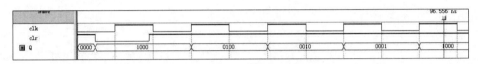

图 7-57　例 7-15 的功能仿真

同样可以由左移移位逻辑关系构造环形计数器,如左移循环一个 0 的环形计数器。

【例 7-16】　4 位左循环一个 0 的环形计数器的 Verilog HDL 描述。

解: 按题意,有效循环由 1110、1101、1011、0111 构成,可用 case 语句描述,并用 default 控制无关态。

```
module  L_shift_0 (clr, clk, Q);
  input   clr, clk;
  output  [3:0] Q;
  reg     [3:0] Q;
  always @ (posedge clk or negedge clr)
     if  (!clr)  Q<=4'b1110;
     else  case  (Q)
          4'b1110 : Q<=4'b1101;
          4'b1101 : Q<=4'b1011;
          4'b1011 : Q<=4'b0111;
          4'b0111 : Q<=4'b1110;
          default : Q<=4'b1110;
        endcase
endmodule
```

其功能仿真图如图 7-58 所示,分析可知,该模块实现了 4 位左循环一个 0 的环形计数器,且具有异步清零信号,用于初态的设置。

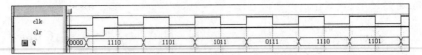

图 7-58 例 7-16 功能仿真波形图

对于任意 n 位的环形计数器,可以根据功能描述应用参数化设计方法,功能描述根据该电路功能特点用移位运算逻辑实现。

【例 7-17】 用 Verilog HDL 设计参数化的 8 位右循环一个 1 的环形计数器。

解:根据环形计数器特点,应用移位运算实现移位逻辑,同时用赋值运算实现反馈逻辑,并应用异步清零实现初始状态的赋值。

```verilog
module  shifter_R (CP,clr, Q);
    parameter Data_Width=8;
    input    CP ,clr;
    output   [Data_Width-1:0] Q;
    reg      [Data_Width-1:0] Q;
    integer i;
      always @ (posedge CP or negedge clr)
        begin
          if(clr==0)
           begin
             for(i=0;i<Data_Width;i=i+ 1)
                Q[i]<=0;
                Q[Data_Width-1]<=1;
             end
          else
           begin
            Q<=Q>>1;
            Q[Data_Width-1]<=Q[0 ];
           end
        end
endmodule
```

其功能仿真如图 7-59 所示,将该模块生成如图 7-60 所示的元件后,可通过交互窗口修改数据宽度获得不同长度的循环一个 1 的环形计数器。

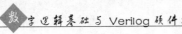

图 7-59 例 7-17 的功能仿真图

应用多功能移位寄存器模块为核心,通过附加外围控制模块,亦可实现环形计数器。

【例 7-18】 分析图 7-61,说明其逻辑功能。

解:根据多功能移位寄存器的功能,此时控制端 $S_1 S_0$ 为=01,即电路为右移工作方式，反馈逻辑 $Q_{A(t+1)} = R_{\text{IN}} = \overline{Q_A + Q_B + Q_C}$。启动清零后，状态转移序列为

$$
\begin{array}{ccccc}
Q_A & Q_B & Q_C & Q_D & R_{\text{IN}} \\
0 & 0 & 0 & 0 & 1 \\
1 & 0 & 0 & 0 & 0 \\
0 & 1 & 0 & 0 & 0 \\
0 & 0 & 1 & 0 & 0 \\
0 & 0 & 0 & 1 & 1
\end{array}
$$

该电路实现了 4 位循环一个 1 的右移环形计数器。

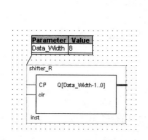

图 7-60　例 7-17 逻辑符号

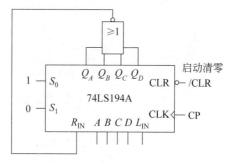

图 7-61　例 7-18 电路图

【例 7-19】　分析图 7-62 所示电路的逻辑功能。

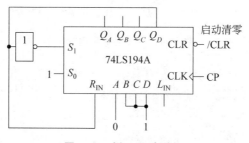

图 7-62　例 7-19 电路图

解： 选择控制端的 S_0 恒为 1，Q_D 反馈控制 S_1，且连接到右移输入端 R_{IN}，因此，该电路的基本操作为置数或右移。启动清零后的状态转移序列如下。

$$
\begin{array}{cccccc}
Q_A & Q_B & Q_C & Q_D & S_1 & S_0 \\
0 & 0 & 0 & 0 & 1 & 1 & \text{置数} \\
0 & 1 & 1 & 1 & 0 & 1 & \text{右移} \\
1 & 0 & 1 & 1 & 0 & 1 & \text{右移} \\
1 & 1 & 0 & 1 & 0 & 1 & \text{右移} \\
1 & 1 & 1 & 0 & 1 & 1 & \text{置数}
\end{array}
$$

从状态转移序列可知，0111、1011、1101 和 1110 构成有效状态循环，且每个有效状态中只有一个 0，因此该电路是右循环一个 0 的环形计数器。进一步分析，只要无效状态中

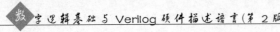

有 0,就能返回。但是当电路进入 1111 状态时,陷入死循环。此时可用一个与非门产生一个低电平,利用 CLR 端异步清零进入有效循环。

7.5.2　扭环形计数器

扭环形计数器(Johnson 计数器)的基本反馈逻辑为 $D_{n-1} = \overline{Q}_0$,4 位右移扭环形计数器电路如图 7-63 所示。此时有 $D_3 = \overline{Q}_0$,根据移位寄存器的特性,直接画出如图 7-64 所示的状态转换图。

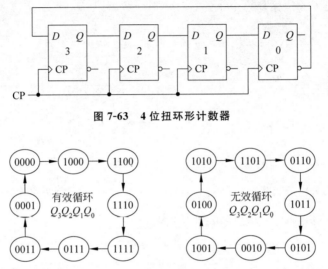

图 7-63　4 位扭环形计数器

图 7-64　电路的状态转换图

由电路的状态转换图不难看出,它存在着两个状态循环,取左侧的状态循环作为有效循环,另一个就是无效循环。因此,该电路不能自启动。为了实现自启动,在确保基本移位操作不变的前提下修改反馈,令 $D_3 = \overline{Q}_0 + \overline{Q}_1 Q_3$,读者可以自行画出修改反馈后的电路的状态转换图,验证电路的自启动特性。

可以看出,当采用 n 位的移位寄存器构成扭环形计数器时,可以得到含有 $2n$ 个有效状态的循环,比环形计数器多一倍。而且,有效循环中相邻的两个状态只有一位发生变化,符合可靠性编码原则,所以将电路状态进行译码时不会出现险象。这种扭环形计数器的有效状态编码又称右移步进码。

图 7-65 给出了 4 位扭环形计数器的输出波形。

扭环形计数器用 Verilog HDL 建模,与环形计数器类似,可以根据状态转换图应用 case 语句加以描述,也可以根据功能,用如移位运算等操作加以描述。

【例 7-20】　4 位右循环步进码扭环形计数器的 Verilog HDL 描述。

解: 按题意,有效循环由 0000、1000、1100、1110、1111、0111、0011、0001 构成,其有效状态转移图如图 7-64 所示,可用 case 语句描述,并用 default 控制无关态,其代码设计如下,功能仿真如图 7-66 所示,完成了该功能单元的设计。

```
module  R_shift_0 (clr, clk, Q);
```

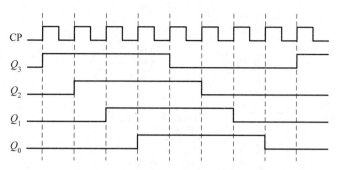

图 7-65 4 位扭环形计数器的输出波形

图 7-66 例 7-20 的功能仿真图

```
input   clr, clk;
output  [3:0] Q;
reg     [3:0] Q;
always @ (posedge clk or negedge clr)
    if  (!clr)  Q<=4'b0000;
    else  case  (Q)
            4'b0000 : Q<=4'b1000;
            4'b1000 : Q<=4'b1100;
            4'b1100 : Q<=4'b1110;
            4'b1110 : Q<=4'b1111;
            4'b1111 : Q<=4'b0111;
            4'b0111 : Q<=4'b0011;
            4'b0011 : Q<=4'b0001;
            4'b0001 : Q<=4'b0000;
            default : Q<=4'b0000;
        endcase
endmodule
```

【例 7-21】 用 Verilog HDL 设计参数化的 8 位右循环步进码扭环计数器。

解: 根据扭环形计数器特点,应用移位运算实现移位逻辑,同时用赋值运算实现反馈逻辑,同时应用异步清零实现初始状态的赋值,其功能仿真结果如图 7-67 所示,该代码实现了 8 位右循环步进码扭环计数器功能。

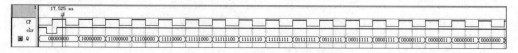

图 7-67 例 7-21 的功能仿真图

```
module  shifter_R (CP,clr, Q);
  parameter Data_Width=8;
  input    CP ,clr;
  output   [Data_Width-1:0] Q;
  reg      [Data_Width-1:0] Q;
  integer i;
     always @ (posedge CP or negedge clr)
        begin
          if(clr==0)
          begin   for(i=0;i<Data_Width;i=i+ 1) Q[i]<=0; end
          else
          begin  Q<=Q>>1;   Q[Data_Width-1]<=~Q[0 ]; end
     end
endmodule
```

应用多功能移位寄存器模块为核心,通过附加外围控制模块,也可实现扭环计数器。

【例 7-22】 分析图 7-68 所示电路的逻辑功能和自启动特性。

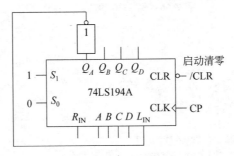

图 7-68　例 7-22 电路图

解:电路中,多功能移位寄存器的 $S_1S_0=10$,Q_A 经非门反馈接到左移输入端 L_{IN}。所以,电路启动清零后不断进行左移操作,其状态变化序列如下。

Q_A	Q_B	Q_C	Q_D
0	0	0	0
0	0	0	1
0	0	1	1
0	1	1	1
1	1	1	1
1	1	1	0
1	1	0	0
1	0	0	0

通过分析状态变化序列,可以发现它的规律:当前状态左移一位,移出的状态位反相后,经左移输入端移入寄存器形成新的状态,最终形成 8 个状态的有效循环。因此,该电路是一个 4 位左移扭环形计数器,或称 4 位左移步进码计数器。

当电路进入无效状态,例如 0100,经分析可知,电路将在 0100、1001、0010、0101、

1011、0110、1101 和 1010 构成的循环中转换,无法返回有效循环,所以电路不能自启动。为了打破无效循环,可针对任何一个无效状态通过组合逻辑产生一个低有效的信号,反馈接到 CLR 端,利用异步清零操作使电路进入有效循环。

不难理解,若在图 7-68 中将非门改接到 Q_B,则可构成模 6 左移扭环形计数器;或将非门改接到 Q_C,则可构成模 4 位左移扭环形计数器;或用与非门将 Q_B、Q_C 反馈到 L_{IN},形成模 5 左移扭环形计数器;或用与非门将 Q_A、Q_B 反馈到 L_{IN},形成模 7 左移扭环形计数器。

7.5.3　最大长度移位型计数器

若反馈逻辑采用 $D_{n-1}=Q_1\oplus Q_0$,则可构成最大长度移位型计数器。图 7-69 是 $n=3$ 时的最大长度移位型计数器电路,图 7-70 是它的状态转换图。

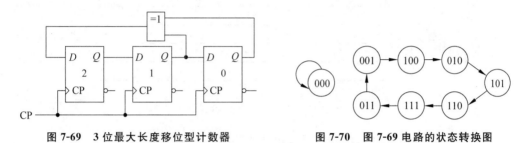

图 7-69　3 位最大长度移位型计数器　　　　　图 7-70　图 7-69 电路的状态转换图

由状态转换图可见,000 状态是电路的"陷阱",可令 $D_2=Q_1\oplus Q_0+\bar{Q}_1\bar{Q}_2$,使电路进入 000 时,经一个 CP 返回有效状态 100。

当采用 n 位的移位寄存器构成最大长度计数器时,可以得到含有 2^n-1 个有效状态的循环。虽然它的状态利用率最高,但其状态变化时不符合可靠性码编码原则,对状态进行译码时,译码电路比较复杂,且可能出现竞争引起的险象。

图 7-71 是 3 位右移最大长度移位型计数器的输出波形。

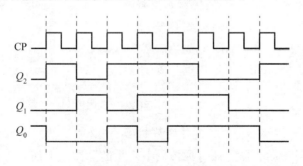

图 7-71　3 位右移最大长度移位型计数器的输出波形

7.6　节拍分配器

在某些数字系统中,有时需要系统按照事先规定的顺序完成一系列运算或操作,这就要求系统的控制器能正确地发出一组在时间上有先后顺序的节拍信号,进而产生各节拍下的控制信号。能够读取产生这种顺序节拍信号的部件称为节拍分配器。

当节拍分配器的输出为电平信号时,称为节拍发生器;当节拍分配器的输出为脉冲(脉冲宽度通常与主时钟脉冲宽度相同)时,称为脉冲发生器,其波形图如图 7-72 所示。

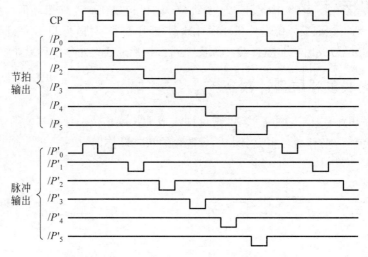

图 7-72　6 节拍(脉冲)发生器波形图

当需要的节拍(脉冲)数较多时,可以用计数器和译码器组成节拍(脉冲)发生器。图 7-73 所示为用 m 进制计数器和 $m-(2^m-1)$ 译码器构成的 2^m-1 节拍发生器。计数器设置为计数状态,将它的输出与译码器的变量输入端顺序对应连接。当给计数器的时钟输入端连续加载时钟信号时,其状态输出端 $Q_{m-1}\cdots Q_1 Q_0$ 的状态将按 m 进制时序反复循环,译码器不断对 $Q_{m-1}\cdots Q_1 Q_0$ 的状态进行译码,按照 $Q_{m-1}\cdots Q_1 Q_0$ 的状态变化顺序标定译码输出顺序,就得到了循环顺序为 $/P_0$、$/P_1$、$/P_2$、$/P_3$、$\cdots$、$/P_{2^m-2}$ 和 $/P_{2^m-1}$ 的节拍信号。

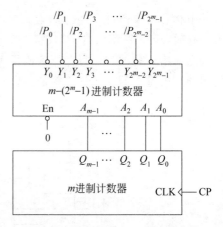

图 7-73　计数型 2^m-1 节拍发生器

【例 7-23】　用 Verilog HDL 描述一个计数型 5 节拍(脉冲)发生器。

解:用一个 always 描述 001~101 模 5 计数器,异步清零;用另一个 always 描述对计数状态译码产生的节拍;用 assign 描述在时钟控制下产生的脉冲。下面是 Verilog HDL 描述,图 7-74 是它的仿真波形。

```
module  jiepai_5 (clk, reset, s, y1, y2);
  input    clk, reset;
  output   [4:0] s, y1, y2;              //s:节拍,y1、y2:脉冲
  reg      [4:0]  s;
  reg      [2:0]  temp;                  //内部计数变量
```

```
assign   y1 = (clk==1)? s : 0;              //clk=1 时，脉冲
assign   y2 = (clk==0)? s : 0;              //clk=0 时，脉冲
always @ (posedge clk  or  negedge reset)
    if (!reset)     temp<=3'b000;           //低有效异步清零
    else  if (temp==3'b101)   temp<=3'b001; //模 5 反馈
        else     temp<=temp+1;              //加 1 计数
always @ (temp)
    case (temp)                             //对计数状态译码,高有效
      3'b001 : s=5'b00001;
      3'b010 : s=5'b00010;
      3'b011 : s=5'b00100;
      3'b100 : s=5'b01000;
      3'b101 : s=5'b10000;
      default : s=5'b00000;                 //无关态处理
    endcase
endmodule
```

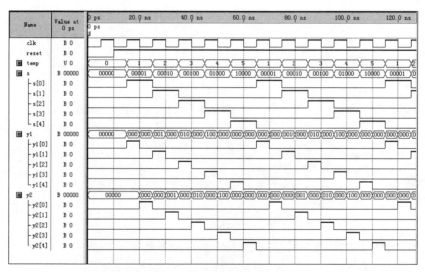

图 7-74　计数型 5 节拍(脉冲)发生器仿真波形

7.7　序列信号发生器

在数字信号的传输和数字系统的测试中,有时需要用到一组特定的串行信号。通常把这种串行信号称为序列信号,能够产生序列信号的电路称为序列信号发生器。

可以采用计数器和数据选择器构成方便、灵活的序列信号发生器。例如,需要产生一个 8 位的序列信号 $A_7A_6A_5A_4A_3A_2A_1A_0$(先产生 A_7),可用一个模 8 计数器产生的 $000\sim111$ 计数状态作为 8 选 1 的变量输入,将要产生的序列信号 $A_7A_6A_5A_4A_3A_2A_1A_0$

对应加载到 8 选 1 的数据输入端 $D_0 \sim D_7$,那么在时钟信号的作用下,$A_7 \sim A_0$ 就循环不断地出现在数据选择器的输出端 Y,如图 7-75 所示。显然,这种电路可以在某种控制下将一组一组的 8 位并行数据变成串行数据发送出去。只要 $A_7 A_6 A_5 A_4 A_3 A_2 A_1 A_0$ 取不同的值,就可产生不同的 8 位序列信号。

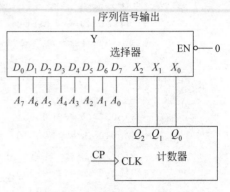

【例 7-24】 用 Verilog HDL 描述一个 8 位序列信号发生器。

解:用一个 always 描述 $001 \sim 111$ 模 8 计数器,异步清零;用另一个 always 描述对计数状态作为选择端,顺序输出数据段信号,产生所需的序列信号。下面是 Verilog HDL 描述。

图 7-75 8 位序列信号发生器

```
module  xulie (clk, reset, s_out, s_in);
 input   clk, reset;
 input [7:0] s_in;
 output    s_out;                          //s_out:序列信号输出端
 reg       s_out;
 reg       [2:0]  temp;                    //内部计数变量
    always @(posedge clk  or  negedge reset)
        if (!reset)    temp<=3'b000;       //低有效异步清零
        else  if (temp==3'b111)  temp<=3'b000;  //模 8 反馈
            else    temp<=temp+1;          //加 1 计数
    always @(temp)
        case (temp)                        //对计数状态译码,高有效
          3'b000 : s_out=s_in[0];  3'b001 : s_out=s_in[1];
          3'b010 : s_out=s_in[2];  3'b011 : s_out=s_in[3];
          3'b100 : s_out=s_in[4];  3'b101 : s_out=s_in[5];
          3'b110 : s_out=s_in[6];  3'b111 : s_out=s_in[7];
          default : s_out=s_in[0];         //无关态处理
        endcase
endmodule
```

该模块功能仿真结果如图 7-76 所示,可以看出,在时钟作用下,将 s_in 上的信号变成串行数据,由 s_out 端口送出去,该仿真生成序列为 10011001。改变 s_in 上的数据可以生成其他序列。

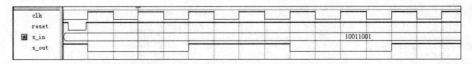

图 7-76 8 位序列信号发生器功能仿真图

本 章 小 结

本章介绍了 6 种典型同步时序电路：计数器、寄存器、移位寄存器、移位型计数器、节拍分配器和序列信号发生器。

对于传统的基于触发器的设计方法（状态方程法），在以 D 触发器实现计数器电路设计为例介绍基础上，重点对各功能器件的 Verilog HDL 建模方法加以介绍，同时以典型功能单元为模块，通过增加外围电路构成的电路加以分析，深刻理解典型模块在图形输入模式下的模块复用，学习基于模块/器件连接电路的分析方法。

基于硬件描述语言的建模方法使设计人员摆脱了逻辑器件（触发器、MSI 器件等）的束缚，按照电路的行为特性进行描述，设计的修改、保存以及交流十分方便。例如，对于 Verilog HDL，建立状态转换图或状态转移表后可在 always 中采用 case 语句直接描述，并且可用 default 方便地处理无关状态；至于清零、置数、使能等操作，可用 if-else 语句进行描述（或添加、有效级调整）。总之，硬件描述语言为设计各种"自主"逻辑电路（芯片）提供了极大的帮助。

思 考 题 7

1. 典型同步时序电路有哪些特点？
2. 总结基于触发器设计同步时序电路的方法和步骤。
3. 总结如何用时序图进行时序电路的功能描述。
4. 理解根据时序图用 case 语句建模时序逻辑功能的根据。
5. 为什么进行同步时序的设计时要满足自启动特性？
6. 总结以 4 位二进制计数器为核心构造 $m \leqslant 16$ 和 $m > 16$ 计数器及其他应用的同步时序电路分析方法。
7. 总结采用 Verilog HDL 建立计数器模型的方法。
8. 分析采用 Verilog HDL 建模过程中，对电路结构描述和对电路功能描述哪个更重要。
9. 为什么说具有三态能力的寄存器可以挂接总线？
10. 总结以多功能移位计数器为核心的同步时序电路的分析方法。
11. 环形计数器、扭环形计数器各有什么特点？
12. 能否采用 1110、1101、1011、0111 作为环形计数器的有效循环？
13. 为什么不采用图 7-52 中右侧的状态循环作为扭环形计数器的有效循环？
14. 采用 0001、0010、0100、1000 作为有效循环的环形计数器能直接用作节拍发生器吗？
15. 采用扭环形计数器＋译码电路构造节拍（脉冲）发生器时，怎样用两段 always 进程分别描述并完成节拍发生器的设计？

16. 例 7-23 的 Verilog HDL 模型中,两个 assign 语句的作用是什么?

17. 为什么例 7-23 中利用状态 001～101 产生节拍,而没有利用 000～100?结合波形说明。

18. 分析例 7-23 的模块结构,并总结采用 Verilog HDL 建立同步时序电路模型的方法。

19. 总结序列信号发生器的 Verilog HDL 建模方法。

习　题　7

7.1　用下降沿 D 触发器设计一个模 8 减 1 计数器,画出电路图。

7.2　用上升沿 J-K 触发器设计一个 4 位二进制加 1 计数器,画出电路图。

7.3　用上升沿 J-K 触发器设计一个 001～110 的能自启动的模 6 加 1 计数器,画出电路图。

7.4　画出下列计数器的状态转换图。

(1) 8421 码加 1 计数器;

(2) 2421 码加 1 计数器;

(3) 余 3 码减 1 计数器;

(4) 格雷 BCD 码减 1 计数器。

7.5　采用 Verilog HDL 建模,描述下列计数器。

(1) 8421 码减 1 计数器;

(2) 2421 码加 1 计数器;

(3) 余 3 码加 1 计数器;

(4) 格雷 BCD 码减 1 计数器;

(5) 4 位格雷码加 1 计数器。

7.6　采用 Verilog HDL 建模,描述一个 4 位可逆计数器,当 UP＝1 时加 1 计数;当 UP＝0 时减 1 计数,并具有循环进位(借位)输出。

7.7　分析如题图 7-1 所示电路的逻辑功能,并建立 Verilog HDL 模型。

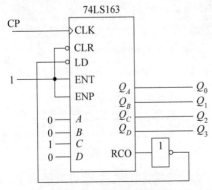

题图 7-1　习题 7.7 用图

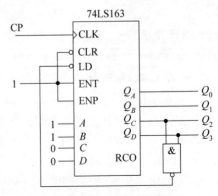

题图 7-2　习题 7.8 用图

7.8　分析如题图 7-2 所示电路的逻辑功能,并建立 Verilog HDL 模型。

7.9　分析如题图 7-3 所示电路的逻辑功能,并画出 *F* 的波形图。

7.10　用 Verilog HDL 描述一个 8 位串入-串出结构的左移移位寄存器电路。

7.11　用 Verilog HDL 描述一个 8 位串入-并出结构的右移移位寄存器电路。

7.12　用 Verilog HDL 描述一个 8 位并入-串出结构的左移移位寄存器电路。

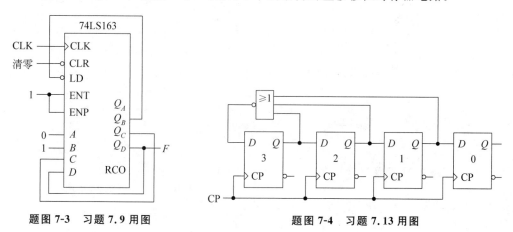

题图 7-3　习题 7.9 用图　　　　　题图 7-4　习题 7.13 用图

7.13　分析如题图 7-4 所示的电路,说明其逻辑功能,并用 Verilog HDL 建模。

7.14　画出以下状态转换图,并进行 Verilog HDL 描述。

　　(1) 8 位右循环一个 0;

　　(2) 8 位右循环一个 1;

　　(3) 8 位左循环一个 0;

　　(4) 8 位左循环一个 1。

7.15　分析如题图 7-5 所示电路的逻辑功能,画出 $Q_AQ_BQ_CQ_D$ 的输出波形。

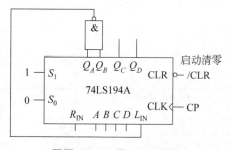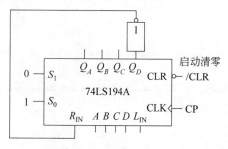

题图 7-5　习题 7.15 用图　　　　　题图 7-6　习题 7.16 用图

7.16　分析如题图 7-6 所示电路的逻辑功能,画出 $Q_AQ_BQ_CQ_D$ 的输出波形。

7.17　用 Verilog HDL 描述一个 8 位右移扭环形计数器。

7.18　用 Verilog HDL 描述一个 3 位最大长度移位计数器。

7.19　用 Verilog HDL 描述一个基于扭环形计数器的 8 节拍发生器。

7.20　用 Verilog HDL 描述一个计数型的 10 脉冲发生器。

7.21　用 74LS163 和 74LS151 设计一个循环产生 01100101 序列信号的发生器。

7.22　用 Verilog HDL 建立一个能产生 10 位序列信号的发生器模型。

7.23　分析题图 7-7 所示的电路,当 $X_3 X_2 X_1 X_0$ 取值从 0000 到 1110 时,输出 F 的脉冲频率与时钟 CP 频率的关系。

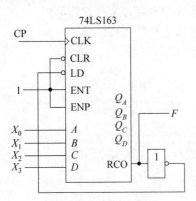

题图 7-7　习题 7.23 用图

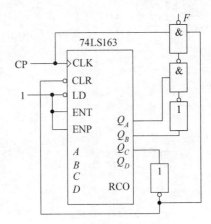

题图 7-8　习题 7.24 用图

7.24　分析如题图 7-8 所示电路的功能,画出 F 的波形图。

7.25　分析图 7-24 所示的模 48 计数器的计数序列。

7.26　用 Verilog HDL 设计一个灯光控制模型。要求红、黄、绿 3 种颜色的灯在时钟信号作用下按照题表 7-1 规定的顺序亮灭。表中 1 表示"亮",0 表示"灭"。

7.27　用 Verilog HDL 建模赛跑用的 2 位十进制秒表计数器,要求在启动按钮的控制下开始计时;在停止按钮的控制下停止计时,保持此刻计数值并输出;设置一个清零按钮对计数器状态进行清零。提示:状态图参考本章绪论。

题表 7-1　习题 7.26 用表

CP 顺序	红	黄	绿	CP 顺序	红	黄	绿
0	0	0	0	5	0	0	1
1	1	0	0	6	0	1	0
2	0	1	0	7	1	0	0
3	0	0	1	8	0	0	0
4	1	1	1				

第 8 章

一般同步时序电路的设计

【本章内容】 本章主要讨论一般同步时序电路设计中原始状态图的建立、状态的化简以及状态分配，进而得到最小状态表，转化为典型同步时序电路的设计。最后给出综合设计实例。

8.1 概　述

在第 7 章已讨论的典型同步时序电路中，电路有效循环的状态个数是已知的且为最简；而一般同步时序电路设计时，通常不能确定根据逻辑功能所建立的状态转换序列中的状态个数是否最少，而状态数的多少决定着触发器的数量，即电路的规模。因此，当设计的同步时序电路不能确定为典型同步时序电路时，应先按照建立原始状态图→状态化简→状态分配的过程得到最小状态表或最简的状态转换图，再遵循典型同步时序电路的设计原则完成设计。

一般同步时序电路的设计步骤是：

① 根据要求建立原始状态转换图，并形成原始状态表；

② 对原始状态表进行化简，消去多余状态，求得最小状态表；

③ 对最小状态表进行状态分配（状态编码），形成卡诺图形式的二进制状态表；

④ 选定触发器类型，求最简激励函数和输出函数；

⑤ 画出逻辑电路图；

⑥ 检查电路是否具有自启动特性，若符合设计要求，则设计完成，否则需要修改设计，甚至重新设计。

如果采用硬件描述语言建模，则可根据编码后的最小状态表（状态转换图）进行描述，然后在 EDA 平台上进行仿真调试，并下载到开发板上进行物理测试。

序列检测器是一般同步时序电路的典型设计。序列检测器也称串行数据检测器，用来检测一组或多组序列信号的电路，可用于安全防盗、密码认证；用于海量数据中对敏感信息的自动侦听；或用于数据通信中对雷达和遥测等领域中的同步识别标志检测。

应用实例：汽车智能钥匙。智能钥匙的一个功能就是自动开锁。钥匙内嵌有微机芯片和无线电模块，汽车电子系统内设定好了开锁信息（例如 0101），当驾驶员走近车旁、口袋里的钥匙靠近汽车时，钥匙便应汽车电子系统请求无线发送自己的 ID 信息。如果发送的 ID 信息与开锁信息相匹配,则汽车的关闭系统和安全系统以及发动机的控制系统全部被激活。

序列检测器有固定的检测码,在时钟 CP 的控制下,接收串行随机信号(x),每一个 CP 接收一位,当输入数据与检测码相同时,检测电路输出有效信号,其电路模型如图 8-1 所示。

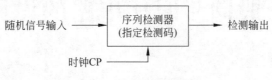

随机信号输入 → 序列检测器(指定检测码) → 检测输出

时钟CP

图 8-1　序列检测器模型

序列检测器是一般同步时序电路,其实现过程包括原始状态图(表)的建立、状态化简、状态分配、模型建立(电路实现)等环节。

8.2　原始状态图(表)的建立

直接根据逻辑功能的文字描述得到的状态图(表)称为原始状态图(表),这种图或表的正确与否是同步时序电路设计中最关键的一步,因为它是整个设计的基础,只有这一步正确,后面的工作才有效。

因此,在构造原始状态图(表)时,首先要保证状态图的正确性,本着"宁多勿漏"的原则确保状态没有遗漏,至于存在的多余状态,可通过状态化简予以去除。

由于状态图比较直观,所以通常先建立原始状态图,然后转换成状态表。当然,对于比较明确的逻辑问题,可直接建立状态表。建立原始状态图的方法很多,这里只介绍比较简洁实用的直接状态指定法。

首先,弄清电路的输入条件和输出要求,从而确定输入/输出变量的个数和表示符号;其次,假设一个初态,从这个初态出发,每加入一个输入组合,就确定其次态,该次态可能是现态本身或是另一个已有状态或需增添的一个新状态。重复上述过程,直到每一个现态向次态的转换都已确定且不再产生新的状态。最后,根据原始状态图形成原始状态表。

这里需要注意两点:一是状态名虽可任意选取,但最好能反映状态所代表的含义;二是从每个状态出发,应将 n 个输入的 2^n 种可能转移的方向考虑周全,不能遗漏。

【例 8-1】 为实现应用实例中的开锁信息 0101 的检测,建立序列检测器的原始状态图和原始状态表。当输入 X 中出现 0101 序列时,电路输出 Z 为 1,否则 Z 为 0。

解：电路只有 1 位串行输入 X,所以每个状态下得到的输入 X 的取值只能是 0 或 1,即每个状态应有两个出口;另外,电路有一个输出 Z;确定电路采用 Moore 型还是 Mealy 型,在此选用 Moore 型。

设电路初态为 S_A,表示没有收到 0101 中的第一个有效信息;S_0 表示刚收到 0;S_{01} 表示刚收到 01;S_{010} 表示刚收到 010;S_{0101} 表示刚收到 0101。根据输入的变化形成原始状态图的过程如下。

① 从初态 S_A 出发,此时输出 $Z=0$。若输入 $X=1$,则不是检测序列的开始,应停留在初态 S_A;若输入 $X=0$,则检测序列的第 1 位的 0 已到来,应进入新状态 S_0,表示已收到第 1 位的 0。

② 从状态 S_0 出发,此时输出 $Z=0$。若输入 $X=1$,则检测序列的前 2 位的 01 已到来,应进入新状态 S_{01},表示已收到前 2 位的 01;若输入 $X=0$,收到的是 00,则不属于检测序列,但它是检测序列的第 1 位,应停留在 S_0。

③ 从状态 S_{01} 出发,此时输出 $Z=0$。若输入 $X=1$,收到 011,则不属于检测序列,也不是检测序列的第 1 位,应返回 S_A;若输入 $X=0$,收到 010,则属于检测序列的前 3 位,应进入新状态 S_{010}。

④ 从状态 S_{010} 出发,此时输出 $Z=0$。若输入 $X=1$,收到 0101,则属于检测序列,应进入新状态 S_{0101};若输入 $X=0$,收到 0100,则不属于检测序列,但它是检测序列的第 1 位,应进入 S_0。

⑤ 从状态 S_{0101} 出发,此时已检测到 0101 序列,输出 $Z=1$。若输入 $X=1$,则返回到初态 S_A;若输入 $X=0$,则回到 S_0,因为它是检测序列的第 1 位。

根据上述过程,可得到如图 8-2 所示的 0101 序列检测器的原始状态图和如表 8-1 所示的原始状态表。

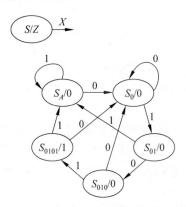

图 8-2　0101 序列检测原始状态图

表 8-1　0101 序列检测原始状态表

S ＼ X	0	1	Z
S_A	S_0	S_A	0
S_0	S_0	S_{01}	0
S_{01}	S_{010}	S_A	0
S_{010}	S_0	S_{0101}	0
S_{0101}	S_0	S_A	1

S_{t+1}

根据已检测到的序列数据是否可以重复使用,序列检测器可以分为可重序列检测器与不可重序列检测器。对于例 8-1 中的序列检测器,如果设计为不可重,则当检测到 0101 后,已检出的 0101 符号都不能再用,电路将重新开始检测。如果检测到 0101 后,则最后两位的 01 作为下一序列的头两位重复使用,即在 S_{0101} 时,输入 $X=0$,转到 S_{010},可实现 0101 可重序列检测。例如,在下面给出的各种输入序列下,不可重与可重 0101 序列检测器的输出结果对比为

X　　　　　0 0 1 0 1 1 0 1 0 1 0 1 0 1 0 1…
Z(不可重)　0 0 0 0 1 0 0 0 0 1 0 0 0 1 0 0…
Z(可重)　　0 0 0 0 1 0 0 0 0 1 0 1 0 1 0 1…

【例 8-2】　建立 Mealy 型不可重和可重 101 序列检测器的原始状态图和原始状态表。检测到 101 后输出 $Z=1$,否则 $Z=0$。

解：按照例 8-1 的过程建立 Mealy 型原始状态图，如图 8-3 所示。

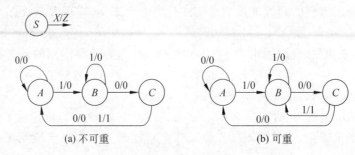

(a) 不可重   (b) 可重

图 8-3   Mealy 型 101 序列检测原始状态图

由图 8-3 可以看出，可重与不可重的区别体现在检测到有效序列后($Z=1$)的状态转移方向。表 8-2 是不可重时的 Mealy 型原始状态表，表 8-3 是可重时的 Mealy 型原始状态表。

表 8-2   不可重 Mealy 型原始状态表

S \ X	0	1
A	$A/0$	$B/0$
B	$C/0$	$B/0$
C	$A/0$	$A/1$

S_{i+1}/Z

表 8-3   可重 Mealy 型原始状态表

S \ X	0	1
A	$A/0$	$B/0$
B	$C/0$	$B/0$
C	$A/0$	$B/1$

S_{i+1}/Z

【例 8-3】   试画出检验串行输入 8421 码的非法码的检测电路的原始状态图。

解：根据题意有 X 分成 4 位一组串行输入。当检测出 8421 码的非法码时输出 $Z=1$，正常 8421 码时输出 $Z=0$。设每组的低位先进入，即电路由低位开始检测。

设检测电路的初态为 A，随着 X 的第 1 位(最低位)输入，电路由 A 状态转换为 $B(X=0)$ 或者 $C(X=1)$ 状态；随着 X 的第 2 位输入，电路由 B、C 状态进入 D、E、F 或 G 状态；当 X 的第 3 位输入时，状态又可以变化为 H、I、J、K、L、M、N 或 P 状态。在这个阶段，输出 Z 一直处于 0 状态。当 X 输入第 4 位(最高位)时，在不同的现态下，若检测出不符合 8421 码的非法码，则输出 $Z=1$，若符合 8421 码，则输出 $Z=0$，电路返回初始态进行下一组检测。

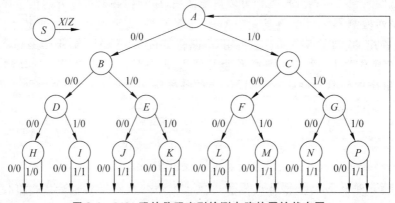

图 8-4   8421 码的伪码序列检测电路的原始状态图

　　为了便于分析,将原始状态图设计成如图 8-4 所示的树状结构。由原始状态图可以很容易地得到原始状态表,请读者自行画出。

8.3　状　态　化　简

　　在形成原始状态表时,设计的主要目的是使原始状态表能够正确描述电路的逻辑功能要求,并没有过多地考虑状态数是否最少,因此在原始状态表中可能存在多余状态。显然,状态数越少,对应的逻辑电路越简单,这就需要在不改变电路外部特性的基础上对原始状态表进行化简。

　　所谓状态化简,就是采用某种化简技术从原始状态表中消去多余状态,从而得到一个既能正确描述给定的逻辑功能,又能使所包含的状态数目达到最少的状态表,即最小状态表。

　　本节只介绍利用隐含表对完全给定同步时序电路原始状态表进行化简的方法。关于不完全给定同步时序电路原始状态表的化简,请查阅有关资料。

　　完全给定同步时序电路是指其原始状态表中所有的次态和输出都是确定的。完全给定同步时序电路原始状态表的化简是利用状态之间的等效关系进行的。下面给出关于等效的几个重要概念。

　　① 状态等效。假设状态 S_A 和 S_B 是完全给定同步时序电路原始状态表中的两个状态,如果对于所有可能的输入序列(长度和结构是任意的),分别从 S_A 和 S_B 出发所得到的输出响应序列完全相同,则两个状态是等效(等价)的,称 S_A 和 S_B 为等效对,记作 (S_A, S_B)。等效状态可以合并为一个状态,它不会改变电路的外部特性。

　　从整体上讲,原始状态表已经反映了各状态在任意输入序列下的输出。

　　等效状态有以下 3 个特点。

- 对称性:若 (S_A, S_B),则 (S_B, S_A)。
- 自反性:对于任何状态 S_i,有 (S_i, S_i)。
- 传递性:若有 (S_A, S_B) 且 (S_B, S_C),则 (S_A, S_C)。

　　② 等效类。所含状态都可以相互构成等效对状态的集合(若干彼此等价的状态构成的集合)称为等效类。由 (S_A, S_B) 和 (S_B, S_C) 可以推出 (S_A, S_C),进而可知 S_A、S_B、S_C 属于同一等效类,记作 $(S_A, S_B), (S_B, S_C) \rightarrow \{ S_A, S_B, S_C \}$。

　　在等效关系中,等效对是狭义的概念,针对两个状态而言。等效类是广义的概念,针对若干个状态而言,甚至一个状态也可称为等效类。

　　③ 最大等效类。在一个原始状态表中不是任何其他等效类子集的等效类称为最大等效类。

　　完全给定同步时序电路原始状态表的化简过程就是寻找最大等效类的过程。若将每个最大等效类中的所有状态合并为一个新状态,就可得到最小状态表。显然,化简后的状态数等于最大等效类的个数。

　　判断原始状态表中两个状态是否等效(等价)的标准为如果两个状态,对每一种可能的输入组合都满足下列两个条件,则这两个状态等效。

条件一：它们的输出必须完全相同。

条件二：它们的次态属于下列情况之一。

- 次态相同。
- 次态交错或者次态维持。
- 后继状态等效。
- 次态循环。

图 8-5 至图 8-9 是上述状态等效判别条件的图例，说明如下。

图 8-5 中，状态 S_1 和 S_2 的输出相同，满足条件一，并且相同输入的次态相同，满足条件二。如果分别从 S_1 和 S_2 出发，加入任意输入序列，则除了第一次状态转换外，其他的状态转换都是由同一状态(S_3 或 S_4)出发而得到的，因此产生的输出序列完全一致，所以状态 S_1 和 S_2 等效。

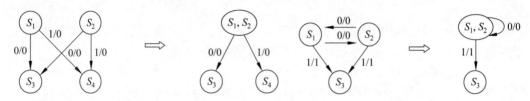

图 8-5   次态相同   图 8-6   次态交错

图 8-6 中，状态 S_1 和 S_2 的输出相同，满足条件一；分别从 S_1 和 S_2 出发，加入任意输入序列，当输入为 0 时，产生的输出都为 0，且次态交错，当输入变为 1 时，产生输出 1，且不论现态是 S_1 或 S_2 都将进入同一状态 S_3(次态相同)，由此产生的输出序列必然完全相同，故状态 S_1 和 S_2 等效。

图 8-7 中的情况类似于图 8-5，是一种次态维持的情况。

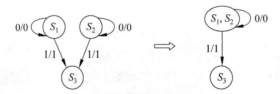

图 8-7   次态维持

图 8-8 中，状态 S_1 和 S_2 是否等效取决于状态 S_3 和 S_4 的等效情况，S_3 和 S_4 因输出相同且满足次态相同、次态维持而等效，从而导致状态 S_1 和 S_2 在输入为 1 时的次态相同，所以状态 S_1 和 S_2 等效。

图 8-9 中，如果将 S_1 和 S_2、S_3 和 S_4、S_5 和 S_6 作为状态对，可发现每个状态对中，两个状态在相同输入下的输出相同。状态对 S_1 和 S_2 是否等效取决于状态对 S_3 和 S_4 是否等效，状态对 S_3 和 S_4 是否等效取决于状态对 S_5 和 S_6 是否等效，而状态对 S_5 和 S_6 是否等效取决于状态对 S_1 和 S_2 是否等效，即形成了次态循环，其他次态都相同或交错。如果从某个状态对的两个状态出发，加入任意输入序列，虽然产生何种状态的转换规律可能不同，但产生的状态对的规律必然相同，因此产生的输出序列必然相同，所以状态对 S_1 和 S_2、

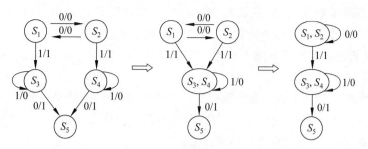

图 8-8　后继状态等效

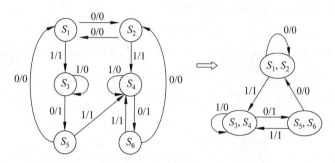

图 8-9　次态循环

S_3 和 S_4、S_5 和 S_6 均构成等效对。

　　通过上述分析可知,确定原始状态表中的所有等效对是状态化简的关键环节。对于比较复杂的原始状态表,直接在原始状态表中寻找等效对既不方便又不直观,通常利用隐含表确定等效对,它是一种规范的方法。

　　隐含表的结构如图 8-10 所示。设原始状态表中有 n 个状态 $S_1 \sim S_n$,在隐含表的水平方向标注 $S_1, S_2, \cdots, S_{n-1}$,垂直方向标注 $S_2, S_3, \cdots, S_n$,即垂直方向少第一个状态(缺头),水平方向少最后一个状态(少尾)。隐含表中的小方格用来标注一个状态对 (S_i, S_j) 的等效情况。

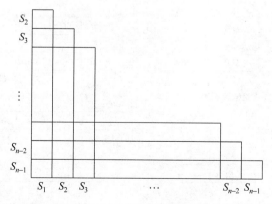

图 8-10　隐含表的结构

利用隐含表法对原始状态图进行化简的基本思想是:先对原始状态表中的各状态进

行两两比较,找出所有等效对;然后利用等效的传递性确定等效类;最后确定最大等效类,将每个最大等效类命名一个新状态,构造最小状态表。

利用隐含表法对原始状态图进行化简的步骤如下。

① 画出隐含表。

② 顺序比较。对原始状态表中的各状态进行两两比较,其结果可能出现 3 种情况:

- 状态 S_i 和 S_j 的输出完全相同,且符合次态相同或次态交错或次态维持,表示 S_i 和 S_j 等效,在隐含表对应方格中标注√;
- 状态 S_i 和 S_j 的输出不相同,表示 S_i 和 S_j 不等效,在隐含表对应方格中标注×;
- 状态 S_i 和 S_j 的输出完全相同,但其次态既不相同也不交错或维持,说明 S_i 和 S_j 是否等效取决于其他状态对,在对应的方格中标注需要进一步考察的状态对。

③ 关联比较。确定第二步中待考察的次态对是否等效,并由此确定原状态对是否等效。若后续状态对等效或者出现循环,则这些状态对都是等效的,在对应方格中不加标注;若后续状态对中出现不等效,在它以前的状态对都是不等效的,在对应方格中添加×标注。

④ 列出所有等效对,根据传递性确定等效类。

⑤ 确定最大等效类。各最大等效类之间不应出现相同状态;原始状态表中的每一个状态必须属于某一个最大等效类;不与其他任何状态等效的单个状态也是一个最大等效类。

⑥ 制作最小状态表。每个最大等效类可以合并为一个状态并重新命名,用一个新符号表示。这样,由一组新的状态符号所构成的状态表就是所求的最小状态表。

【例 8-4】 化简如图 8-11(a)所示的原始状态表。

解: ① 画隐含表,如图 8-11(b)所示。

② 顺序比较,如图 8-11(b)所示。

③ 关联比较,状态对 AB 是否等效取决于 BC 是否等效。由顺序比较结果可直接看

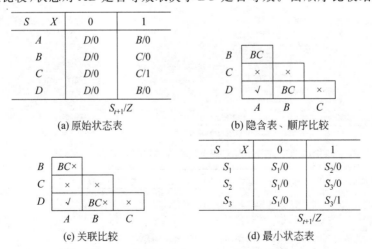

图 8-11　例 8-4 原始状态表的化简

出 BC 不等效,所以 AB 也不等效,在相应方格中添加×。同理,BD 也不等效,如图 8-11(c)所示。

④ 等效对只有 (A,D)。

⑤ 列出最大等效类,由关联比较结果可得最大等效类为

$$\{A,D\},\{B\},\{C\}$$

⑥ 令 $S_1 = \{A,D\}, S_2 = \{B\}, S_3 = \{C\}$ 作最小状态表,如图 8-11(d)所示。

【例 8-5】 化简如图 8-12(a)所示的原始状态表。

解:① 画隐含表,如图 8-12(b)所示。

② 顺序比较,如图 8-12(b)所示。

③ 关联比较,状态对 AB 是否等效取决于 CF 是否等效。由顺序比较结果可直接看出 CF 等效,所以 AB 也等效,不加标记。而 DG 取决于 CD、DE 是否等效,只要 CD、DE 中有一个不等效,则 DG 就不等效,在此 CD、DE 均不等效,所以在相应方格中添加×。再看 AE,取决于 BE,而 BE 取决于 AE、CF,已得 CF 等效,所以,AE、BE 为次态循环,故 AE、BE 都等效,如图 8-12(c)所示。

S \ X	0	1
A	$C/0$	$B/1$
B	$F/0$	$A/1$
C	$F/0$	$G/0$
D	$D/1$	$E/0$
E	$C/0$	$E/1$
F	$C/0$	$G/0$
G	$C/1$	$D/0$

S_{t+1}/Z

(a) 原始状态表

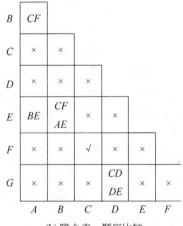

(b) 隐含表、顺序比较

(c) 关联比较

S \ X	0	1
S_1	$S_2/0$	$S_1/1$
S_2	$S_2/0$	$S_4/0$
S_3	$S_3/1$	$S_1/0$
S_4	$S_2/1$	$S_3/0$

S_{t+1}/Z

(d) 最小状态表

图 8-12 例 8-5 原始状态表的化简

④ 列出等效对,有 $(A,B),(A,E),(B,E),(C,F)$。

⑤ 求等效类,根据传递性有 $(A,B),(A,E),(B,E)\rightarrow\{A,B,E\}$。

⑥ 列出最大等效类,由关联比较结果,可得最大等效类为

$$\{A,B,E\},\{C,F\},\{D\},\{G\}$$

⑦ 令 $S_1=\{A,B,E\}$,$S_2=\{C,F\}$,$S_3=\{D\}$,$S_4=\{G\}$ 作最小状态表,如图 8-12(d)所示。

8.4　状　态　分　配

利用状态化简技术对原始状态表进行化简,可得到最小状态表。对最小状态表中用字符表示的状态进行编码的过程,称为状态分配(状态编码)。

进行状态分配要解决两个问题:一是确定触发器的数量;二是选择状态分配方案,构造卡诺图形式的二进制状态/输出表,以便按典型同步时序电路的设计步骤得到电路的状态方程组和输出方程,进而得到各触发器的激励方程(激励网络),采用传统的"触发器+组合逻辑"实现,也可用硬件描述语言(例如 Verilog HDL)直接建模。

若设最小状态表中的状态个数为 n,触发器的个数为 K,则 n、K 之间应满足

$$2^K \geqslant n \quad \text{或} \quad K \geqslant \log_2 n$$

上式中,K 取满足上述关系的最小整数。

在传统"触发器+组合逻辑"的数字系统设计中,追求触发器的数量最少以及组合逻辑中逻辑门数量最少,以达到整个电路最简的目的。所以,当确定了触发器的数量后,通常采用相邻状态分配法解决状态编码问题,它的主要思路是尽可能使卡诺图形式的二进制状态/输出表中 1 或 0 的分布为相邻,以便形成较大的卡诺圈,使电路的状态方程最简,即激励网络最简。相邻状态分配法是一种经验的方法,主要根据以下 3 条相邻原则,通过比较确定。

① 在相同输入条件下,次态相同时,现态应进行相邻分配。相邻分配是指两个状态的二进制代码中仅有 1 位不同。

② 在不同的输入条件下,同一现态的次态应进行相邻分配。

③ 输出完全相同,两个现态应进行相邻分配,以保证输出方程最简。

在以上 3 条中,第一条最重要,应优先满足。

【例 8-6】　用相邻状态分配法对表 8-4 所示的最小状态表进行状态分配。

解:有 4 个状态,需要两个触发器,设为 Q_1Q_2。

状态分配(编码)过程如下:

根据原则①,S_1S_2、S_1S_3 应相邻分配;

根据原则②,S_3S_4、S_1S_2、S_1S_3、S_2S_4 应相邻分配;

根据原则③,S_1S_2、S_1S_3、S_2S_3 应相邻分配。

综合考虑,S_1S_2、S_1S_3 应相邻分配,因为 3 个原则都要求。可借助卡诺图得到满足上述相邻要求的状态分配方案,如图 8-13 所示,由此可得关于 Q_1Q_2 顺序的状态编

表 8-4　例 8-6 最小状态表

S ＼ X	0	1
S_1	$S_3/0$	$S_4/0$
S_2	$S_3/0$	$S_1/0$
S_3	$S_2/0$	$S_4/0$
S_4	$S_1/1$	$S_2/1$

S_{t+1}/Z

码为

$$S_1 = 00, \quad S_2 = 01, \quad S_3 = 10, \quad S_4 = 11$$

将上述编码代入如表 8-4 所示的最小状态表，并适当调整，可得到如表 8-5 所示的卡诺图形式的二进制状态/输出表。至此完成了状态分配，当然，它不是唯一的。

表 8-5　卡诺图形式二进制状态/输出表

Q_1Q_2 \ X	0	1
00	10/0	11/0
01	10/0	00/0
11	00/0	01/0
10	01/1	11/1

$$Q_{1(t+1)}Q_{2(t+1)}/Z$$

图 8-13　例 8-6 状态分配

有了如表 8-5 所示的卡诺图形式的二进制状态/输出表，就可以求电路的状态方程和输出方程，并可用 D 触发器或 J-K 触发器实现。

必须指出，状态分配的 3 条原则在大多数情况下是有效的，并且得到的电路是比较简单的。但是，由于问题的复杂性，有时可能得不到预期的结果，需要多种分配方案比较后再确定最佳方案。另外，对于同步时序电路，状态分配方案的不同并不影响电路工作的稳定性，仅影响激励网络的复杂程度。

现代数字系统设计已普遍采用基于 EDA 平台和大规模可编程逻辑器件（PLD）的设计技术。而 PLD 中丰富的触发器资源以及 EDA 中的自动化综合工具使设计者不必过分追求"触发器个数最少、激励网络最简"的传统要求。特别是在状态编码时，通常采用可靠性编码：一是采用格雷码（循环码）编码，最大程度上保证激励网络（或后续电路）不发生功能险象；二是采用一位热编码，即最小状态表中的每一个状态对应一个触发器，使电路的状态变化规律形成循环一个 1 或循环一个 0，可不添加译码电路直接控制后续电路。

所以，如表 8-5 所示的最小状态表的状态可按格雷码编码方式，分配得到 $S_1=00$、$S_2=01$、$S_3=11$、$S_4=10$，进而直接得到卡诺图形式的二进制状态/输出表；也可采用一位热编码分配得到 $S_1=0001$，$S_2=0010$，$S_3=0100$，$S_4=1000$。硬件描述语言建立同步时序电路模型时，通常采用一位热编码方法进行状态分配。

8.5　一般同步时序电路设计举例

【例 8-7】　采用上升沿 J-K 触发器设计一个 1011 序列检测器（不可重），并建立 Verilog HDL 模型。

解：采用 Mealy 型电路，设电路的串行输入端为 X，输出端为 Z，当检测到 1011 时 $Z=1$，否则 $Z=0$。不可重意味着输入/输出满足

$$X \quad 0\,1\,0\,1\,1\,0\,1\,1\,1\,0\,1\,1\,0\cdots$$

$$Z\quad 0\ 0\ 0\ 0\ 1\ 0\ 0\ 0\ 0\ 0\ 0\ 1\ 0\cdots$$

① 设 S_0 为初态；S_1 表示收到第 1 位的 1；S_{10} 表示收到前两位 10；S_{101} 表示收到前 3 位的 101；S_{1011} 表示收到了 1011。画出原始状态图，如图 8-14（a）所示，并可得到如图 8-14(b)所示的原始状态表。

② 作图 8-14(c)所示隐含表，先顺序比较，再关联比较，得到最大等效类且重新命名如下。

$$\{S_0,S_{1011}\}\to Y_0\quad \{S_1\}\to Y_1\quad \{S_{10}\}\to Y_2\quad \{S_{101}\}\to Y_3$$

由此可得如图 8-14(d)所示的最小状态表。

③ 最小状态表中有 4 个状态，需要 2 个触发器，设顺序为 Q_2Q_1 并按照格雷码直接进行状态分配，令 $Y_0=00$，$Y_1=01$，$Y_2=11$，$Y_3=10$，得到如图 8-14(e)所示的卡诺图形式二进制状态/输出表。

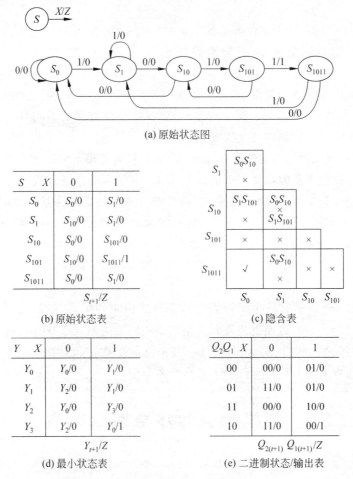

(a) 原始状态图

S ╲ X	0	1
S_0	$S_0/0$	$S_1/0$
S_1	$S_{10}/0$	$S_1/0$
S_{10}	$S_0/0$	$S_{101}/0$
S_{101}	$S_{10}/0$	$S_{1011}/1$
S_{1011}	$S_0/0$	$S_1/0$

S_{t+1}/Z

(b) 原始状态表

Y ╲ X	0	1
Y_0	$Y_0/0$	$Y_1/0$
Y_1	$Y_2/0$	$Y_1/0$
Y_2	$Y_0/0$	$Y_3/0$
Y_3	$Y_2/0$	$Y_0/1$

Y_{t+1}/Z

(d) 最小状态表

Q_2Q_1 ╲ X	0	1
00	00/0	01/0
01	11/0	01/0
11	00/0	10/0
10	11/0	00/1

$Q_{2(t+1)}\,Q_{1(t+1)}/Z$

(e) 二进制状态/输出表

图 8-14　1011 序列检测器

④ 根据如图 8-14(e)所示的二进制状态/输出表可求得电路的状态方程及输出方程。题意要求用 J-K 触发器实现，故应将状态方程变换成 $Q_{i(t+1)}=J_i\bar{Q}_i+\bar{K}_iQ_i$ 形式，以求解

各触发器的 J_i 与 K_i。

由

$$Q_{2(t+1)} = \bar{Q}_2 Q_1 \bar{X} + Q_2 \bar{Q}_1 \bar{X} + Q_2 Q_1 X$$
$$= \bar{Q}_2 \cdot Q_1 \bar{X} + Q_2 \cdot (\bar{Q}_1 \bar{X} + Q_1 X)$$
$$= \bar{Q}_2 \cdot Q_1 \bar{X} + Q_2 \cdot \overline{(Q_1 \oplus X)}$$

可得

$$J_2 = Q_1 \bar{X}, K_2 = Q_1 \oplus X$$

由

$$Q_{1(t+1)} = \bar{Q}_2 Q_1 + \bar{Q}_2 \bar{Q}_1 X + Q_2 \bar{Q}_1 \bar{X}$$
$$= (Q_2 \oplus X) \cdot \bar{Q}_1 + \bar{Q}_2 \cdot Q_1$$

可得

$$J_1 = Q_2 \oplus X, \quad K_1 = Q_2$$

电路的输出方程为

$$Z = Q_2 \bar{Q}_1 X$$

⑤ 画出用上升沿 J-K 触发器实现的 1011 序列检测器的逻辑电路图,如图 8-15 所示。

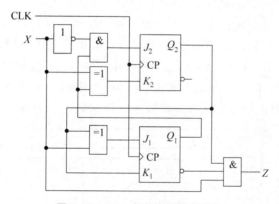

图 8-15　1011 序列检测器电路图

⑥ 自启动性讨论。由于没有无关状态,所以电路可自启动。

⑦ 建立 1011 序列检测器的 Verilog HDL 模型。注意:这一步实际与④~⑥是并行过程,属于两类方法,实际中可根据设计要求选择。

下面给出两种建模方案。

① 可根据最小状态表直接描述,用 parameter 进行状态编码(便于修改);用一个 always 描述组合部分,即在当前状态(现态)下根据输入 X 的条件应产生的激励(次态)和输出(Z);用一个 always 描述时序部分,即在时钟的作用下完成电路状态的转换。

```
module  t_1011(reset,clk,x,z);
  input   reset, clk, x;
  output  z;
  parameter  y0=2'b00, y1=2'b01, y2=2'b11, y3=2'b10;  //状态编码
```

```
    reg    z;                                          //定义状态变量
    reg  [2:1]  now, next;                             //描述组合部分
      always @ (x or now)                              //按照最小状态表描述
        case (now)
        y0 : if (x)   begin next=y1; z=0; end
                 else begin next=y0; z=0; end
        y1 : if (!x)  begin next=y2; z=0; end
                 else begin next=y1; z=0; end
        y2 : if (x)   begin next=y3; z=0; end
                 else begin next=y0; z=0; end
        y3 : if (x)   begin next=y0; z=1; end
                 else begin next=y2; z=0; end
        default :   begin next=y0; z=0; end
        endcase
      always @ (posedge  clk)                          //时序部分
        if (!reset)  now<=y0;                          //同步清零
        else     now<=next;                            //状态转换
    endmodule
```

图 8-16 是 1011 序列检测器的功能仿真波形。从波形上看，似乎输出 z 发生了问题，刚检测到 101 就为 1 了。这是由于 Mealy 型电路的输出不仅与现态有关，还和电路的输入有关，当电路在 now 为 11 时检测到 1，在时钟上升沿进入 10，而此刻的输入 x 仍为 1，导致 z 立刻跟随变为 1。事实上，后续电路在使用 z 信号进行控制操作时，一定要先进行同步化处理。为了说明同步化处理的效果，对此模块稍做如下修改，即可成为输出同步化的 1011 序列检测器模型。仿真波形如图 8-17 所示，其中 $z1$ 为同步化以后的输出。

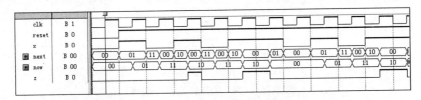

图 8-16　1011 序列检测器仿真波形

```
module  t_1011(reset,clk,x,z,z1,now,next);//z1 为同步化输出端
    input   reset, clk, x;
    output    z,z1;
    output [2:1] now,next;
    parameter  y0=2'b00, y1=2'b01, y2=2'b11, y3=2'b10;
    reg   z,z1;
    reg  [2:1]  now, next;
      always @ (x or now)
        case (now)
        y0 : if (x)   begin next=y1; z=0; end
                 else   begin next=y0; z=0; end
```

```
        y1 : if (!x) begin next=y2; z=0; end
               else    begin next=y1; z=0; end
        y2 : if (x)   begin next=y3; z=0; end
               else    begin next=y0; z=0; end
        y3 : if (x)   begin next=y0; z=1; end
               else    begin next=y2; z=0; end
        default :     begin next=y0; z=0; end
        endcase
    always @ (posedge  clk)
        if (!reset)   now<=y0;
        else    begin now<=next;  z1<=z; end  //z1<=z 为同步化处理
endmodule
```

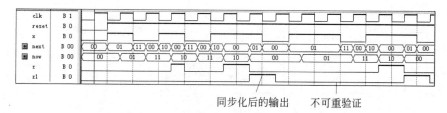

同步化后的输出　　不可重验证

图 8-17　1011 序列检测器同步化输出波形

由图 8-18 所示的 Mealy 型电路的输出同步化示意图可以看出，所谓同步化就是在输出端增加了一个 D 触发器，在时钟的同步下（采样）将 z 送到 $z1$。

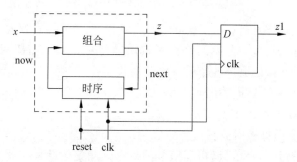

图 8-18　Mealy 电路输出同步化示意

② 可以设计一个串入并出的移位寄存器，x 串行进入移位寄存器，转换后的输出以 4 位并行数据 para_data 给出，将 para_data 与待检测码 goal 1011 相比较，一致则 z 置 1，否则置 0；一旦检测出 1011，则应该重新开始下一轮的检测，即将移位寄存器的输出清除一次。

```
module sequence1011(clk,z,x,para_data);
  parameter startdata=4'b0000;
  parameter goal=4'b1011;                //待检测码
  input clk,x;
  output z;
  output [4:1] para_data;
  reg [4:1] para_data;
```

```
initial para_data =startdata;          //para_data 设置初始化值
assign z=(para_data ==goal)? 1:0;      //para_data 与 goal 一致,z 置 1,否则为 0
always @ (posedge clk)
    begin
      if (z==1)
        para_data[4:2]<=startdata[4:2];//不可重检测,所以当 z 为 1 时,应将原
                                       //来已检出的数据清除
      else
        para_data<=para_data <<1;      //由于高位数据先进入,因此将并行数据左移
      para_data [1]<=x;                //串行数据移入 para_data 的最低位
    end
endmodule
```

其仿真结果如图 8-19 所示。

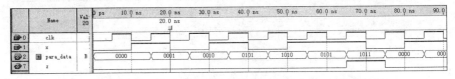

图 8-19   串入并出方法实现序列检测器仿真结果

8.6   Verilog HDL 综合设计举例

对功能较复杂的电路进行 Verilog HDL 建模时,通常采用自顶向下的设计思路。首先对该电路进行功能划分,划分后的每个子模块通常希望功能简捷清晰,然后对每个子模块分别建模,最后在顶层完成各个模块之间的连接。

【例 8-8】   设计一个 4 位频率计,量程为 $1 \sim 9999\mathrm{Hz}$,要求将被测量信号的频率测量结果在 4 个数码管上显示出来。

功能分析:频率即每秒内被测信号所经历的周期个数,因此在单位时间(1s)内对被测信号的脉冲数进行计数,就可以得到信号的频率。测量的结果需要送至数码管进行稳定显示,因此测量得到的结果需要进行锁存,否则数码管得不到稳定的显示数据。综上,可以对该电路进行功能划分,得到 4 个子模块:控制模块、计数模块、锁存模块和译码模块,如图 8-20 所示。

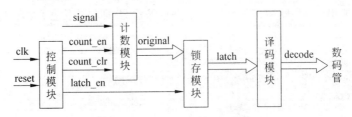

图 8-20   频率计功能框图

① 控制模块用于产生测量频率所需要的各种控制信号。控制模块的时钟信号 clk 输入为 1Hz,每两个时钟周期进行一次频率测量,reset 是整个频率计系统的复位信号。该模块产生 3 个控制信号,即 count_en、count_clr、latch_en。count_clr 信号用于在每一次测量开始时复位计数模块,清除上一次测量的结果。count_en 信号是计数使能信号,使能有效时,计数模块可以统计输入信号 signal 的脉冲数,统计时间需要持续 1s,即一个时钟周期,该段时间内计数模块得到的统计结果 original 即为 signal 的频率值。latch_en 信号为锁存使能信号,当统计时间结束时,需要产生一个有效的 latch_en 信号。

控制模块所产生的 3 个控制信号的时序关系如图 8-21 所示。

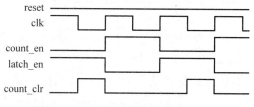

图 8-21　频率计控制信号时序关系图

② 锁存模块在 latch_en 有效的跳变沿(例如上升沿)时刻将 original 信号锁存到 latch。

③ 计数模块的时钟信号是 signal,在使能 count_en 有效期间对输入信号的脉冲进行计数,计数器的状态为 original,该模块具有异步清零端 count_clr。

④ 译码模块将频率值 latch 的千、百、十、个位数值进行七段译码并以驱动数码管进行结果显示。

图 8-22 给出了 4 位频率计的顶层原理图,其中,control 是控制模块,counter 是计数模块,store 是锁存模块,decoder 是译码模块,这 4 个模块的 Verilog HDL 描述如下所示。

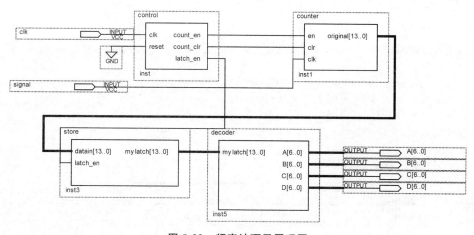

图 8-22　频率计顶层原理图

① 频率计控制模块。

```
module control(clk,reset,count_en,count_clr,latch_en);
input clk,reset;
output count_en,count_clr,latch_en;
reg count_en,latch_en;
always @(posedge clk)
begin
    if(reset)
        {count_en,latch_en}<=2'b01;
    else
        {count_en,latch_en}<={!count_en,count_en};
end
assign count_clr=!clk&latch_en;
endmodule
```

图 8-23 是频率计控制模块的仿真结果。

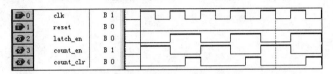

图 8-23　频率计控制模块的仿真结果

② 计数模块。

```
module counter(original,en,clr,clk);
input en,clr,clk;
output[13:0] original;//频率值,最大量程 9999 的二进制数应有 14 位
reg[13:0] original;
always @(posedge clk or posedge clr)
begin
    if (clr)
        original<=0;    //异步清零
    else
        if(en) original<=original+ 1;
            else original<=original;
end
endmodule
```

图 8-24 是计数模块的仿真结果。

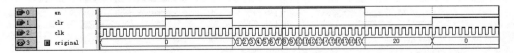

图 8-24　频率计计数模块的仿真结果

③ 锁存模块。

```
module store(mylatch,datain,latch_en);
input[13:0] datain;
input latch_en;
output[13:0] mylatch;
reg[13:0] mylatch;
always @ (posedge latch_en)
mylatch<=datain;
endmodule
```

图 8-25 是锁存模块的仿真结果。

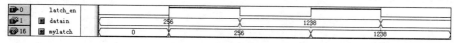

图 8-25 频率计锁存模块的仿真结果

④ 译码模块。

```
module      decoder(mylatch,A,B,C,D);
input[13:0] mylatch;
output[6:0] A,B,C,D;
reg[6:0] A,B,C,D;       //分别代表频率值千、百、十、个位数的七段译码结果
wire[3:0] a,b,c,d;      //分别代表频率值千、百、十、个位数的 8421 码
assign a=mylatch/1000;
assign b=(mylatch%1000)/100;
assign c=(mylatch%100)/10;
assign d=mylatch%10;
always @ (a)
case(a)
    4'b0000:A=7'b111_1110;
    4'b0001:A=7'b011_0000;
    4'b0010:A=7'b110_1101;
    4'b0011:A=7'b111_1001;
    4'b0100:A=7'b011_0011;
    4'b0101:A=7'b101_1011;
    4'b0110:A=7'b101_1111;
    4'b0111:A=7'b111_0000;
    4'b1000:A=7'b111_1111;
    4'b1001:A=7'b111_1011;
    default:A=7'b000_0000;
endcase
always @ (b)
case(b)
    4'b0000:B=7'b111_1110;
    4'b0001:B=7'b011_0000;
```

```
        4'b0010:B=7'b110_1101;
        4'b0011:B=7'b111_1001;
        4'b0100:B=7'b011_0011;
        4'b0101:B=7'b101_1011;
        4'b0110:B=7'b101_1111;
        4'b0111:B=7'b111_0000;
        4'b1000:B=7'b111_1111;
        4'b1001:B=7'b111_1011;
        default:B=7'b000_0000;
    endcase
    always @(c)
    case(c)
        4'b0000:C=7'b111_1110;
        4'b0001:C=7'b011_0000;
        4'b0010:C=7'b110_1101;
        4'b0011:C=7'b111_1001;
        4'b0100:C=7'b011_0011;
        4'b0101:C=7'b101_1011;
        4'b0110:C=7'b101_1111;
        4'b0111:C=7'b111_0000;
        4'b1000:C=7'b111_1111;
        4'b1001:C=7'b111_1011;
        default:C=7'b000_0000;
    endcase
    always @(d)
    case(d)
        4'b0000:D=7'b111_1110;
        4'b0001:D=7'b011_0000;
        4'b0010:D=7'b110_1101;
        4'b0011:D=7'b111_1001;
        4'b0100:D=7'b011_0011;
        4'b0101:D=7'b101_1011;
        4'b0110:D=7'b101_1111;
        4'b0111:D=7'b111_0000;
        4'b1000:D=7'b111_1111;
        4'b1001:D=7'b111_1011;
        default:D=7'b000_0000;
    endcase
endmodule
```

图 8-26 是译码模块的仿真结果。

图 8-27 是顶层模块的仿真结果。

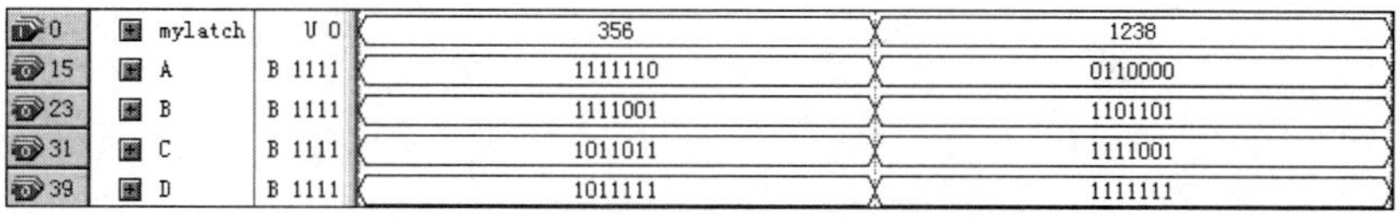

⏱ 0	▦ mylatch	U 0	356	1238
⏱ 15	▦ A	B 1111	1111110	0110000
⏱ 23	▦ B	B 1111	1111001	1101101
⏱ 31	▦ C	B 1111	1011011	1111001
⏱ 39	▦ D	B 1111	1011111	1111111

图 8-26　频率计译码模块的仿真结果

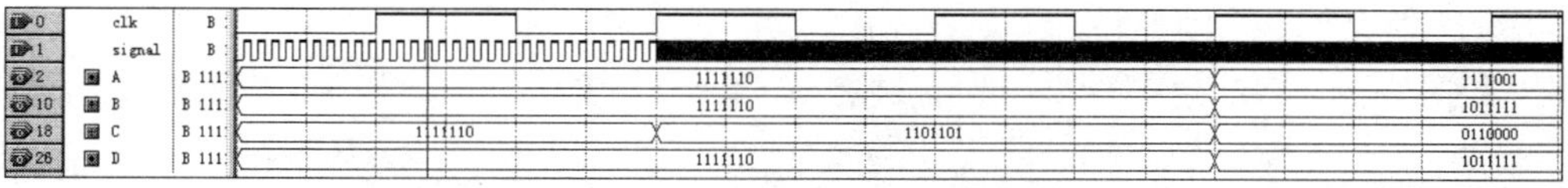

⏱ 0	clk	B :			
⏱ 1	signal	B			
⏱ 2	▦ A	B 111	1111110		1111001
⏱ 10	▦ B	B 111	1111110		1011111
⏱ 18	▦ C	B 111	1111110	1101101	0110000
⏱ 26	▦ D	B 111	1111110		1011111

图 8-27　频率计顶层模块的仿真结果

【例 8-9】　设计一个汽车信息轮询显示模块。在实际应用中,驾驶员通常需要关注汽车的状态,即获取汽车的一些常用信息,例如水箱温度、玻璃水的余量等。汽车计算机通常利用诸如传感器等相关电路采集这些信息数据。本例中不考虑数据采集过程,假设相关数据都已获取并由汽车计算机以自然二进制编码形式提供。本模块要求用户通过按下按钮实现对显示信息的轮询,即在用户控制下可以分别将汽车的 4 个信息,包括水箱温度 T、平均油耗 AO(升/百千米)、续驶里程 RD(千米)、当前行驶速度 S(千米/小时)显示出来,并且假设上述 4 种信息的取值皆为不大于 255 的整数。

功能分析:

首先,T、AO、RD、S 都是不大于 255 的自然二进制编码,因此这 4 个数据可以定义为 8 位变量。

其次,当用户按下按钮时实现对某一种信息的显示,即从 T、AO、RD、S 中选择一个数据进行显示,因此可以用 8 位四选一电路实现。

再次,每当用户按下一次按钮时,显示数据是在 T、AO、RD、S 中轮流选取,即每次按下按钮时应当为 8 位四选一电路产生不同的选择控制变量 Sel;假设每次按钮被按下可以产生信号 button"0-1-0",因此可以用时钟信号为 button 的计数器实现对 Sel 的控制,同时为了防止后续电路出现竞争险象,计数器实现形式定为两位格雷码加 1 计数器。

最后,考虑到待显示数据的大小,应当在 3 个数码管中对已选数据的显示,因此需要设计译码模块,首先将 8 位数据转换得到其对应十进制数的百位、十位及个位数值的8421 码,然后利用七段译码电路驱动 3 个数码管。

综上所述,对该模块进行功能划分,得到 3 个子模块:数据选择模块、计数模块和译码模块,其功能框图如图 8-28 所示。

模块设计如下。

- 计数模块。

```
module counter(clk,q);
input clk;
output[2:1] q;
reg[2:1] q;
always@(posedge clk)
```

```
    case(q)
    2'b00:q<=2'b01;
    2'b01:q<=2'b11;
    2'b11:q<=2'b10;
    2'b10:q<=2'b00;
    endcase
endmodule
```

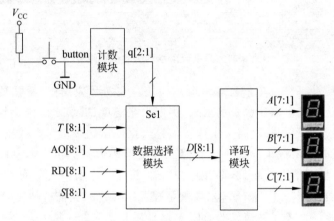

图 8-28　汽车信息显示模块功能框图

• 数据选择模块。

```
module mux41(Sel,T,AO,RD,S,D);
input[2:0] Sel;
input[8:1] T,AO,RD,S;
output[8:1] D;
reg[8:1] D;
always @(Sel or T or RD or AO or S)
begin
    case(Sel)
    2'b00:D=T;
    2'b01:D=AO;
    2'b11:D=RD;
    2'b10:D=S;
    endcase
end
endmodule
```

• 译码模块。

```
module decode(D,A,B,C);
input[8:1] D;
output[7:1] A,B,C;
reg[7:1] A,B,C;
```

```
wire[4:1] a,b,c;   //百、十、个位数的 8421 码
assign a=D/100;
assign b=(D%100)/10;
assign c=D%10;
always @ (a)
case(a)
    4'b0000:A=7'b111_1110;
    4'b0001:A=7'b011_0000;
    4'b0010:A=7'b110_1101;
    4'b0011:A=7'b111_1001;
    4'b0100:A=7'b011_0011;
    4'b0101:A=7'b101_1011;
    4'b0110:A=7'b101_1111;
    4'b0111:A=7'b111_0000;
    4'b1000:A=7'b111_1111;
    4'b1001:A=7'b111_1011;
    default:A=7'b000_0000;
endcase
always @ (b)
case(b)
    4'b0000:B=7'b111_1110;
    4'b0001:B=7'b011_0000;
    4'b0010:B=7'b110_1101;
    4'b0011:B=7'b111_1001;
    4'b0100:B=7'b011_0011;
    4'b0101:B=7'b101_1011;
    4'b0110:B=7'b101_1111;
    4'b0111:B=7'b111_0000;
    4'b1000:B=7'b111_1111;
    4'b1001:B=7'b111_1011;
    default:B=7'b000_0000;
endcase
always @ (c)
case(c)
    4'b0000:C=7'b111_1110;
    4'b0001:C=7'b011_0000;
    4'b0010:C=7'b110_1101;
    4'b0011:C=7'b111_1001;
    4'b0100:C=7'b011_0011;
    4'b0101:C=7'b101_1011;
    4'b0110:C=7'b101_1111;
    4'b0111:C=7'b111_0000;
    4'b1000:C=7'b111_1111;
    4'b1001:C=7'b111_1011;
    default:C=7'b000_0000;
```

```
    endcase
    endmodule
```

至此,3 个子模块都已设计完毕,在 Quartus 中利用图形输入方式完成子模块之间的连接,形成的顶层图形文件及其综合仿真结果可参考本书附录 1。

作为概括总结,下面以一个简单的 CPU 设计的例子重温组合逻辑电路与时序逻辑电路的设计方法与应用。

【例 8-10】 包含 7 条 MIPS 指令的简单 CPU 设计初步。

中央处理器(Central Processing Unit,CPU)是一台计算机的运算核心(Core)和控制核心(Control Unit),它的主要功能是解释计算机指令以及处理相应的数据。该电路涉及数据的存储和操作,可以分为存储模块及处理模块。存储模块负责存储指令以及运行指令时需要用到的各项数据,处理模块则负责实现指令所对应的各项操作。存储模块又分成两种类型,一类用于存储 CPU 执行当前指令时直接操作的数据及临时结果,特点是容量较小,访问快,可以匹配 CPU 的高速度,被称为寄存器组;另一类较大容量的存储空间被称为内存,内存又分为存储指令的指令存储器(IM),以及存储参与运算数据的数据存储器(DM),但 DM 中的数据在指令执行时可能先被调入寄存器才能参与当前的指令运算。

本例的工作是针对 7 条 MIPS 指令设计相应的处理模块。首先介绍本例中要设计的7 条 32 位 MIPS 指令,如表 8-6 所示。

表 8-6　7 条 MIPS 指令

指令类型	R 型		I 型				
指令关键字	addu	subu	ori	lui	lw	Sw	beq
指令功能	加法	减法	按位或立即数	高位置立即数	取字	存字	相等转移

每条 MIPS 指令被调用时都以 32 位数据形式给出,不同位置的数值代表不同的含义,其调用格式如表 8-7 所示。

表 8-7　指令调用格式

位	31	30	29	28	27	26	25	24	23	22	21	20	19	18	17	16	15	14	13	12	11	10	9	8	7	6	5	4	3	2	1	0
R 型	opcode						rs					rt					rd					shamt					funct					
I 型	opcode						rs					rt					immediate															

其中,
- opcode 为指令基本操作,称为操作码;
- rs 为第 1 个源操作数寄存器;
- rt 为第 2 个源操作数寄存器;
- rd 为存放操作结果的目的操作数;
- shamt 为位移量;
- funct 为函数,这个字段选择 opcode 操作某个特定变体。

对于 R 型指令,opcode 恒为 0,由 funct 决定 R 类型的具体指令。

具体而言,7 条 MIPS 指令的格式及操作含义如下。

(1) addu 指令调用格式。

000000	rs	rt	rd	00000	100001

加法指令,操作为 R[rd]＝R[rs]＋R[rt],即将 rs 寄存器中的操作数与 rt 寄存器中的操作数相加,结果存入 rd 寄存器。本指令无溢出检测。

(2) subu 指令调用格式。

000000	rs	rt	rd	00000	100011

减法指令,操作为 R[rd]＝R[rs]－R[rt],即将 rs 寄存器中的操作数减去 rt 寄存器中的操作数,结果存入 rd 寄存器。本指令无溢出检测。

(3) ori 指令调用格式。

001101	rs	rt	immediate

按位或立即数指令,操作为 R[rt]＝R[rs]|ZeroExtImm, ZeroExtImm ＝ {16{1b'0}, immediate},即将 rs 寄存器中的操作数与 ZeroExtImm 按位相或,结果存入 rt 寄存器。ZeroExtImm 是将指令中的立即数 immediate 高位补零扩展得到的 32 位操作数。

(4) lui 指令调用格式。

001111	00000	rt	immediate

高位加载立即数指令,操作为 R[rt]＝ {immediate,16'b0},因约定 R[0]恒为 0,即 R[rt]＝ R[0] ＋ {immediate,16'b0}。

(5) lw 指令调用格式。

100011	rs	rt	immediate

取字指令,操作为 R[rt] ＝ M[R[rs] ＋ SignExtImm] , SignExtImm ＝ { 16{immediate[15]} , immediate },即将 rs 寄存器的数与符号扩展的 SignExtImm 相加作为内存单元地址,从内存单元中取出 32 位字数据存放到 rt 寄存器中。

(6) sw 指令调用格式。

101011	rs	rt	immediate

存字指令,操作为 M[R[rs] ＋ SignExtImm] ＝ R[rt], SignExtImm ＝ { 16{immediate[15]} , immediate },即将 rs 寄存器的数与符号扩展的 SignExtImm 相加作为内存单元地址,把 rt 寄存器的数据存放到这个内存单元中。

(7) beq 指令调用格式。

000100	rs	rt	immediate

相等则跳转指令,操作为如果(R[rs]==R[rt]),则 PC=PC+4+BranchAddr。其中:

- BranchAddr ={14{immediate[15]}, immediate,2'b0};
- 判断语句利用减法实现,如果 R[rs]−R[rt]=0,则零标志 Zero=1,否则 Zero=0;
- PC 代表程序计数器。

注:在 MIPS 的寄存器组中有 32 个寄存器,本例中的 RS、RT、RD 就是被调用的寄存器地址。寄存器堆可以用 D 触发器组成,对寄存器的操作有读和写,写操作需要在写使能信号有效时才能将数据写入。

设计思路解析。设计电路时不可能针对每条指令单独设计一套电路,需要统筹考虑所有指令的功能,设计需要的电路单元。

(1) 不同的指令完成的操作完全不一样,在电路中需要生成不同的指令标志信号以清晰地辨识当前指令是哪一条。本电路涉及 7 条指令,生成 7 个指令标志信号 s_addu、s_subu、s_ori、s_lui、s_lw、s_sw 及 s_beq,假设为高有效,可以设计一个译码器完成由 opcode 和 funct 向上述指令标志信号的转换。译码器的功能表及设计框图如图 8-29 所示。

输入		输出						
opcode	funct	s_addu	s_subu	s_ori	s_lui	s_lw	s_sw	s_beq
000000	100001	1	0	0	0	0	0	0
000000	100011	0	1	0	0	0	0	0
001101	x	0	0	1	0	0	0	0
001111	x	0	0	0	1	0	0	0
100011	x	0	0	0	0	1	0	0
101011	x	0	0	0	0	0	1	0
000100	x	0	0	0	0	0	0	1

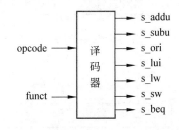

图 8-29　译码器功能表及设计框图

(2) 综合 7 条指令可以看到,每条指令对应的具体操作中涉及加、减、按位或运算,因此需要设计运算部件 ALU,参与运算的两个操作数为 32 位,能够依据不同的指令选择不同的运算,即需要选择控制变量 ALU-sel,本例中 7 条指令涉及的运算操作有 3 种:加

（addu/lw/sw/lui 指令）、减（subu 指令）或（ori 指令），则 ALU-sel 应为 2 位变量；在 beq 指令中，需要对结果是否为零进行判断，因此，该 ALU 还应输出零标志位 zero。综上，ALU 的功能表及设计框图如图 8-30 所示。

ALU-sel	F	功能
00	$A+B$	加
01	$A-B$	减
10	$A|B$	按位或
else	0	预留

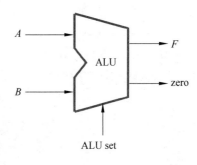

图 8-30　ALU 功能表及设计框图

（3）ALU 的两个操作数 A/B 中，rs 表示来自源寄存器的一个操作数，送至 ALU 的 A 数据端，而另一个操作数 B 则可能来自另一个寄存器 rt（addu/subu/beq 指令），也可能是一个立即数（lw/sw/ori/lui 指令），因此 B 端应为数据选择（2 选 1）的结果，选择控制信号 B-sel 取决于指令是哪一条。

除此之外，写到 rt（ori/lui/lw 指令）或 rd（addu/subu 指令）所指寄存器的数据可能来自 ALU 的运算结果（addu/subu/ori/lui 指令），也可能来自内存 DM（lw 指令），因此，输入寄存器的数据也应为数据选择（2 选 1）的结果，选择控制变量 data-sel 取决于指令是哪一条。

（4）指令中给出的立即数 immediate 是 16 位的，但本例中的 MIPS 系统是 32 位，则 immediate 需要通过不同方式扩展成 32 位立即数，得到 ZeroExtImm（ori 指令中）、SignExtImm（lw/sw 指令中）以及{immediate,16'b0}（lui 指令中）。因此，需要设计一个具有选择控制端口 Extsel 的立即数调整模块，其功能表如表 8-8 所示。

表 8-8　立即数调整模块功能表

信号名	位宽	方向	说　　明
Imm16	16	输入	来自指令寄存器的 16 位立即数
Extsel	2	输入	00:无符号扩展,将 16 位立即数进行 0 扩展至 32 位立即数; 01:符码扩展,将 16 位补码立即数扩展成 32 位补码立即数; 10:高位复制,将 16 位立即数移至 32 位立即数的高 16 位,低 16 位补 0
ExtImm32	32	输出	扩展后的 32 位立即数

（5）存储单元的设计。这里说的存储单元包括寄存器组 REGS 和 DM。在 CLK 信号有效沿处，如果写使能（WE）有效，则输入数据 datain 被写入地址变量 Address 所指示的存储空间；如果写使能无效，则地址变量所指示存储空间内的数据被读出，即生成输出数据 dataout，如图 8-31 所示。

（6）控制信号生成。前面的解析涉及多个控制信号，包括选择控制变量 B-sel、data-sel、ALU-sel、Ext-sel 以及提供给寄存器组的写使能信号 R-WE、DM 的写使能信号 DM-WE。这些控制信号的取值取决于指令是哪一条，可以设计一个编码器，利用 7 条指令标志信号生成上述控制信号。编码器的功能表及设计框图如图 8-32 所示。

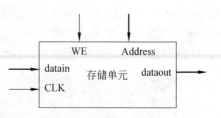

图 8-31　存储单元示意框图

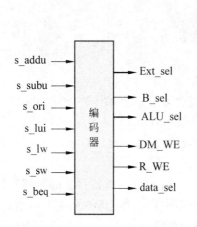

输入	输出					
	ALU_sel	Ext_sel	B_sel	DM-WE	R-WE	data_sel
s_addu	00	xx	0	0	1	0
s_subu	01	xx	0	0	1	0
s_ori	11	00	1	0	1	0
s_lui	00	10	1	0	1	0
s_lw	00	01	1	0	1	1
s_sw	00	01	1	1	0	x
s_beq	01	01	0	0	0	x

图 8-32　编码器功能表及设计框图

（7）指令预存在内存中，CPU 顺序取出并执行指令流，这里需要一个程序计数器 PC 指向内存的某个地址，存储在该地址内的指令将被执行，引导指令的流向、顺序或跳转。这里需要注意，程序执行的指令顺序与内存中的指令存储顺序不一定完全一致，需要根据不同的情况，基于当前指令地址，PC 对下一条指令的存储地址进行生成，beq 指令实现了下一条指令地址的生成逻辑，根据该指令含义可以得到如图 8-33 所示的电路图。其中，PCsel 在 s_beq 信号和 zero 标志信号有效时为 1，否则为 0，BranchAddr 由立即数扩展电路的 32 位信号左移 2 位生成。

本例旨在为读者介绍简单的 7 条 MIPS 指令的实现思路，在厘清该思路的基础上，读者可以尝试自行编写相应的代码。

至此，我们完成了功能解析，设计出了相应的功能模块，最终可以得到如图 8-34 所示的整体电路框架图。需要提醒读者，在整体电路图中，译码器与编码器之间的 7 路信号表示为一个向量信号；为了简化起见，程序计数器 PC 的内部部分电路代之以"下一条指令地址生成"。

总的来说，例 8-10 的电路功能实现就是用"与"逻辑（译码器）生成每条指令标志，用"或"逻辑（编码器）生成每条指令相应的控制信号，控制逻辑在时钟信号的控制下完成每条指令在数据通路中的流向。

例 8-10 将本书中组合逻辑电路中的基本逻辑门电路、编码器、译码器、选择器、加法

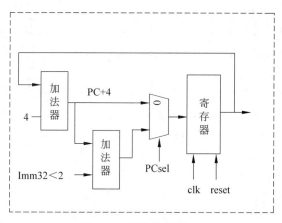

图 8-33　程序计数器 PC

器等和时序逻辑电路中的基本存储部件、计数器、寄存器等基本概念和数字逻辑课程进行了较完整的综合,为后续课程打下了基础。

　　需要指出,本例只是对指令系统设计的初窥,不包括具体的数据以及格式,功能也并不完备,如在运算器中如何判断溢出,分支如何形成,指令流向如何控制等,后续课程将继续学习。

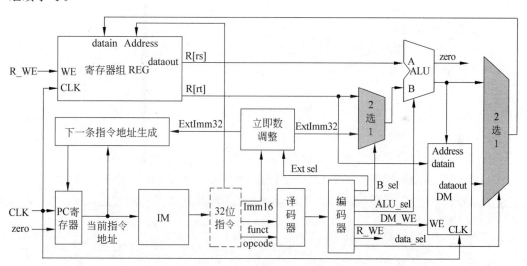

图 8-34　7 条 MIPS 指令的设计整体电路图

本 章 小 结

　　本章介绍了在一般同步时序电路的设计初期如何根据逻辑设计要求建立原始状态图和原始状态表;如何用隐含表对原始状态表进行状态化简以得到最小状态表;如何对最小状态表中的状态进行编码;最后,通过两个设计示例完整地归纳总结了一般同步时序电路的设计方法与步骤,并给出了 Verilog HDL 设计描述。

　　根据逻辑设计要求建立原始状态图是同步时序电路设计的关键,应本着"宁多勿漏"的原则,先建立主序列(有效序列),再补充辅助序列。由原始状态图建立原始状态表时,应注意原始状态表的形式;现态、输入作为横、纵坐标,表内填写次态和输出。另外,还应注意 Moore 型与 Mealy 型电路在图、表上的区别。

　　原始状态表的状态化简是在状态等效基础上进行的。根据等效的传递性,在等效对中寻求等效类,从而确定最大等效类,然后将每个最大等效类中的状态合并为一个新状态,由这些新状态即可构成最小状态表。充分理解状态等效的判定条件,利用隐含表进行状态化简是一种较为规范的方法:按照"缺头少尾"构造隐含表后,先进行两两状态的顺序比较,然后进行关联比较,最后确定最大等效类,命名新状态,得到最小状态表。应充分注意:不与任何其他状态构成等效对的独立状态是一个最大等效类。

　　对最小状态表进行状态分配(编码)是为了得到卡诺图形式的二进制状态表,以求解状态方程组和输出方程,进而用触发器实现。相邻分配法的核心是尽量使卡诺图形式二进制状态表中的 1 或 0 相邻,确保得到的状态方程组和输出方程最简。

　　当采用硬件描述语言 Verilog HDL 建模时,可根据最小状态表用 parameter 进行状态分配:二进制、格雷码或一位热编码。然后参照同步时序电路的模型,进行描述。当电路为 Mealy 型时,用两个 always 分别描述组合部分(激励、输出)和时序部分;当电路为 Moore 型时,用 3 个 always 分别描述激励、输出和时序部分;或者采用串入并出的移位寄存器实现。

　　在电路功能较为复杂的情况下,可以采用自顶向下的设计方法对电路进行功能划分,划分后的每个功能简捷、清晰的子模块可采用前述方法分别建模,最后在顶层完成各个模块之间的连接。

思 考 题 8

1. 根据逻辑设计要求建立原始状态图时,如何理解"宁多勿漏"的原则。
2. 如何正确理解序列检测器设计中可重与不可重的概念,举例说明。
3. 如何读懂一个序列检测器的状态图并正确判断检测序列。
4. 正确理解原始状态图与原始状态表的对应关系和相互转换方法。
5. 总结状态等效的有关概念。
6. 状态等效的判别条件是什么。
7. 如何理解"不与任何其他状态构成等效对的独立状态是一个最大等效类"。
8. 最小状态表与最大等效类的关系是什么。
9. 隐含表的结构是什么。
10. 总结利用隐含表进行状态化简的步骤。
11. Moore 型与 Mealy 型电路在图、表上的区别是什么。
12. 状态分配的目的是什么,相邻分配的本质是什么。
13. 为什么状态编码后要构造卡诺图形式的二进制状态表?
14. 根据最小状态表采用硬件描述语言 Verilog HDL 的建模方法是什么?

15. 参照同步时序电路的模型,思考为什么 Mealy 型电路通常用两个 always? 而 Moore 型通常需要 3 个 always?

习　题　8

8.1　请建立 Mealy 型 0101 序列(不可重)检测器的原始状态图和原始状态表。

8.2　请建立 Mealy 型 1010 序列(可重)检测器的原始状态图和原始状态表。

8.3　分别建立 1111 序列的不可重、1 位可重、2 位可重、3 位可重时序列检测器的原始状态图。

8.4　请建立 Moore 型 0010 序列检测器的原始状态图和原始状态表。

8.5　用隐含表化简如题图 8-1 所示的各原始状态表,给出最小状态表。

$S \backslash X$	0	1
S_1	$S_4/0$	$S_2/0$
S_2	$S_3/1$	$S_1/0$
S_3	$S_2/1$	$S_5/0$
S_4	$S_1/0$	$S_2/0$
S_5	$S_4/1$	$S_1/0$

S_{t+1}/Z

(a)

$S \backslash X$	0	1
A	$B/0$	$A/1$
B	$C/0$	$A/0$
C	$C/0$	$B/0$
D	$E/0$	$D/1$
E	$C/0$	$D/0$

S_{t+1}/Z

(b)

$S \backslash X$	0	1
A	$A/0$	$C/0$
B	$D/1$	$A/0$
C	$F/0$	$F/0$
D	$E/1$	$B/0$
E	$G/1$	$G/0$
F	$C/0$	$C/0$
G	$B/1$	$H/0$
H	$H/0$	$C/0$

S_{t+1}/Z

(c)

题图 8-1　习题 8.5 用图

8.6　试画出检验串行输入余 3 码的非法码的检测电路的原始状态图,并用隐含表化简,给出最小状态表。

8.7　试画出串行输入 4 位一组奇检验电路的原始状态图并进行化简,给出最小状态表。

8.8　如题图 8-2 为某同步时序电路的最小状态表,请用 D 触发器(Q_1Q_0)实现,状态分配为 $A=00, B=01, C=11, D=10$。

8.9　请用 J-K 触发器(Q_1Q_0)实现如题图 8-3 所示最小状态表对应的电路,状态分配为 $A=00, B=01, C=11, D=10$。

$S \backslash X$	0	1
A	$B/0$	$D/0$
B	$C/0$	$A/0$
C	$D/0$	$A/0$
D	$D/1$	$C/1$

S_{t+1}/Z

题图 8-2　习题 8.8 用图

$S \backslash X$	0	1	Z
A	B	D	0
B	C	B	0
C	B	A	1
D	B	C	0

S_{t+1}

题图 8-3　习题 8.9 用图

8.10 根据如题图 8-2 和题图 8-3 所示最小状态表建立对应的 Verilog HDL 模型。

8.11 请建立串行输入 4 位一组偶校验同步时序电路的原始状态图和原始状态表,利用隐含表法求出最小状态表,进行状态编码后采用 Verilog HDL 建模。

8.12 设计一个同步时序电路,它有两个输入 x_1、x_2,一个输出 z。当 x_1 和 x_2 的输入连续两个以上一致时,输出 $z=1$,否则 $z=0$。要求用 D 触发器实现并建立 Verilog HDL 模型。

8.13 用 Verilog HDL 描述一个具有下述特点的计数器:

(1) 两个控制输入,c_1 控制计数器的模,c_2 控制计数器的加减;

(2) 如 $c_1=0$,则计数器为模 5 计数;如 $c_1=1$,则计数器为模 7 计数;

(3) 如 $c_2=0$,则计数器为加 1 计数;如 $c_2=1$,则计数器为减 1 计数。

8.14 用 Verilog HDL 建立一个 0011 序列检测器模型。

8.15 用 Verilog HDL 描述如题图 8-4 所示的多模数计数器。

Q_1Q_0 $\quad$ XY	00	01	10	11
0 0	0 1	1 1	1 1	0 0
0 1	1 0	0 0	1 0	0 1
1 0	1 1	0 1	0 1	1 0
1 1	0 0	1 0	0 0	1 1

$$Q_{1(t+1)} \qquad Q_{0(t+1)}$$

题图 8-4 习题 8.15 用图

8.16 某同步时序电路的 3 个输入端 A、B、C 在同一时刻只能有一个为 1(另外两个必为 0)或 A、B、C 皆为 0。电路中各状态之间的转换关系如下。

(1) 在状态 S_0,$A=1$ 时,转向 S_1;$B=1$ 时,转向 S_2;$C=1$ 时,转向 S_3;$A=B=C=0$ 时,转向 S_0。

(2) 在状态 S_1,下一个状态必为 S_2。

(3) 在状态 S_2,下一个状态必为 S_3。

(4) 在状态 S_3,下一个状态必为 S_0。

请用 Verilog HDL 建立该电路的模型。

附录 1

基于 Quartus 环境和 Verilog HDL 的电路设计与仿真实例

Quartus Ⅱ是 Intel 旗下 Altera 公司的综合性 PLD 开发软件,支持原理图、VHDL、Verilog HDL 以及 AHDL 等多种设计输入形式,内嵌自有的综合器以及仿真器,可以完成从设计输入到硬件配置的完整 PLD 设计流程。

Altera Quartus Ⅱ 作为一种可编程逻辑的设计环境,由于其强大的设计能力和直观易用的接口,越来越受到数字系统设计者的欢迎。

本附录将带领读者利用 Quartus Ⅱ完成一个电路的仿真步骤,以此介绍 Quartus Ⅱ的基本使用方法,本附录中使用的 Quartus Ⅱ是 13.0 版本。

1. 准备

读者可根据 Altera Quartus Ⅱ官网中的下载和安装说明进行 Quartus Ⅱ的下载和安装,本附录不再赘述。下面将以 8.5 节中的例 8-9 为基础讲解 Quartus Ⅱ的用法。

2. 示例

设计一个汽车信息轮询显示系统,功能说明、功能分析、功能框图和程序详见例 8-9。

(1) 打开 Quartus Ⅱ,看到如图 1 所示的窗口。

(2) 新建工程。

① 在“文件”菜单选择“新建”选项或打开一个工程项目文件,选择命令 File | New Project Wizard 打开新建工程文件向导,如图 2 所示。根据向导一步步完成工程设置。

② 进入向导的操作如图 3 所示,在对话框中单击 Next 按钮。

③ 单击 Next 按钮,设置文件存储路径和工程文件名,如图 4 所示,建议顶层设计实体文件名与工程文件名相同。

④ 单击 Next 按钮,可以添加希望包含进来的文件,如图 5 所示。

⑤ 单击 Next 按钮,选择可编程器件,如图 6 所示。

⑥ 选择需要的 EDA 工具,如图 7 所示。

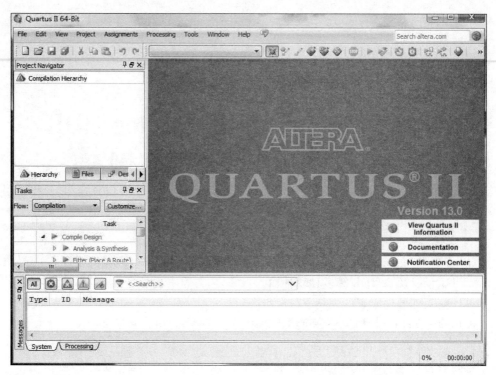

图 1　启动界面

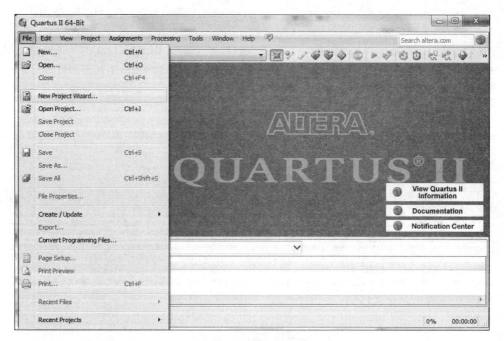

图 2　建立工程

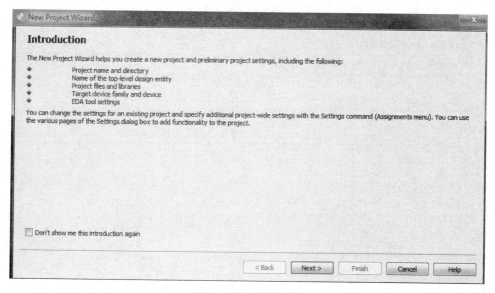

图 3 建立工程向导

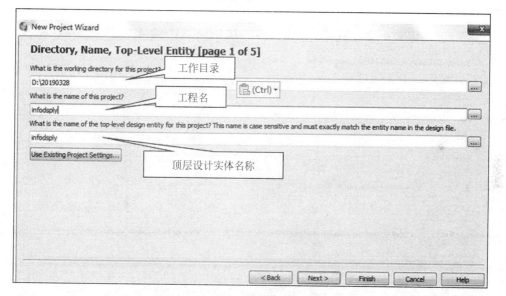

图 4 建立工程名和存储路径

⑦ 单击 Next 按钮,检查工程设置,无误后单击 Finish 按钮,如图 8 所示。

(3) 新建 Verilog 源程序文件。

① 工程建立完成后,建立或打开设计文件。在 File 菜单下单击 New 按钮,可以根据需要建立相应的图形文件、Verilog HDL 文件、波形文件等。此处选择 VerilogHDL file 选项,如图 9 所示。

② 在编辑区输入预先编好的 Verilog HDL 源程序。如计数模块、数据选择模块、译码模块,见例 8.9,如图 10 所示。分别输入程序后保存,文件名应与模块名相同。

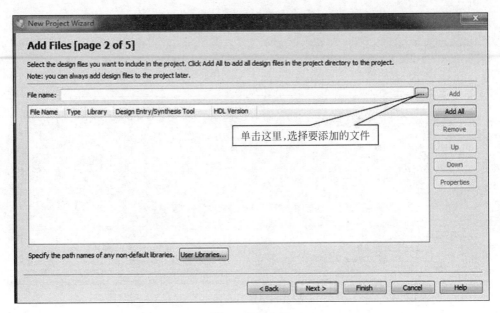

图 5　添加文件

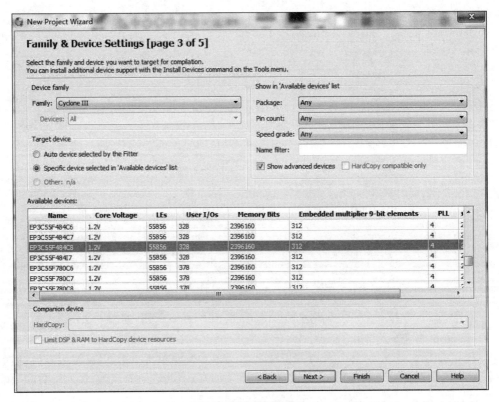

图 6　选择可编程器件

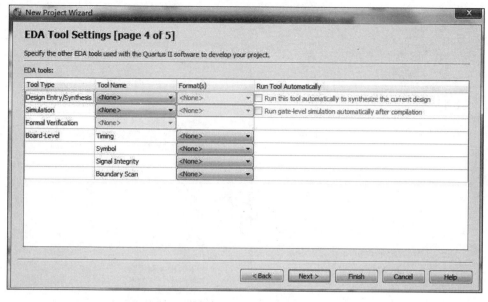

图 7 选择 EDA 工具

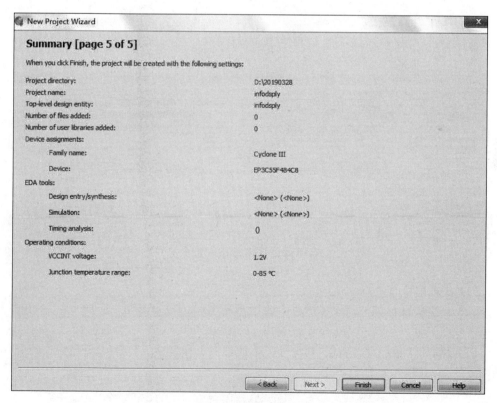

图 8 工程建立完成

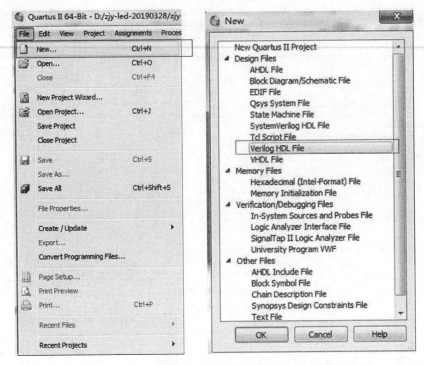

图 9　新建设计文件

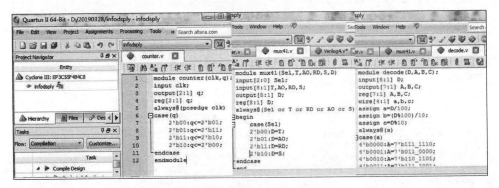

图 10　输入 Verilog HDL 源程序

（4）生成图形符号。

3 个子模块都已输入完毕，分别生成图形符号，如图 11 所示，选择 File 菜单中的 Create / Update │ Creat Symbol Files for Current File 选项，命名后保存。

保存后，如果程序没有错误，则符号图生成。在工程目录下会看到 BSF 格式的文件，即生成的图形符号，如图 12 所示。

（5）按图形方式连接子模块。

在 Quartus Ⅱ 中利用图形输入方式完成子模块之间的连接。

① 建立图形文件并作为顶层文件，并将此文件保存为与项目名相同的文件。选择 File │ New │ Design │ Block Diagram/Schematic File 选项后出现如图 13 所示的界面。

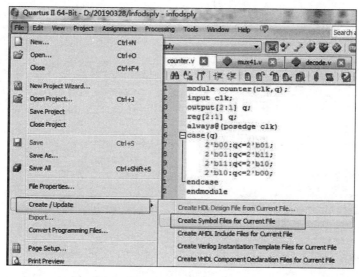

图 11　生成图形符号

图 12　图形符号生成

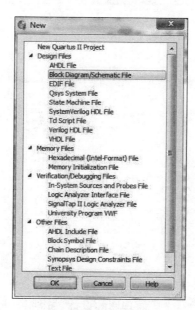

图 13　建立图形文件

② 在此图形文件中插入图形符号,右击后如图 14 所示。

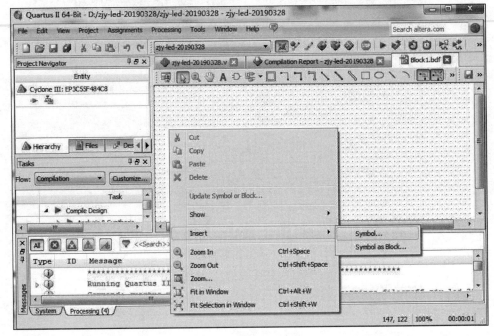

图 14　插入图形符号

可以插入上述已经生成的符号图(project),如图 15 所示,或者插入系统提供的相应符号图(altera 的 libraries),如输入/输出符号等,如图 16 所示。

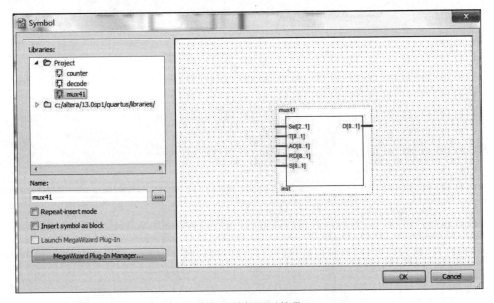

图 15　选择图形符号

③ 插入图形后,进行连线,完成原理图的设计,如图 17 所示。

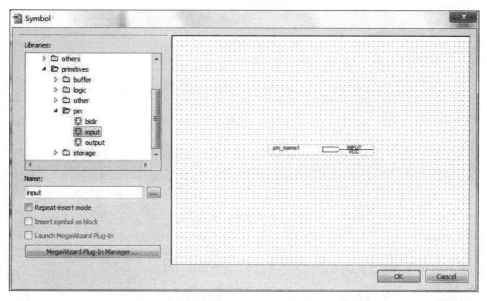

图 16 altear 提供的符号图

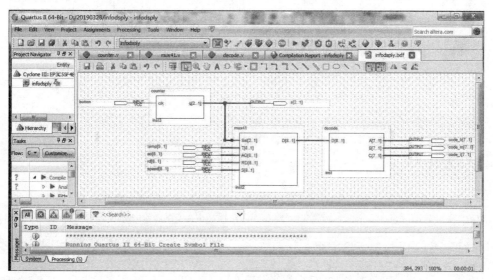

图 17 连线

④ 双击器件可设置引脚位宽、名称等,如图 18 所示。

对输入/输出引脚分别命名并定义位宽。

⑤ 将该图形文件设为顶层设计,选择 Project | Set as Top-Level Entity,如图 19 所示。

(6) 编译。

对设计文件进行编译。在 Processing 菜单下选择相应选项或直接单击工具栏上的 ▶ 按钮。

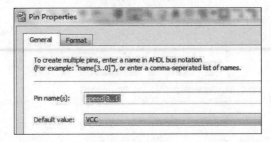

图 18　引脚命名

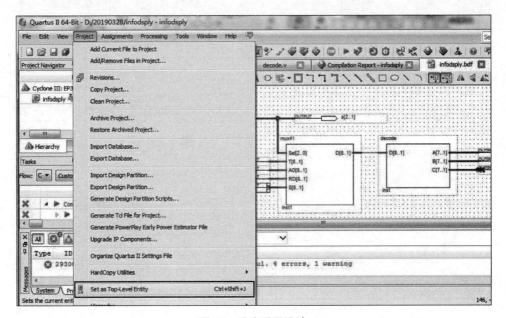

图 19　设为顶层设计

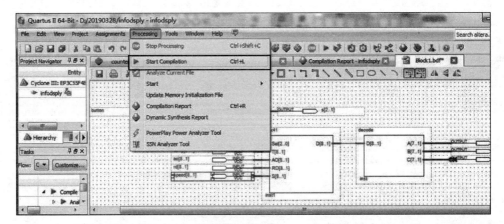

图 20　编译

　　如果编译出现错误,则用选中错误信息后可进行修改。修改程序后需要再次编译,直至出现如图 21 所示的编译成功的信息。

　　(7) 仿真验证。

　　对设计文件进行功能仿真并观察输入和输出的波形,以验证电路的逻辑功能是否正确。

　　① 选择 File|New|Verification/Debugging Files|University Program VWF 选项,如图 22 所示,单击 OK 按钮,弹出仿真窗口,如图 23 所示。

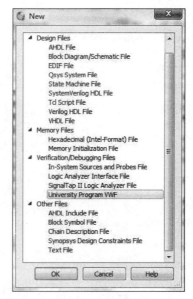

图 21　编译成功　　　　　　　　　　图 22　建立波形文件

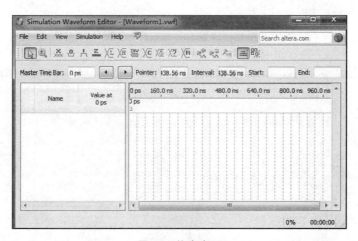

图 23　仿真窗口

　　② 选择 Edit|Insert|Node or Bus 选项,如图 24 所示,在出现的仿真波形编辑窗口中选择 Node Finder 选项,如图 25 所示。

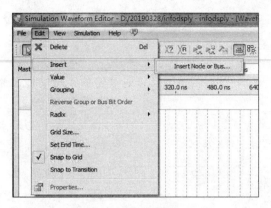

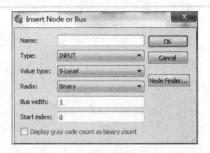

图 24　插入输入/输出信号　　　　　图 25　选择 Node Finder 选项

③ 在出现的如图 26 所示的窗口中选择 List 选项,选择需要仿真的输入和输出引脚信号,单击箭头将选中的引脚信号放入右侧栏中,单击 OK 按钮,如图 27 所示。

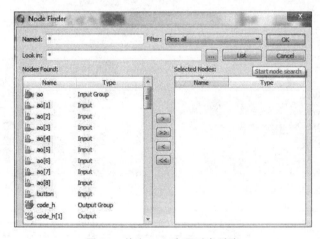

图 26　单击 List 选项列出引脚

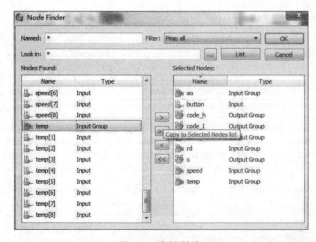

图 27　选择引脚

再次单击 OK 按钮,回到仿真波形编辑界面,如图 28 所示。

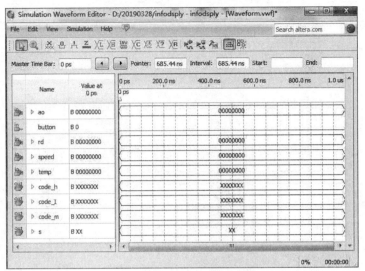

图 28　仿真波形编辑界面

④ 选择 Edit|Grid Size 和 Edit|End Time 选项,分布设置网格尺寸和结束时间,如图 29 和图 30 所示。

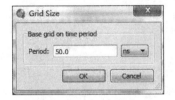
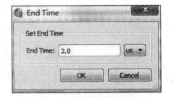

图 29　设置网格尺寸　　　　　图 30　设置结束时间

⑤ 分别按要求手工设置输入信号的各种性质和值,使用窗口中的图形编辑工具栏中的各种工具,如图 31 所示。

图 31　图形编辑工具

例如设置 ao 的值:单击输入 ao,该行被选中,单击设置任意值的图标,出现如图 32 所示的窗口,可以设置任意值。

各项需要设置的值和周期都设置完成后即可保存文件。

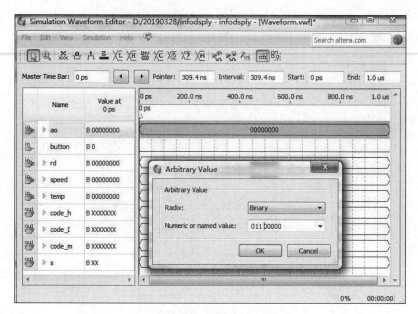

图 32 设置输入信号

⑥ 选择 Simulation|Run Functional Simulation 选项开始仿真,如图 33 所示。

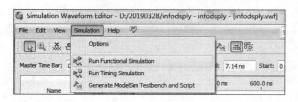

图 33 开始仿真

编译成功后,仿真波形将显示在新弹出的窗口中,如图 34 所示。若编译出错,则会显示报错信息,修改相应错误后需要重新编译。

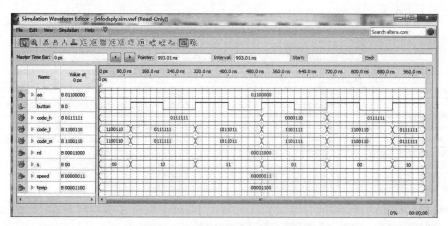

图 34 观察仿真波形是否正确

⑦ 观察仿真波形,查看在一些输入下的输出是否符合功能设计,检查是否正确,如图 35 所示。

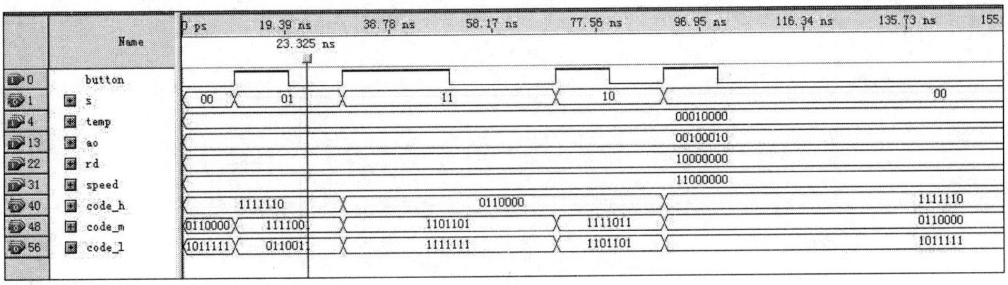

	Name	0 ps	19.39 ns	38.78 ns	58.17 ns	77.56 ns	96.95 ns	116.34 ns	135.73 ns	155
⏷0	button									
⏷1	s	00	01		11		10		00	
⏷4	temp				00010000					
⏷13	ao				00100010					
⏷22	rd				10000000					
⏷31	speed				11000000					
⏷40	code_h	1111110			0110000				1111110	
⏷48	code_m	0110000	111100		1101101		1111011		0110000	
⏷56	code_l	1011111	011001		1111111		1101101		1011111	

图 35 例 8-9 的最后仿真结果

完整的工程还需要进行时序仿真以及选择器件及引脚分配和下载等工作。例如可在编译通过后,在 Assignment 选项中选择 Device 配置器件,根据实验板上的器件型号,在 Assignment 选项下配置 PIN,为每个信号分配可用的管脚。配置完成后重新编译,编译通过后,连接 JTAG 线,下载到实验台。此处参考实验指导书。

附录 2

Logisim 仿真平台操作简介

Logisim 是一个用来设计和模拟数字逻辑电路的教学工具,它拥有简单的工具栏界面和内建的模拟电路,使得学习最基本的逻辑电路概念变得足够简单。本附录将引导读者利用 Logisim 完成一个简单电路的模拟,以此介绍 Logisim 的基本使用方法。

1. 准备

Logisim 的运行需要 Java 环境支持,运行 Logisim 前需要先完成 Java 环境配置的工作,这部分工作不是本附录的重点,因此不再给出详细步骤,读者可根据相关资料自行完成。Java 环境配置完成之后,就可以运行 Logisim 程序了,下面以实际例子带动,初步学习 Logisim 的用法。

2. 示例

【例】 以异或电路为例,$F=x\bar{y}+\bar{x}y$,其逻辑电路图如图 1 所示。

为了验证该电路是否正确,在 Logisim 中将其画出并测试。

(1) 打开 Logisim。看到如图 2 所示的窗口。

该窗口分为五部分:资源管理器工具栏、属性表和画布,以及顶部的菜单栏和工具栏,如图 3 所示。

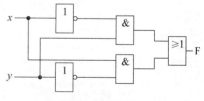

图 1　异或电路逻辑图

(2) 添加门。

首先插入两个与门。单击工具栏上的"与门"按钮,或者在资源管理器中选择 Gates|AND Gate 选项,然后在画布上单击想放置与门的位置。注意,要在左边给输入留出足够的空间,然后添加第二个与门,如图 4 所示。

提示:可以通过与门的属性区修改与门的朝向、数据位宽等属性,可以看到与门左边线上有 5 个蓝色点,它们是用来连接连线的,本例只需用到 2 个。

然后添加其他门。先单击"或门"按钮,然后在画布上单击放置它的位置,再依次放置两个非门,得到如图 5 所示的结果。

(3) 添加输入/输出。选择工具栏中的输入工具 ▣(pin),依次在画布上放置。在或门右边放置输出的符号 ◉。这里需要在或门和与门之间、或门和输出之间留出放置连线

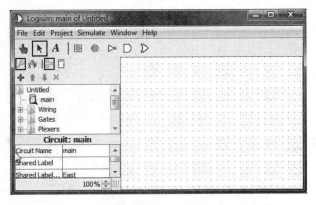

图 2 Logisim 主界面

图 3 主界面分区图

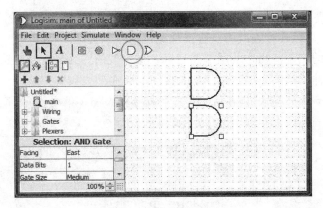

图 4 添加与门操作

的空间,当然也可以不留,让它们直接相连,如图 6 所示。

如果放置的位置不合适,还可以进行调整,单击工具栏中的箭头,选择画布中的器件,拖曳到合适的位置。若要删除,则选中器件,右击选择 delete 选项,然后在菜单栏中选择 Edit 选项中的 delete 选项。若要复制当前选中的器件,则可以使用快捷键 Ctrl+D。

(4) 添加连线。

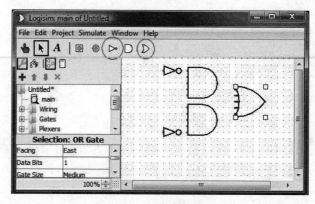

图 5　添加所有门

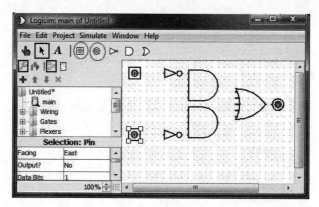

图 6　添加输入

所有的器件都添加完成后,便可以开始添加连线。单击工具栏中的箭头,此时,鼠标在画布上划过时,可以连接连线的点会出现绿色的小圆圈,在其上单击,就可以拖曳连线到任意需要连接的点上。当连线尾端连到另一条连线时,二者会自动连接。可以通过拖曳连线尾端将其伸长或缩短。连线只能是横向或竖向的直线。

为了连接图 6 中的输入、非门和与门,在画布上添加 3 条线,如图 7 所示。可以看到输入和非门之间的连线上有一个绿色点,表示此处有一个 T 字形连接。

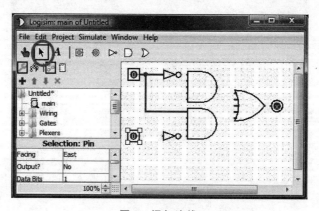

图 7　添加连线

连线有 3 种颜色,分别为蓝色、绿色和灰色。蓝色表示该点的值"未知",绿色表示连通,灰色表示该线未连接任何器件。当一个电路图完成时,不允许存在蓝色或灰色的连线(或门上没有连接任何器件的蓝色连接角不算)。

(5) 添加文字。

文字不是必须的,但有助于其他人理解电路不同部分的功能。

单击工具栏中的 A 按钮,可以单击输入或者输出,为其添加标签,此时该标签会随该器件移动。也可在任意地方添加说明文字,如图 8 所示。

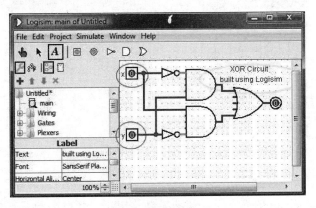

图 8　添加文字

(6) 测试电路。

单击工具栏中的"手指"按钮,单击某个输入,每单击一次,该输入就会变换一次,同时输出也会随之变换,如图 9 所示,当 x 为 0,y 为 1 时,输出为 1。

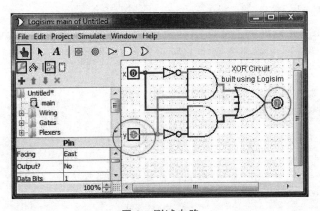

图 9　测试电路

用这种方法测试电路的输入输出是否符合真值表,完全符合的话就说明该电路构建成功。

(7) 保存电路。

在菜单栏的 File 选项中有"保存"选项,保存为 circ 格式文件即可。

至此,已经完成了异或电路在 Logisim 平台上的仿真验证。

　　(8) 封装电路(可选)。

　　电路设计完后可将电路进行封装,封装即编辑电路的逻辑符号,方便在以后的相关设计中可以直接调用封装好的子电路,封装后由一个抽象的逻辑图表示该子电路。

　　选择 Project|Edit Circuit Appearance 选项,或者单击资源管理器面板中第 1 行最后一个视图进入封装页面,如图 10 所示。在该页面可对封装图进行编辑,包括文字添加、框添加等操作。

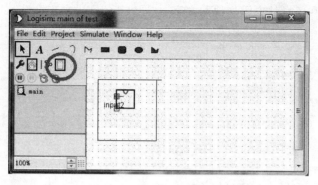

图 10　封装电路

　　以上讲解了 Logisim 的基本组成和功能以及构建一个电路的基本步骤,要想构建更复杂的电路,需要了解更多的信息,以下给出资源管理器、属性表、工具与器件属性的相关介绍,更多信息请参考官方主页 http://www.cburch.com/logisim/。

3. 其他介绍

　　(1) 资源管理器。

　　Logisim 的工具是以库的形式组织起来的,不同的库在资源管理器中以文件夹的形式展示。双击文件夹即可看到该库中的所有器件,如图 11 所示。资源管理器中的库包括以下几种。

- Wiring:与连线直接交互的器件(输入/输出也在该库中)。
- Gates:实现简单逻辑功能的门。
- Plexers:复杂的组合器件,例如复用器和解码器。
- Arithmetic:运算器件。
- Memory:存储数据的器件,例如触发器、寄存器和内存。
- I/O:与用户交互的器件。
- Base:已在工具栏显示的基本工具。

　　除了内置的库,还可以加载其他库,在此不做介绍,详见官网。

　　(2) 属性表。

　　属性表展示了器件的不同属性的值。单击工具栏中的箭头,单击某个组件,在属性表中会显示该组件的属性,属性值可以更改,有些是文字形式,有些是下拉框,有些是对话框。每一个属性表示的意义请参见官网。

　　选择多个组件后,属性表中显示的是它们的共同属性,此时若更改,则进行了统一更

改,即选中的全部器件的共同属性都被更改;若此时属性表为空,则表示选中的组件没有
共同的属性,如图 11 所示。

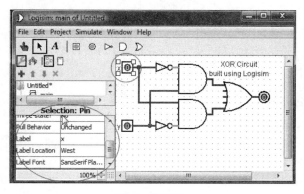

图 11　属性表

(3) 工具与器件属性。

一些工具的属性也是可以更改的。例如将与门的 size 设置成 narrow,之后添加的与
门就会变小,如图 12 和图 13 所示。

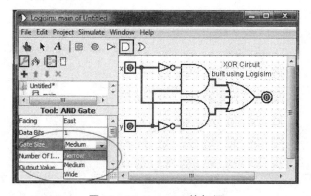

图 12　Medium size 的与门

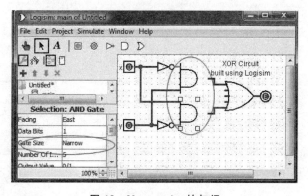

图 13　Narrow size 的与门

同样的,门的朝向也可以改变,即 Facing 属性,有上、下、左、右 4 个选择(north、south、east、west),快捷方式为选中要修改方向的器件,按键盘上的上、下、左、右方向键即可修改。

本附录介绍的内容仅供在校学生完成简单的电路仿真入门使用。实际上,Logisim 的功能远不止于此,进一步的功能介绍可参考 Help 功能或 Logisim 官网。

参 考 文 献

[1] 彭建朝. 数字电路的逻辑分析与设计[M]. 北京：北京工业大学出版社,2007.

[2] 鲍家元,毛文林. 数字逻辑[M].2 版. 北京：高等教育出版社,2002.

[3] 侯建军. 数字逻辑与系统[M]. 北京：中国铁道出版社,1999.

[4] 高吉祥. 数字电子技术[M]. 北京：电子工业出版社,2003.

[5] 刘真,等. 数字逻辑原理与工程设计[M]. 北京：高等教育出版社,2003.

[6] 胡家宝. 数字逻辑[M]. 北京：机械工业出版社,2006.

[7] 徐惠民. 数字逻辑设计与 VHDL 描述[M].2 版. 北京：机械工业出版社,2004.

[8] 侯建军. 数字逻辑与系统解题辅导和 Foundation 操作指南[M]. 北京：中国铁道出版社,2001.

[9] 李益达. 数字逻辑电路设计与实现[M]. 北京：科学出版社,2004.

[10] 王尔乾. 数字逻辑及数字集成电路[M].2 版. 北京：清华大学出版社,2002.

[11] 王金明. Verilog HDL 程序设计教程[M]. 北京：人民邮电出版社,2004.

[12] Wakerly J F. 数字设计——原理与实践(DIGITAL DESIGN Principles & Practices)[M]. 北京：高等教育出版社,2001.

[13] Nelson V P,等. 数字逻辑电路分析与设计(DIGITAL LOGIC CIRCUIT ANALYSIS & DESIGN)[M]. 北京：清华大学出版社,1997.

[14] 张丽荣. 基于 Quartus Ⅱ 的数字逻辑实验教程[M]. 北京：清华大学出版社,2009.

[15] 徐光辉,等. 基于 FPGA 的嵌入式开发与应用[M]. 北京：电子工业出版社,2007.

图书资源支持

感谢您一直以来对清华版图书的支持和爱护。为了配合本书的使用，本书提供配套的资源，有需求的读者请扫描下方的"书圈"微信公众号二维码，在图书专区下载，也可以拨打电话或发送电子邮件咨询。

如果您在使用本书的过程中遇到了什么问题，或者有相关图书出版计划，也请您发邮件告诉我们，以便我们更好地为您服务。

我们的联系方式：

地　　址：北京市海淀区双清路学研大厦 A 座 701

邮　　编：100084

电　　话：010-83470236　010-83470237

资源下载：http://www.tup.com.cn

客服邮箱：2301891038@qq.com

QQ：2301891038（请写明您的单位和姓名）

资源下载、样书申请

书圈

扫一扫，获取最新目录

课程直播

用微信扫一扫右边的二维码，即可关注清华大学出版社公众号"书圈"。